园林工程专业人员入门必读

U0260549

# 园林绿化与养护

李长江　主　编

吴长福　副主编

中国电力出版社

CHINA ELECTRIC POWER PRESS

## 内 容 提 要

本书内容共十章，包括园林绿化概述、城市园林绿地、园林绿化植物、屋顶绿化、园林树木养护、草坪养护、花卉养护、其他植物养护、园林植物病虫害防治及园林工程土壤改良。

本书是编者根据国家现行的园林工程相关标准与设计规范等精心编写而成，总结园林绿化与养护方面的实践能力和管理经验，将新知识、新观念、新方法与职业性、实用性和开放性融合，力求做到技术先进、实用，文字通俗易懂。

本书适用于从事园林规划、设计、施工、养护、管理等相关工作的技术人员，也可作为高等院校相关专业师生的参考用书。

**图书在版编目（CIP）数据**

园林绿化与养护/李长江主编．—北京：中国电力出版社，2024.1

（园林工程专业人员入门必读）

ISBN 978-7-5198-7948-8

Ⅰ．①园… Ⅱ．①李… Ⅲ．①园林—绿化—工程施工 ②园林—绿化种植—养护 Ⅳ．①TU986.3 ②S731

中国国家版本馆CIP数据核字（2023）第118679号

---

出版发行：中国电力出版社

地　　址：北京市东城区北京站西街19号（邮政编码100005）

网　　址：http://www.cepp.sgcc.com.cn

责任编辑：未翠霞（010-63412611）

责任校对：黄　蓓　常燕昆

装帧设计：王红柳

责任印制：杨晓东

---

印　　刷：北京雁林吉兆印刷有限公司

版　　次：2024年1月第一版

印　　次：2024年1月北京第一次印刷

开　　本：787毫米×1092毫米　16开本

印　　张：14

字　　数：346千字

定　　价：58.00元

---

**版权专有　侵权必究**

本书如有印装质量问题，我社营销中心负责退换

# 前　言

按照现代人的理解，园林不仅作为游憩之用，而且具有保护和改善环境的功能。人们游憩在景色优美和安全清静的园林中，有助于消除长时间工作带来的紧张和疲劳，使脑力、体力得到恢复。依托园林景观开展的文化、游乐、健身、科普教育等活动，更可以丰富知识和充实精神生活。园林景观建设作为反映社会现代化水平与城市化水平的重要标志，是现代城市进步的重要标志，也是建设社会主义精神文明的重要窗口。

随着我国经济的快速发展，城市建设规模不断扩大，作为城市建设重要组成部分的园林工程也随之快速发展。人们的生活水平逐渐提高，并且越来越重视生态环境，园林工程对改善环境具有重大影响。

园林工程主要是研究园林建设的工程技术，包括地形改造的土方工程，掇山、置石工程，园林理水工程和园林驳岸工程，喷泉工程，园路与广场工程，种植工程等。园林工程的特点是以工程技术为手段，塑造园林艺术的形象。在园林工程中运用新材料、新设备、新技术是当前的重大课题。园林工程的中心内容是在综合发挥园林的生态效益、社会效益和经济效益功能的前提下，如何处理园林中的工程设施与风景园林景观之间的矛盾。

园林工程施工人员是完成园林施工任务的最基层的技术和组织管理人员，是施工现场生产一线的组织者和管理者。随着人们对园林工程越来越重视，园林施工工艺越来越复杂，对施工人员的要求也不断提高，因此需要大量熟悉和掌握园林施工技术的人才，来满足日益发展的园林工程。为此，我们特别编写了园林工程专业人员入门必读系列丛书。

本丛书共四个分册，包括：

《园林工程识图与预算》

《园林工程施工技术》

《园林绿化与养护》

《园林工程规划与设计》

本书是编者根据国家现行的园林工程相关标准与设计规范等要求精心编写而成，内容翔实，系统性强。在结构体系上重点突出，详略得当，注意知识的融会贯通，突出了综合性的编写原则。其中涵盖了新材料、新技术、新工艺等方面的知识，将新知识、新观念、新方法与职业性、实用性和开放性融合，培养读者园林绿化与养护方面的实践能力和管理经验，力求做到技术先进、实用，文字通俗易懂。

本书适用于从事园林规划、设计、施工、养护、管理等相关工作的技术人员，也可以作为高等院校相关专业师生的参考用书。

在本书的编写过程中，参考了一些书籍、文献和网络资料，力求做到内容充实与全面。在此谨向给予指导和支持的专家、学者以及参考书、网站资料的作者致以衷心的感谢。

为方便广大读者学习交流，我们特意建立了 QQ 群（群号：581823045），并上传了有关园林方面的资料，以供大家学习。

由于园林绿化与养护涉及面广，内容繁多，且科技发展日新月异，本书很难全面反映其各个方面；加之编者的学识、经验以及时间有限，书中有疏漏或不妥之处在所难免，希望广大读者批评指正。

编　者

# 目　　录

# 第一章　园林绿化概述

## 第一节　园林绿化的概念、意义与效益

### 一、园林绿化的概念

园林绿化是建设风景园林绿地的工程。园林绿化是为人们提供一个良好的休息、文化娱乐、亲近大自然、满足人们回归自然愿望的场所，是保护生态环境、改善城市生活环境的重要措施。园林绿化泛指园林城市绿化和风景名胜区中涵盖园林建筑工程在内的环境建设工程。园林绿化是应用工程技术来表现园林艺术，使地面上的工程构筑物和园林景观融为一体。

### 二、园林绿化的意义

1. 园林是一种社会物质财富和精神财富

(1) 园林是一种社会物质财富。园林建设和其他建设一样，是不同地域、不同历史时期的社会建设产物，是当时、当地社会生产力水平的反映。古典园林是人类宝贵的物质财富和物质遗产，园林的兴衰与社会发展息息相关，园林建设与社会生活同步前进。

(2) 园林是一种社会精神财富。园林的建设反映了人们对美好景物的追求，人们在设计园林时，融入了设计者的文化修养、对人生的态度、情感和品格，园林作品是造园者精神思想的反映。

(3) 园林是一种人造艺术品。园林是一种人造艺术品，其风格必然与文化传统、历史条件、地理环境有着密切的关系，也带有一定的阶级烙印。从而在世界上形成了不同形式和艺术风格的流派和体系。造园是把山水、植物和建筑组合成有机的整体，创造出丰富多彩的园林景观，给人赏心悦目的享受，是一种艺术创作活动。

2. 城市园林绿化的意义

由于工业的不断发展，科学技术的突飞猛进，现代工业化产生大量的“四废”(废水、废气、废渣和废液)，城市化导致自然环境严重破坏，引发环境和生态失衡，使大自然饱受蹂躏，造成空气、水、土壤污染，动植物灭绝、森林消失、水土流失、沙漠化、温室效应等，严重威胁人类的生存环境。

在现代化城市环境条件不断变化的情况下，园林绿化越来越显得重要。园林绿化，把被破坏了的自然环境改造和恢复，并创造更适合人们工作、生活的宁静优美的自然环境，使城乡形成生态系统的良性循环。园林绿化是通过环境的“绿化、美化、香化、彩化”来改造我们的环境。

城市园林绿化是城市现代化建设的重要项目之一，它不仅美化环境，给市民创造舒适的游览休憩场所，还能创造人与自然和谐共生的生态环境。只有加强城市园林绿化建设，才能美化城市景观，改善生态环境，生物多样性才能得到充分发挥，生态城市的持续发展才能得到保证。因此，园林绿化水平已成为衡量城市现代化水平的重要质量指标，城市园林绿化建设水平是城市形象的代表、文明的象征。

园林绿化工作是现代化城市建设的一项重要内容，它关系到物质文明建设，也关系到精神文明建设。园林绿化创造和维护适合人民生产劳动和生活休息的环境质量及场所。因此，要有计划、有步骤地进行园林绿化建设，搞好经营管理，充分发挥园林绿化的作用。

**三、园林绿化的效益**

1. 调节气候，改善环境

（1）调节温度，减少辐射。影响城市小气候最突出的有物体表面温度、气温和太阳辐射，其中气温对人体的影响是最大的。

绿化环境具有调节气温的作用，因为植物蒸腾作用可以降低植物体及叶面的温度。一般1g水化为水蒸气时，在20℃条件下需要吸收2.45kJ的能量（太阳能），所以叶的蒸腾作用对于热能的消散起着一定的作用。其次，植物的树冠能阻隔阳光照射，为地表遮阴，使水泥或柏油路及部分墙垣、屋面降低辐射热和辐射温度，改善热状况。

有树木遮阴的草地上，其温度比无草皮空地的温度低些。绿地的蔽荫表面温度低于气温，而道路、建筑物及裸土的表面温度则高于气温。经测定，当夏季城市气温为27.5℃时，草坪表面温度为22～24.5℃，比裸露地面低6～7℃，比柏油路面低8～20.5℃。这使人在绿地上和在非绿地上的温度感觉差异很大。

据观测，夏季绿地比非绿地温度可低3℃左右，相对湿度提高4%；而在冬季，绿地散热又较空旷地少0.1～0.5℃，所以进行绿化的地区有冬暖夏凉的效果。

除了局部绿化所产生的不同气温、表面温度和辐射温度的差别外，大面积的绿地覆盖对气温的调节则更加明显。

（2）调节湿度。凡没有绿化的空旷地区，一般只有地表蒸发水蒸气，而经过了绿化的地区，地表蒸发明显降低了，有树冠、枝叶的物理蒸发作用，又有植物生理过程中的蒸腾作用。植物具有强大的蒸腾作用，所以城市绿地相对湿度比建筑区高。适宜的空气湿度有益于身体健康。

（3）影响气流。城市建筑地区污浊空气因温度升高而上升，随之城市绿地温度较低的新鲜空气就移动过来，而高空冷空气又下降到绿地上空，这样就形成了一个空气循环系统。当静风时，由绿地向建筑区移动的新鲜空气速度可达1 m/s而形成微风。如果城市郊区还有大片绿色森林，则郊区的新鲜空气就会不断向城市建筑区流动。这样既调节了气温，又改善了通气条件。

（4）通风防风。城市带状绿化如城市道路与滨水绿地，是城市气流的绿色通道。特别是带状绿地与该地夏季主导风向相一致的情况下，可将城市郊区的新鲜气流趋风势引入城市中心地区，为城市炎夏的通风降温创造良好的条件。而冬季，大片树林可以减低风速，发挥防风作用，因此在垂直冬季寒风方向种植防风林带，可以减少风沙，改善气候。

2. 净化空气，保护环境

（1）吸收二氧化碳，释放氧气。树木花草在利用阳光进行光合作用，制造养分的过程中吸收空气中的二氧化碳，并放出大量氧气。由于工业的发展都集中在较大的城市中，因此大城市在工业生产过程中，燃料的燃烧和人的呼吸排出大量二氧化碳而消耗大量氧气。森林和绿色植物的光合作用可以有效地解决城市氧气与二氧化碳的平衡问题。因为植物的光合作用所吸收的二氧化碳要比呼吸作用排出的二氧化碳多20倍，所以绿色植物消耗了空气中的二氧化碳，增加了空气中的氧气含量。

（2）吸收有毒气体。工厂或居民区排放的废气中，通常含有各种有毒物质，其中较为普遍的是二氧化硫、氯气和氟化物等，这些有毒物质对人的健康危害很大。绿地具有减轻污染物危害的作用，因为一般污染气体经过绿地后，即可有25%被阻留。

空气中的二氧化硫主要是被各种植物表面所吸收，而植物叶片的表面吸收二氧化硫的能力最强。当二氧化硫被植物吸收以后，便形成亚硫酸盐，然后被氧化成硫酸盐。只要植物吸收二氧化硫的速度不超过亚硫酸盐转化为硫酸盐的速度，植物叶片便会不断吸收大气中的二氧化硫而不受害或受害轻。随着叶片的衰老凋落，它与所吸收的硫一同落到地面，或者流失或者渗入土中。植物年年长叶、年年落叶，所以它可以不断地净化空气，是大气的天然净化器。

许多树种如小叶榕、鸡蛋花、罗汉松、美人蕉、羊蹄甲、大红花、茶花、乌桕等能吸收二氧化硫而呈现较强的抗性。氟化氢是一种无色无味的毒气，许多植物如石榴、蒲葵、葱兰、黄皮等能对氟化氢具有较强的吸收能力。因此，在产生有害气体的污染源附近，选择与其相应的具有吸收和抗性强的树种进行绿化，对于净化空气是十分有益的。

（3）吸滞粉尘和烟尘。粉尘和烟尘是造成环境污染的原因之一。这些粉尘和烟尘一方面降低了太阳的照明度和辐射强度，削弱了紫外线，对人体的健康不利；另一方面，人呼吸时，飘尘进入肺部，使人容易患气管炎、支气管炎、尘肺、矽肺等疾病。我国一些城市的飘尘量大大超过了卫生标准，降低了人们生活的环境质量。

要防治粉尘和烟尘的飘散，以植物尤其树木的吸滞粉尘作用为佳。因为带有粉尘的气流经过树林，由于流速降低，大粒灰尘降下，其余灰尘及飘尘则附着在树叶表面、树枝部分和树皮凹陷处，经过雨水的冲洗，又能恢复其吸尘的能力。由于绿色植物的叶面积远大于其树冠的占地面积，如森林叶面积的总和是其占地面积的60～70倍，生长茂盛的草皮也有20～30倍，因此其吸滞烟尘的能力是很强的。所以说绿地和森林就像一个巨大的“大自然过滤器”，使空气得到净化。

（4）杀菌作用。在空气中含有千万种细菌，其中很多是病原菌。很多树木分泌的挥发性物质具有杀菌能力。如樟树、桉树的挥发物可杀死肺炎球菌、痢疾杆菌、结核菌和流感病毒；圆柏和松的挥发物可杀死白喉、肺结核、伤寒等多种病菌。

（5）防噪作用。城市噪声随着工业的发展日趋严重，对居民身心健康危害很大。一般噪声超过70dB，人体便会感到不适，如高达90dB，会引起血管硬化，国际标准组织（ISO）规定住宅室外环境噪声的容许量为35～45dB。园林绿化是减少噪声的有效方法之一。因为树木对声波有散射的作用，声波通过时，树叶摆动，使声波减弱消失。据测试40m宽的林带可以减低噪声10～15dB，公路两旁各15m宽的乔灌木林带可减低噪声的一半。街道、公路两侧种植树木不仅有减少噪声的作用，而且对于防治汽车废气及光化学烟雾污染也有作用。

（6）净化水体与土壤。城市和郊区的水体常受到工厂废水及居民生活污水的污染而影响环境卫生和人们的身体健康。而植物有一定的净化污水的能力。研究证明，树木可以吸收水中的溶解质，减少水中的细菌数量。如在通过30～40m宽的林带后，一升水中所含的细菌数量比不经过林带的减少1/2。

（7）保持水土。树木和草地对保持水土有非常显著的功能。树木的枝叶能够防止暴雨直接冲击土壤，减弱了雨水对地表的冲击，同时还截留了一部分雨水，植物的根系能紧固土壤，这些都能防止水土流失。当自然降雨时，将有15%～40%的水被树林树冠截留和蒸发，有5%～10%的数量被地表蒸发，地表的径流量仅占0.5%～1%，大多数的水，即占50%～80%的水被林地上一层厚而松的枯枝落叶所吸收，然后逐步渗入到土壤中，变成地下江流。这种水经过土壤、岩层的不断过滤，流向下坡和泉池溪涧。

(8) 安全防护。城市常有风害、火灾和地震等灾害。通过大片绿地，有隔断并使火灾自行停息的作用，树木枝叶含有大量水分，亦可阻止火势的蔓延，树冠浓密，可以降低风速，防止台风袭击。

3. 美化环境

(1) 美化市容。城市街道、广场四周的绿化对市容市貌影响很大。街道绿化得好，人们虽置身于闹市中，却犹如生活在绿色走廊里。街道两边的绿化，既可供行人短暂休息、观赏街景、满足闹中取静的需要，又可以达到变化空间、美化环境的效果。

(2) 增加建筑艺术效果。用绿化来衬托建筑，使得建筑效果升级，并可用不同的绿化形式衬托不同用途的建筑，使建筑更加充分地体现其艺术效果。例如：纪念性建筑及体现庄重、严肃的建筑前多采用对称式布局，并采用常绿树较多，以突出庄重、严肃的气氛。居住性建筑四周的绿化布局及树种多为体现亲切宜人的环境气氛。

园林绿化还可以遮挡不美观的物体或建筑物、构筑物，使城市面貌更加整洁、生动、活泼，并可利用植物布局的统一性和多样性来使城市具有统一感、整体感，丰富城市的多样性，增强城市环境的艺术效果。

(3) 提供良好的游憩条件。在人们生活环境的周围，选栽各种美丽多姿的园林植物，使周年呈现千变万化的色彩、绮丽芳香的花朵和丰硕诱人的果实，为人们能在工余小憩或周末假日、调节生活提供良好的条件，以利人们的身心健康，有更旺盛的精力投身现代化建设中去。

4. 保健与陶冶功能

园林植物的多层次可形成优美的风景，参天的木本花卉可构成立体的空中花园。花的香油分子刺激嗅觉神经后，能唤起人们对美好的记忆和联想。

森林中释放的气体像雾露一样地熏肤、充身、润泽皮毛、培补正气。

绿色能吸收强光中对眼睛和神经系统产生不良刺激的紫外线，且绿色的光波长短适中，具有和谐的素质，对眼视网膜组织有调节作用，从而消除视力疲劳。

绿叶中的叶绿体及其中的酶利用太阳光能，吸收二氧化碳，合成葡萄糖，把二氧化碳储存在碳水化合物中，放出氧气，使空气清新。

生活在绿化地带的居民，与邻居和家人更能和谐相处。因绿色造成的环境含有比非绿化地带大得多的空气负离子，故对人的生理、心理等各方面都有很大益处。

园林植物能寄物抒情，园林雕塑能启迪心灵，园林文学因素能表达情感。当人们在优美的园林环境中放松和享受时，可消除疲劳，陶冶情操，彼此间可以增进友谊，对以后的生活质量和工作、学习效益的提高大有裨益，有利于构建文明、和谐社会，这是不可估量的社会效益。

5. 使用功能

园林绿地中的日常游憩活动一般包括钓鱼、音乐、棋牌、绘画、摄影、品茶等静态游憩活动和游泳、划船、球类、田径、登山、滑冰、狩猎等体育活动以及射箭、碰碰车、碰碰船、攀岩、蹦极等动态游憩活动。人们游览园林，可普及各种科学文化教育，寓教于乐，了解动植物知识，开展丰富多彩的艺术活动，展示地方人文特色，并展览书法、绘画、摄影等艺术作品以提高人们的艺术素养。

## 第二节　园林造景素材的类型及表示

### 一、园林造景素材的类型

园林规划设计主要从外形、大小、数量和位置上将园林绿地中的地形、水体、山石、道路、建筑、植物等园林造景素材，通过设计构思和绘图表现反映在图纸上。园林造景素材的主要类型如下。

1. 植物

植物包括落叶乔木、常绿乔木、落叶灌木、常绿灌木、竹类、宿根花卉、球根花卉、一二年生草本花卉、水生植物、地被植物、草坪等。

2. 亭

亭是园林绿地中最常见的点景建筑。亭的形式很多，从平面上看，常见的有圆亭、方亭、三角亭、六角亭、扇面亭、双环亭等。

3. 廊

廊在中国古典园林中应用广泛，廊从平面上看，常见的有曲廊、直廊、回廊等。

4. 园桥

园桥在园林绿地中既有园路的特征，也有建筑的特征。园桥从平面上看，常见的有平桥、曲桥、直桥、拱桥、廊桥、亭桥等。

5. 园路

园路是园林绿地的骨架和脉络。园路在平面表示上，多为两条平行的直线或曲线，两条平行线的宽度按照园路的分级来确定。园路按照性质和功能可以分为三个等级：

（1）主干道（主要园路）：路面宽度为4～6m；

（2）次干道（次要园路）：路面宽度为2～4m；

（3）游步道（游憩小路）：考虑到二人并行，路面宽度一般为1.2～2.0m，也可以设计为1m或者更窄的园中小径。

6. 广场

广场在园林绿地中主要起到组织空间、集散人流的作用。广场在形式上可以是规则式布局或者是自然式布局。

7. 驳岸

园林中水系池岸的处理，一般可以是自然式缓坡，也可以是人工砌筑的自然式或规则式驳岸。驳岸通常在平面图上仅作示意，立面图、剖面图上才可以详细表现其构造做法。

8. 山石

山石结合园林建筑可以增加景色。掇山置石还可以作护坡、花台、挡土墙、驳岸等。

9. 园凳

园凳是提供游人休息、赏景的重要园林设施。一般在园林平面图上很难准确标注，因此必须在施工图中详细表现构造做法。

10. 园灯

园灯是园林夜间照明和装饰点景的设备。一般在园林平面图上很难准确标注，因此必须在施工图中详细表现其构造做法。

11. 栏杆

栏杆在园林中主要起到防护、分隔和装饰美化的作用。常见的栏杆材料有铁、石、木、竹、钢筋混凝土等，讲求朴素、自然、坚实。

12. 铺装

园林绿地中的铺装多用于道路和广场中。按照铺装材料的不同，可以分为整体铺装（沥青、三合土、混凝土等）、块状铺装（块石、片石、卵石镶嵌等）、简易铺装（砂石、陶砾、木屑等）三种。

## 二、园林造景素材的表示

园林规划设计表现在图纸上，反映园林绿地中的地形（包括山石和水体）、道路、建筑，以及植物的外形轮廓、位置、数量、大小，是我们进行园林规划设计的基本表现手法。

1. 园林植物平面表示法

在园林设计平面图纸中，常常有一些大大小小的“圆圈”，圆圈中心还有大小不同的“黑点”。一般来讲，黑点是用来表示种植设计中树种的位置和树干的粗细的。黑点越大，表明这棵树树干越粗。圆圈用来表示树木冠幅的形状和大小。由于树木种类繁多，大小各异，仅利用一种圆圈符号来表示树木的平面画法是不够的，不能从图纸上清楚地表达设计师的设计意图。所以，在植物平面的表示符号中就大致分出了乔木、灌木、草地和花卉，在乔木、灌木中又分出了针叶树和阔叶树及现状树木和新植树木的不同。对一些重点树木，尤其是点景和造景树种，还可以用不同的树冠曲线来加以强调和修饰。例如松柏类树种可以用成簇的针状叶来表示树冠的平面；杨树可以用三角形叶片来表示树冠的平面；柳树用点线结合的方式来表示树冠平面等，见表1-1。

（1）树木的平面表示法。由于我国幅员辽阔，不同城市地域的园林设计在图纸上表示树木的方式也不尽相同，目前还没有完整、统一和规范的园林图例。因此，在园林平面图中，常可以看到图纸上有相应的图例，将图纸中各种不同符号所代表的内容表达出来，让设计意图一目了然。

在绿化种植施工图中，平面表达符号要求简单清楚，要能区分出乔木和灌木、针叶树和阔叶树。一般情况下，绿化种植平面图上表示的树木树冠直径，都是表示绿地施工基本成形之后，树木显示出的设计效果和密度，所以树木的树冠直径尺寸一定要相对准确。

1）一般高大乔木的冠径采用5～6m；

2）孤立树冠径采用7～8m；

3）中、小乔木冠径采用3～5m；

4）绿篱宽度采用0.5～1.0m；

5）花灌木的冠径采用1～2m。

（2）片植花灌木的平面表示法。由于花灌木成片种植比较多，常用花灌木冠幅外缘连线来表示。

表 1-1　**园林植物的平面表示法**

| 名称 | 平面表示法 |
| --- | --- |
| 落叶乔木 | |
| 常绿乔木 | |
| 落叶灌木 | |
| 常绿灌木 | |
| 藤本植物 | |
| 落叶密林 | |
| 落叶疏林 | |
| 常绿疏林 | |
| 常绿密林 | |
| 落叶绿篱 | |
| 常绿绿篱 | |
| 一般草坪 | |
| 缀花草坪 | |
| 水生植物 | |
| 竹林 | |

（3）绿篱的平面表示法。绿篱一般分为针叶绿篱和阔叶绿篱两种。按照管理形式还可以分为修剪绿篱和自然型绿篱。

1）针叶绿篱常用斜线或弧线交叉表示。

2）阔叶绿篱只画绿篱外轮廓线或加上种植位置的黑点来表示。

3）修剪绿篱又称整形式绿篱，外轮廓线整齐平直。

4）不修剪绿篱又称自然式绿篱，外轮廓线为自然曲线。

（4）草坪和地被植物的平面表示法。草坪和地被植物可以用小圆点、线点和小圆圈等来表示。

（5）露地花卉的平面表示法。露地花卉种类很多，其平面表示法也很多，花带可以用连续的曲线画出花纹，或利用自然曲线画出花卉的种植范围，中间也可以用不同大小的圆圈来表示花卉。为取得直观的装饰效果，有时也利用所要种植的简单花卉图案直接画在种植设计平面图上。

2. 园林植物立面表示法

园林植物的立面表示法是一种较为直观的表现手法，常用于立面图、剖面图、断面图和效果图中。立面表示是为了将设计师的设计意图和构想，通过立面直观地表达出来，以便在设计图尚未付诸实施前，就能让我们预见到施工建成后的绿化效果和景观特色。植物的立面画法有很多，但由于各种树木的树形、树干、叶形和质感各有特点，故需要组织不同的线条来绘制，以表现各种不同种类和质感的树木。

例如：油松、白皮松、云杉、桧柏等常绿针叶树，幼年时树形多为圆锥形或广圆锥形，先确定垂直中轴线的位置，然后画出圆锥体外轮廓线，再在外轮廓线上用针状叶表示出树形。圆锥形的常绿针叶树，在立面图中也可以用图案式的概括法来画。一般省略细部，只强调外形轮廓，最多在细部位置上画一些装饰性线条。乔木树种常呈散冠状，因此可以根据树种的不同，将树形的基本姿态表现在立面上，即只强调外形轮廓，省略细部。花灌木的体形较小，在立面图中常在其外轮廓线内，利用点、圆圈、三角形和曲线及表现枝杈的线条等来描绘花灌木的花、枝、叶，见表1-2。

**表1-2　　园林植物的立面表示法**

| 名称 | 立面表示法 |
| --- | --- |
| 阔叶乔木 | 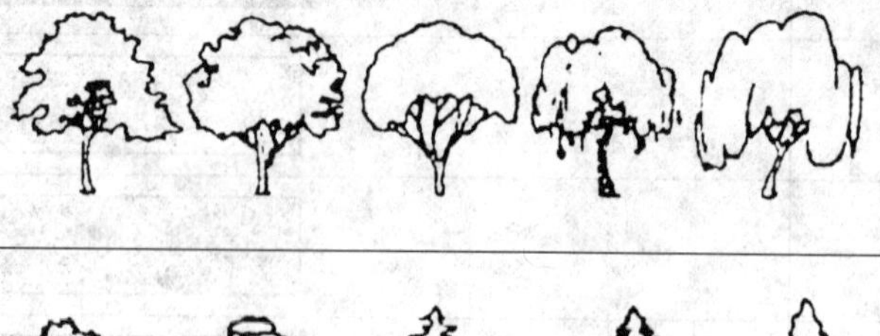 |
| 针绿乔木 | 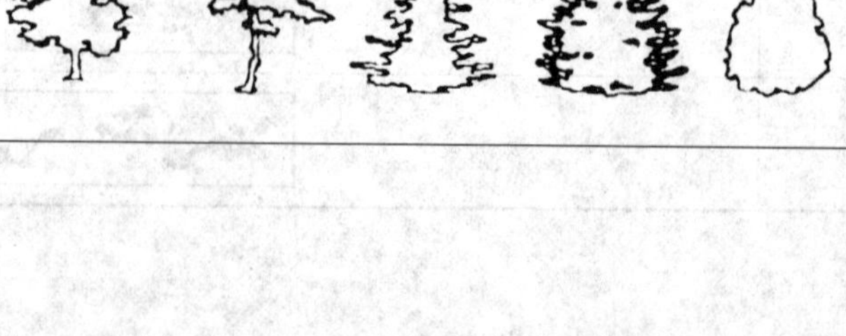 |

续表

| 名称 | 立面表示法 |
| --- | --- |
| 阔叶灌木 |  |
| 针绿灌木 |  |

3. 园林小品和设施的平、立面表示法

园林绿地中的其他园林造景素材，称为园林小品和设施，如园亭、楼阁、水榭、游廊、驳岸、广场、花坛、园门、园窗、园桥、园路、步石、景墙、铺装、园凳、园灯、栏杆、宣传牌、小卖部、茶室、洗手间等。园林小品和设施作为园林设计中的重要造景素材，起美化、装饰和实用的作用。园林小品和设施具有较强的装饰性，一般体形小、数量多、分布广、形式多样，对园林绿地的景观有着不可忽视的影响。园林小品和设施的图面表示法，见表1-3。

**表1-3　园林小品和设施的图面表示法**

| 名称 | 图例 | 说明 |
| --- | --- | --- |
| 自然山石假山 |  | — |
| 人工塑石假山 |  | — |
| 土石假山 |  | 包括"土包石""石包石"及土假山 |
| 独立景石 |  | — |
| 自然形水体 | 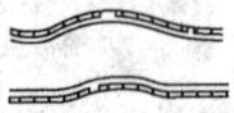 | — |
| 规则形水体 | 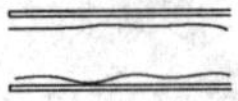 | — |
| 跌水、瀑布 |  | — |
| 旱涧 | 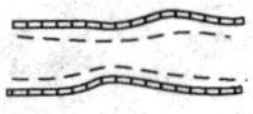 | — |
| 溪涧 | 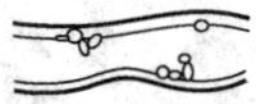 | — |

续表

| 名称 | 图例 | 说明 |
| --- | --- | --- |
| 护坡 | | — |
| 雨水井 | | — |
| 消火栓井 | | — |
| 喷灌点 | | — |
| 台阶 | | 箭头指向表示向上 |
| 汀步 | | — |

# 第二章 城市园林绿地

## 第一节 城市园林绿地的功能

### 一、净化空气、水体与土壤的功能

1. 绿色植物可吸收二氧化碳，放出氧气

绿色植物通过叶绿体，利用光能，把二氧化碳和水转化成贮藏着能量的有机物，并释放出氧气。其中，二氧化碳和水是光合作用的原料；有机物和氧气是产物。

绿色植物通过光合作用制造的有机物，不仅满足了自身生长、发育、繁殖的需要，而且为生物圈中的其他生物提供了基本的食物来源、氧气来源、能量来源。

绿色植物通过光合作用，不断消耗大气中的二氧化碳，产生氧气，维持生物圈中的碳氧平衡。

2. 绿色植物可吸收有害气体——二氧化硫

(1) 二氧化硫的危害。二氧化硫是一种无色、具有剧烈窒息性臭味的气体对人体呼吸器官有很强的侵害作用，还可以通过皮肤经毛孔入侵人体或通过食物或饮水进入人体而造成危害。在含硫原料和燃料（如硫磺、含硫矿石、石油、煤炭等）的燃烧和冶炼过程中产生，在硫酸厂、化肥厂、钢铁厂、热电厂、焦化厂以及各种锅炉都会散放出大量的二氧化硫，是空气污染中最普遍、最大量的一种。而有的植物对二氧化硫要比人敏感得多，当大气中二氧化硫含量超过一定数值时，能使敏感植物受到危害。

(2) 吸收原理。硫是植物体中氨基酸的组成部分，是植物所需的营养元素之一，植物在二氧化硫污染的环境中，吸收二氧化硫之后，便形成亚硫酸及亚硫酸盐，然后以一定的速度将亚硫酸盐氧化成硫酸盐。只要大气中二氧化硫的浓度不超过一定的限度（即植物吸收二氧化硫的速度不超过将亚硫酸盐转化为硫酸盐的速度），植物叶片就不会受害，并能不断吸收大气中的二氧化硫。随着植物叶片的衰老凋落，它所吸收的硫也一同落到地上。植物年年长叶年年落叶，所以它可以不断地净化大气，是大气的天然“净化器”。

(3) 对一些植物吸收能力的检测。各种植物吸收二氧化硫的能力是不同的。$1hm^2$柳杉林每年可吸收720kg二氧化硫，$1hm^2$柳树在生长季每月可吸收10kg二氧化硫。

臭椿和夹竹桃，不仅抗二氧化硫的能力强，吸收能力也强。臭椿在二氧化硫污染情况下，叶中含硫量可达正常含硫量的29.8倍，夹竹桃可达8倍。其他如珊瑚树、紫薇、石榴、菊花、棕榈、牵牛花等也有较强的吸硫能力。

绿化林带能使大气中二氧化硫浓度降低。当二氧化硫气体通过树林时，浓度便有明显降低，特别是当二氧化硫浓度突然升高时，浓度降低更为明显，如图2-1所示。这充分说明绿化树木有吸收二氧化硫的能力。

(4) 抗性强的树种。对二氧化硫抗性强的树种有：珊瑚树、大叶黄杨、女贞、广玉兰、夹竹桃、罗汉松、龙柏、槐树、臭椿、构树、桑树、梧桐、泡桐、喜树、紫穗槐等。

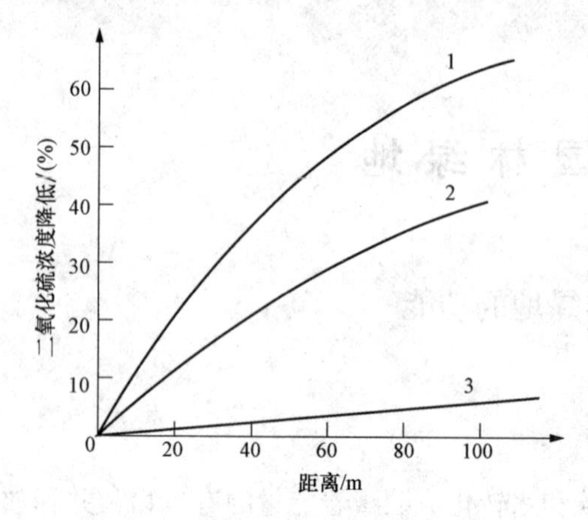


图 2-1　绿地吸收二氧化硫的效应
1—二氧化硫笼罩时的绿地；2—平时绿地；
3—二氧化硫笼罩与不笼罩下的无林地
（两者差别不大）

3. 绿色植物可吸收有害气体——氟化氢

（1）氟化氢的危害。氟是一种无色而有腐蚀性的气体，很活泼，自然界中很少有游离态的氟，而都以氟化物的形式存在，氟化氢就是其中之一。氟化氢在炼铝厂、炼钢厂、玻璃厂、磷肥厂等企业的生产过程中排出。氟化氢对植物的危害比二氧化硫要大，有十亿分之几的氟化氢就会使植物受害，对人体的毒害作用几乎比二氧化硫大 20 倍。

（2）吸收原理。在正常情况下植物叶片也含有一定量的氟化物，一般含量在 0～95mg/kg（干重），但在大气中有氟污染的情况下，植物吸收氟化氢而使叶片中氟化物含量大大提高。如果植物吸收氟化氢超过了叶片所能忍受的限度，则叶片会受到损害而出现症状。

（3）对一些植物吸收能力的检测。各种植物吸收氟化氢的能力和抗性是不同的。美人蕉、向日葵、蓖麻等草本植物吸氟能力比较强，泡桐、梧桐、大叶黄杨、女贞等吸氟的能力都比较强，并且有较强的抗性，是良好的净化空气树种，见表 2-1。加拿大白杨吸氟能力很强，但抗性较差，只能在氟污染较轻的地区种植。

**表 2-1　　几种植物吸氟能力比较**

| 种类 | 叶中含氟量/（mg/kg） | 生长情况 | 受害情况 | 对照植物含氟量/（mg/kg） |
|---|---|---|---|---|
| 美人蕉 | 140.0 | 良好 | 边缘稍有枯焦 | 7.45 |
| 向日葵 | 112.0 | 良好 | 边缘稍有枯焦 | 3.71 |
| 泡桐 | 106.0 | 中等 | 无症状 | 10.9 |
| 加杨 | 93.6 | 差 | 叶发黄 | 10.5 |
| 蓖麻 | 89.4 | 中等 | 边缘枯焦 | 2.99 |
| 梧桐 | 88.4 | 良好 | 无症状 | 12.0 |
| 大叶黄杨 | 55.1 | 良好 | 无症状 | 6.25 |
| 女贞 | 53.8 | 良好 | 无症状 | 5.56 |
| 桦树 | 45.7 | 中等 | 无症状 | 12.9 |
| 垂柳 | 37.8 | 差 | 无症状 | 16.4 |

植物从大气中吸收氟化氢，几乎完全由叶子吸收，然后运转到叶子的尖端和边缘，很少向下运转到根部。生长在氟污染区的重阳木叶中含氟量为 1.92mg/g，而茎中只含氟 0.5mg/g，根中只含氟 0.02mg/g。同一叶片的不同部位含氟量也不同，如柳树叶尖部含氟量为 4.03mg/g，叶片中部含氟 3.53mg/g，叶基部含氟 1.82mg/g。

在一个氟污染地区选择 3 块林地，分别同时测定了林内、林外、林冠下 1.5m 及林冠上 1.5m 等处的大气氟化氢的浓度。第一块林地（油杉、栎树混交林）的测定结果是：林冠上的大气氟化氢浓度要比林冠下高1倍，林外较林内高2.7倍。第二块林地（麻栎林）测定结果是：林冠上的大气氟化氢浓度要比林冠下高1.6倍。第三块林地（油杉林）测定结果是：林冠下的大气氟化氢浓度要比林冠上低1/3。说明树木具有减轻大气氟污染的作用。

应该注意的是，氟化物对人畜有毒害，在氟污染的工厂附近不宜种植食用植物，以免人及畜食用了过多的含氟量高的作物而中毒生病，应多种植非食用的树木。

4. 绿色植物可吸收有害气体氯气

（1）氯气的危害。氯气是一种有强烈臭味而令人窒息的黄绿色气体。主要在化工厂、电化厂、制药厂、农药厂的生产过程中逸出，污染周围环境，对人、畜及植物的毒性很大。

（2）对一些植物吸收能力的检测。在氯污染区生长的植物，叶中含氯量往往比非污染区高几倍到十几倍。

氯污染区几种植物的含氯量（mg/g，干重），见表2-2。

**表2-2　氯污染区几种植物的含氯量**　（mg/g，干重）

| 植物 | 氯污染区植物叶中含氯量 | 正常植物叶中含氯量 |
|---|---|---|
| 棕榈 | 5.20 | 1.56 |
| 构树 | 5.70 | 1.56 |
| 夹竹桃 | 32.0 | 5.20 |
| 大叶黄杨 | 9.3 | 2.6 |
| 美人蕉 | 28.5 | 12.7 |

（3）抗性强的树种。对氯气抗性强的树种有：黄杨、油茶、山茶、柳杉、日本女贞、五角枫、臭椿、高山榕、散尾葵、樟树、北京丁香、柽柳、接骨木等。

5. 绿色植物可吸收的其他气体及放射性物质

（1）可吸收的其他有害气体。许多植物能够吸收氨气、臭氧，有的植物还能吸收大气中的汞、铅、镉等重金属气体。

大多数植物能吸收臭氧，其中银杏、柳杉、日本扁柏、樟树、海桐、日本女贞、夹竹桃、栎树、刺槐、悬铃木、连翘、冬青等净化臭氧的作用大。

苏铁、爱尔夫松等40多种植物具有吸收二氧化氮的能力。桂香柳、加拿大白杨等树种能吸收空气中的醛、酮、醇、醚和致癌物质安息香吡啉等毒。

（2）吸收放射性物质。绿地中的树木不但可以阻隔放射性物质和辐射的传播，并且可以起到过滤吸收作用。据美国试验，用不同剂量的中子—伽马混合辐射照射5块栎树林，发现剂量在15Gy以下时，树木可以吸收而不影响枝叶生长；剂量为40Gy时，对枝叶生长量有影响；当剂量超过150Gy时，枝叶才大量减少。因此在有辐射性污染的厂矿周围，设置一定结构的绿化林带，在一定程度内可以防御和减少放射性污染的危害。在建造这种防护林时，要选择抗辐射树种，针叶林净化放射性污染的能力比常绿阔叶林低得多。

6. 绿色植物对粉尘的吸滞作用

（1）粉尘的危害。大气中的粉尘污染也是有害的。一方面粉尘中有各种有机物、无机物、微生物和病原菌，吸入人体容易引起各种疾病，另外，粉尘可降低太阳照明度和辐射强度，特别是减少紫外线辐射，对人体健康有不良影响。地球上每年降尘量是惊人的，达1×

$10^6$～$3.7\times10^6$t。许多工业城市每年每平方公里降尘量平均为500t左右，某些工业十分集中的城市甚至高达1000t以上。我国是以煤为主要燃料的国家，大气受粉尘和二氧化硫的污染较为严重。

(2) 树木滞尘原理。森林绿地对粉尘有明显的阻滞、过滤和吸附作用，从而能减轻大气的污染。树木之所以能减尘，一方面由于树冠茂密，具有降低风速的作用，随着风速降低，空气中携带的大颗粒灰尘便下降；另一方面由于叶子表面不平，多绒毛，有的还能分泌黏性油脂或汁液，空气中的尘埃，经过树木，便附着于叶面及枝干的下凹部分，起过滤作用。蒙尘的植物经过雨水冲洗，又能恢复其吸尘的能力。由于树木叶子总面积很大，1$hm^2$高大的森林，叶面积的总和可比其占地面积大75倍，因此树木吸滞粉尘的能力是很强的。树木是空气的天然滤尘器。

(3) 树木滞尘效果的测定。我国对一般工业区的初步测定，空气中飘尘浓度，绿化区较非绿化对照区减少10％～50％。

树木对粉尘的阻滞作用在不同季节有所不同。如冬季叶量少，甚至落叶，夏季叶量最多。植物吸滞粉尘能力与叶量多少成正相关。据测定，即使在树木落叶期间，其枝干、树皮也有蒙滞粉尘的作用，能减少空气含尘量的18％～20％。

草坪的减尘作用也是很显著的，草覆盖地面，不使尘土随风飞扬，草皮茎叶也能吸附空气中的粉尘。据测定，草地足球场比裸土足球场上空的含尘量可减少2/3～5/6。

(4) 滞尘效果明显的树种。不同树种的滞尘能力是不同的，这与叶片形态结构、叶面粗糙程度，叶片着生角度，以及树冠大小、疏密度等因素有关。吸滞粉尘能力强的树种有：榆树、朴树、梧桐、泡桐、臭椿、龙柏、桧柏、夹竹桃、构树、槐树、桑树、紫薇、楸树、刺槐、丝棉木等。

7. 绿色植物净化水体、净化土壤和杀菌作用

(1) 净化水体。许多水生植物和沼生植物对净化城市污水有明显作用。据相关测定，芦苇能吸收酚及其他二十多种化合物，1$m^2$芦苇1年可积聚9kg的污染物质。在种有芦苇的水池中，水的悬浮物减少30％，氯化物减少90％，有机氮减少60％，磷酸盐减少20％，氨减少66％，总硬度减少33％。所以，有些国家把芦苇作为污水处理的最后阶段。又如水葱具有很强的吸收有机物的能力，凤眼莲能从污水里吸取银、金、汞、铅等重金属。

有些水生植物如水葱、田蓟、水生薄荷等也能够杀死水中的细菌。据有关试验，这3种植物放置在每毫升含600万个细菌的污水中，2天后大肠杆菌消失。此外，芦苇、小糠草、泽泻等也有一定的杀菌能力，将它们放在每毫升含600万个细菌的污水中，12天后，放芦苇的水中有细菌10万个，放小糠草的有12万个，放泽泻的有10万个。

草地可以大量滞留许多有害的重金属，可以吸收地表污物；树木的根系可以吸收水中的溶解质，减少水中细菌含量。如在通过30～40m宽的林带后，由于树木根系和土壤的作用，1L水中所含的细菌数量比不经过林带的减少1/2。

(2) 净化土壤。植物的地下根系能吸收大量有害物质而具有净化土壤的能力。如有的植物根系分泌物能使进入土壤的大肠杆菌死亡。

有植物根系分布的土壤，好气性细菌比没有根系分布的土壤多几百倍至几千倍，故能促使土壤中的有机物迅速无机化，因此，既净化了土壤，又增加了肥力。研究证明，含有好气性细菌的土壤，有吸收空气中一氧化碳的能力。

草坪是城市净化土壤的重要地被物。城市中一切裸露的土地，种植草坪后，不仅可以改善地表的环境卫生，也能改善地下的土壤卫生条件。

（3）杀菌作用。绿色植物可以减少空气中细菌的数量，其中一个重要的原因是许多植物的芽、叶、花粉能分泌出具有杀死细菌、真菌和原生动物的挥发物质。如悬铃木，将其叶子揉碎后，能在3min内杀死原生动物，洋葱、大蒜的碎糊能杀死葡萄球菌、链球菌及其他细菌。

其他如：松林放出的臭氧，能抑制和杀死结核菌；樟、桉的分泌物能杀死蚊虫，催走苍蝇，可杀死肺炎球菌、痢疾杆菌、结核菌和流感病毒。在松林中建立疗养院有利于治疗肺结核等多种传染病，这些森林都是对人类健康有益的“义务卫生防疫员”。

城市绿化植物中具有较强杀菌力的种类有：黑胡桃、柠檬桉、大叶桉、苦楝、白千层、臭椿、悬铃木、茉莉花、薜荔以及樟科、芸香科、松科、柏科的植物。

**二、改善城市小气候的功能**

1. 园林绿地对温度的影响

一般人体感较舒适的气温为18～20℃，相对湿度以30%～60%为宜。夏季，南方城市气温高达40℃以上，空气湿度高，使人们感到闷热难忍。而在森林环境中，则清凉舒适，这是因为太阳照到树冠上时，有30%～70%的太阳辐射热被吸收。森林的蒸腾作用需要吸收大量热能，每公顷生长旺盛的森林，每年要蒸腾8000t水，蒸腾这些水分要消耗热量167.5亿kJ，从而使森林上空的温度降低。草坪也有较好的降温效果，当夏季城市气温为27.5℃时，草地表面温度为22～24.5℃，比裸露地面低6～7℃，比柏油路表面温度低8～20.5℃。根据有关测定，水泥地坪温度为56℃，一般泥土地面为50℃，树荫下的地温为37℃，而树荫下草地温度只有36℃，所以绿地的地温比空旷广场低20℃左右。

由于植物的生理特性，与水泥、沥青等建筑材料的反照率是完全不同的。建筑材料的反照率比植物叶表的反照率低得多，吸收大量的热，因此，即使在同样的日晒条件下，其热状况亦迥然不同。

人体在被太阳直射的情况下，热代谢除受气温、气流和湿度等因素影响外，皮肤直接吸收太阳辐射对人体热觉有很大影响。园林绿化改善温度状况，显著地降低了黑球温度（实感温度）。黑球温度包括了周围的热辐射、气温等综合因素，其温度的高低间接地表明了人体对周围环境中热辐射、气温等综合影响的感受。

2. 绿地对空气湿度的影响

由于植物的生理机能，植物蒸腾大量的水分，增加了大气的湿度，大片的树林如同一个小水库，使林多草茂的地方雨雾增多。因此，夏季森林的空气湿度要比城市高38%，公园中的空气湿度比城市高27%。而冬季，绿地里的风速小，蒸发的水分不易扩散，绿地里的绝对湿度普遍高于未绿化地区。水分的热容量大，林冠如同一个保温罩，防止热量迅速散失，使林内比无林地气温高2～4℃，使林区冬暖夏凉。绿地是大自然中最理想的“空调器”。

春天，树木开始生长，从土壤中吸收大量水分，然后蒸腾散发到空气中去，绿地内绝对湿度比没有树的地方大，相对湿度增加20%～30%，可以缓和春旱，有利于生产及生活。秋季树木落叶前，树木逐渐停止生长，但蒸腾作用仍在进行，绿地中空气湿度仍比非绿化地带高。夏季树木庞大的根系如同抽水机一样，不断从土壤中吸收水分，然后通过枝叶蒸腾到空气中去。据计算，1hm$^2$阔叶林，在夏季能蒸腾2500t的水，相当于同面积的水库蒸发量，比同面积的土地蒸发量高 20 倍。由于树木的蒸腾作用，使绿地内湿度比非绿化区大，相对湿度大 10%～20%，这为人们在生产、生活上创造了凉爽、舒适的气候环境。

3. 绿地对气流的影响

绿化尤其是植树对减低风速的作用是明显的，而且其效应，随着风速的增大而效果更好。当气流穿过绿地时，树木的阻截、摩擦和过筛作用将气流分成许多小涡流，这些小涡流方向不一，彼此摩擦，消耗了气流的能量。因此，绿地中的树木能使强风变为中等风速，中等风速变为微风。据测定资料表明，夏秋季能减低风速 50%～80%，而且绿地里平静无风的时间比无绿化地区要长；冬季绿地能降低风速 20%，减少了暴风的吹袭。

绿化地带减低风速的作用，还表现在它所影响的范围，可影响到其高度的 10～20 倍。在林带高度 1 倍处，可减低风速 60%，10 倍处减低 20%～30%，20 倍处可减低 10%。

城市有害气体，如二氧化硫、二氧化氮、汞、铅等气体和粉尘，比空气重，在无风时不易扩散稀释，特别是夏季高温时危害很大。由于大片的林地和绿化地区能降低气温，而城市中建筑和铺装道路广场在吸收太阳辐射后表面增热，使绿地与无绿化地之间产生大的温差。根据有关测定，在大气平静无风时，大片林地内冷空气因比重大向无绿化的比重小的热空气地区流动，驱使比重小的热空气上升，形成垂直环流，可以产生 1m/s 的风速，使在无风的天气形成微风、凉风，也使城市污染气体得以向郊区绿地扩散。这种“热岛效应”，也有效地改善城市内的通风条件。

## 三、降低噪声的功能

1. 城市噪声来源

（1）交通运输噪声主要有机动车辆、铁路、航空噪声等。街道上机动车辆的噪声，除本身的声源外，与街道宽度和建筑物的高度有关。近代的航空噪声，当以超音速低空飞行时，其轰鸣声常造成建筑物的玻璃震碎、抹灰开裂、墙壁裂缝等破坏性事故。

（2）工业噪声主要来自气动源（如鼓风机、锅炉、空压机等）和根动源（如锻锤、铆枪、机床等）。工业噪声虽属局部影响，但对工人和附近居民影响较大。

（3）其他噪声主要指生活和社会活动场所的噪声，这类噪声虽然强度较小，但波及面广，影响范围大。

2. 城市规划的合理布局

合理进行城市功能分区，妥善安排居住、工业、交通运输用地的相对位置，并按照噪声随距离递减的特性，将生活、工作地点放在噪声的影响区外。

对于噪声大而目前无法减低噪声的机场、火车站、铁路干线等均应放在郊外，以控制交通噪声对城市的影响。

3. 合理布置城市绿地

研究表明，植树绿化对噪声具有吸收和消声的作用，可以减弱噪声的强度。其衰减噪声的机理，目前一般认为是噪声波被树叶向各个方向不规则反射而使声音减弱；由于噪声波造成树叶微振而使声音消耗。因此，树木减噪因素是林冠层。树叶的形状、大小、厚薄、叶面光滑与否、树叶的软硬，以及树冠外缘凸凹的程度等，都与减噪效果有关。

## 四、景观的功能

1. 城市绿化是对城市景观认识及研究的关键

（1）对城市景观的认识。多数历史悠久的城市，在长期历史变迁的过程中，是由于许多功能的要求而形成的，对于美化城市景观这个问题，常是有意或无意中有所注意，但从来也没有形成系统的学科。有关这方面的论述，我国可以说是比较早的。早年间，人们在城镇的选址，利用地形地貌，以及处理环境空间的均衡，造景对景等方面，有较为客观的认识。在国外近些年才形成“景观学”的系统学科。

（2）对城市景观的研究。

1）讨论形成城市景观的过程。

2）把城市景观分成几种模式讨论其特性。

3）用几种原理来评论城市景观的优劣。

4）就城市景观各方面，论述美的感受。

5）调查人们对城市景观美的感受，用不同尺度的美的原理，研究美的城市。

其中，1）、2）类型不能说明城市景观美的原理；3）的类型是较传统的办法，但不够全面，如对称的构图可获得稳定感就叫作美，同一形式的反复可获得韵律美，然而，不平衡也有美的倩影；为了较全面地研究城市景观，4）、5）类型采用美学中的主观又具有普遍适宜性的原理，可较近似地得到城市景观美的结论的方法（不是原理和法则）。

2. 城市绿化是对城市印象的主要影响因素

（1）道路。主要指运动网路，如街道、铁路、河流等。道路具有连续性和方向性，给人以动态的连续印象，是进入市区后的主要印象。美的道路除了建筑风格的一致或变化、对景的布置外，用绿色植物构成的连续构图和季相变化，如林荫路、滨水路，以及退后红线的前庭绿地，均能使人产生美感，道路绿化用规则而简练的连续构图，可以获得良好的效果，在曲折的道路采用自然丛植也可以获得自然野趣的景趣。同时道路绿化对城市装饰也具有特别重要的意义，常形成城市的特有面貌。

（2）边界。主要指城市的外围和各区间外围的景观效果。形成边界景观的方法很多，可利用空旷地，水体、森林等形成城郊绿地，而最理想的为保护较好的自然边界。

在城市边缘有大水体或河流的城市，多利用自然河湖作为边界，并在边界上设立公园、浴场、滨水绿带等，以形成环境优美的城市面貌，使通过水路进入城市的人们，产生良好的第一印象。

（3）中心点。多是城市景观视线的焦点，是整个城市的中心点，或是一个局部区段以及广场、公园的中心点。

市中心是历史形成的，大多为商业服务或政治中心，在中心地带的标志物，许多为具有纪念意义的建筑物，为了永久地保存它，周围划出一定保护地带，进行绿化，而成为公园或纪念性绿地，以及绿化广场等。

对于有条件的城市，利用城市中心开辟为绿地是非常必要的，这不但美化了中心点的景观，更为市中心找到一块难得的休息绿地，从功能和景观上均起到重要的作用。

（4）区域特征。城市景观中，不同功能分区景观效果不同，工业区、商业区、交通枢纽、文教区、居住区景观各异，应保持其特色，而不应混杂，这样可造成丰富多彩的城市景观效果。

这些景观是由于空间特征，建筑类型、色彩、绿化效果、照明效果等不同，而形成不同的区域景观。

（5）标志物。城市标志物是构成城市景观的重要内容，它必须以独特的造型，与背景有强烈的对比，以及重要的历史意义，而形成特色。

一般城市标志物最好位于城市中心的高处，以仰视观赏可排除地面建筑物的干扰，城市艺术面貌是一个整体，要充分利用自然地形地貌，文物古迹，并从道路的走向上多考虑对景、借景和风景视线的要求。同时，要丰富城市的面貌，必须非常重视绿化的装饰作用。

### 五、其他功能

1. 保护农田

在城市中有些工厂散布的废气和烟尘对农作物和蔬菜会有一定的影响，因此加强工厂区绿化造林，并在工厂与农田之间建造防护林带，对减轻和防止烟气危害农田，保证农作物、蔬菜的丰收，有重要的意义。农田防护林，还能防止风、旱、涝等各种自然灾害，使农作物、蔬菜稳产高产。

2. 保持水土

树木和草地对保持水土有非常显著的功能。树木的枝叶茂密地覆盖着地面，当雨水下落时首先冲击树冠，然后穿透枝叶，不会直接冲击土壤表面，可以减少表土的流失。树冠本身还积蓄一定数量的雨水，不时降落地面。同时，树木和草本植物的根系在土壤中蔓延，能够紧紧地“拉着”土壤而不让其冲走。加上树林下往往有大量落叶、枯枝、苔藓等覆盖物能吸收数倍于本身的水分，也有防止水土流失的作用，这样便能减少地表径流，降低流速，增加渗入地中的水量。森林中的溪水澄清，就是保持了水土的证明。

如果破坏了树林和草地，就会造成水土流失，山洪暴发，使河道淤堵，水库阻塞，洪水猛涨。有些石灰岩山地，暴雨时会冲带大量泥沙石块而下，便形成“泥石流”，能破坏公路、农田、村庄，对人民生活和生产造成严重危害。

3. 安全防护

城市中心的绿地也和森林一样，常具有类似的功能作用。在台风经常侵袭的沿海城市多植树，并沿海岸线设立防风林带，可以减轻台风的破坏。在地形起伏的山地城市，或是河流交汇的三角地带城市，也可有效地防止洪水和塌方，这些地带利用树木来保水固土、防洪加固堤坝是十分重要的。

4. 监测环境污染

不少植物对环境污染的反应比人和动物要敏感得多。植物的这种症状，就是环境污染的“信号”，人们可以根据植物所发出的“信号”来分析鉴别环境污染的状况。这类对污染敏感而能发出“信号”的植物称为“环境污染指示植物”或“监测植物”。利用植物的这种敏感性可以监测环境的污染。

## 第二节　城市园林绿地的分类

### 一、城市园林绿地的分类原则

1. 以绿地的功能作为主要的分类依据

目前国内外的分类方法各不相同，有按所处位置分的，如城区绿地、郊区绿地；有按功能分的，如文化休息、美化装饰、卫生防护、经济生产等；还有按规模分的，如大型、中型、小型绿地；有按服务范围分的，如全市性、地区性、局部性等。根据我国各城市实际情况，按功能分类比较符合实际，也便于反映各城市的园林绿化特点，有利于绿地的详细规划与设计工作。

2. 绿地分类要与城市规划用地平衡的计算口径一致

在城市总体规划中，有的与城市用地平衡，而有的则属于某项用地范围之内，在总体规划中用地平衡的计算面积。分类时考虑这个原则并与城市规划口径一致，可以避免城市用地平衡计算。

3. 绿地分类要力求反映不同类型城市绿地的特点

由于城市绿化的途径和自然地貌不同，有的城市多古典园林，有的园林多自然风景，有的城市街道绿化基础较好，还有保护绿地为主。分类方法及计算应能反映出各种类型城市的特点、水平、潜力，以便为今后制订绿地规划的任务、方向提供依据。

4. 绿地分类应尽量考虑与世界其他国家的可比性

目前世界各国城市园林绿地定额指标很不一致，难以互相比较。在与其他国相比时，可采用相应的几项绿地指标来比较（根据绿地内容、可用单项或几项之和来相比），这样就能灵活运用。

5. 要考虑绿地的统计范围、投资来源及管理体制

城市园林绿地是指城市总体规划中确定的绿地，属于园林部门管辖范围的地方。城市中属于农林用地的大片果林和文物宗教部门管理的文物古迹等均不应包括在内。这样有利于业务部门的经营管理工作。

**二、城市园林绿地的分类**

根据《城市绿地分类标准》（CJJ/T 85—2017），城市绿地分为公园绿地（G1）、防护绿地（G2）、广场用地（G3）、附属绿地（XG）和区域绿地（EG），见表 2-3 和表 2-4。

公园绿地（G1）包括综合公园、社区公园、专类公园和游园。

防护绿地（G2）包括卫生隔离带、道路防护绿地、城市高压走廊绿带、防风林、城市组团隔离带等。

广场用地（G3）以游憩、纪念、集会和避险等功能为主的城市公共活动场地。

**表 2-3　　城市建设用地内的绿地分类和代码**

| 类别代码 | | | 类别名称 | 内容 | 备注 |
|---|---|---|---|---|---|
| 大类 | 中类 | 小类 | | | |
| G1 | | | 公园绿地 | 向公众开放，以游憩为主要功能，兼具生态、景观、文教和应急避险等功能，有一定游憩和服务设施的绿地 | |
| | G11 | | 综合公园 | 内容丰富，适合开展各类户外活动，具有完善的游憩和配套管理服务设施的绿地 | 规模宜大于 $10hm^2$ |
| | G12 | | 社区公园 | 用地独立，具有基本的游憩和服务设施，主要为一定社区范围内居民就近开展日常休闲活动服务的绿地 | 规模宜大于 $1hm^2$ |

续表

| 类别代码 | | | 类别 | 内容 | 备注 |
|---|---|---|---|---|---|
| 大类 | 中类 | 小类 | 名称 | | |
| G1 | G13 | | 专类公园 | 具有特定内容或形式，有相应的游憩和服务设施的绿地 | |
| | | G131 | 动物园 | 在人工饲养条件下，移地保护野生动物，进行动物饲养、繁殖等科学研究，并供科普、观赏、游憩等活动，具有良好设施和解说标识系统的绿地 | |
| | | G132 | 植物园 | 进行植物科学研究、引种驯化、植物保护，并供观赏、游憩及科普等活动，具有良好设施和解说标识系统的绿地 | |
| | | G133 | 历史名园 | 体现一定历史时期代表性的造园艺术，需要特别保护的园林 | |
| | | G134 | 遗址公园 | 以重要遗址及其背景环境为主形成的，在遗址保护和展示等方面具有示范意义，并具有文化、游憩等功能的绿地 | |
| | | G135 | 游乐公园 | 单独设置，具有大型游乐设施，生态环境较好的绿地 | 绿化占地比例应大于或等于65% |
| | | G139 | 其他专类公园 | 除以上各种专类公园外，具有特定主题内容的绿地。主要包括儿童公园、体育健身公园、滨水公园、纪念性公园、雕塑公园以及位于城市建设用地内的风景名胜公园、城市湿地公园和森林公园等 | 绿化占地比例宜大于或等于65% |
| | G14 | | 游园 | 除以上各种公园绿地外，用地独立，规模较小或形状多样，方便居民就近进入，具有一定游憩功能的绿地 | 带状游园的宽度宜大于12m；绿化占地比例应大于或等于65% |
| G2 | | | 防护绿地 | 用地独立，具有卫生、隔离、安全、生态防护功能，游人不宜进入的绿地。主要包括卫生隔离防护绿地、道路及铁路防护绿地、高压走廊防护绿地、公用设施防护绿地等 | |
| G3 | | | 广场用地 | 以游憩、纪念、集会和避险等功能为主的城市公共活动场地 | 绿化占地比例宜大于或等于35%；绿化占地比例大于或等于65%的广场用地计入公园绿地 |

续表

| 类别代码 | | | 类别名称 | 内容 | 备注 |
|---|---|---|---|---|---|
| 大类 | 中类 | 小类 | | | |
| XG | | | 附属绿地 | 附属于各类城市建设用地（除“绿地与广场用地”）的绿化用地。包括居住用地、公共管理与公共服务设施用地、商业服务业设施用地、工业用地、物流仓储用地、道路与交通设施用地、公用设施用地等用地中的绿地 | 不再重复参与城市建设用地平衡 |
| | RG | | 居住用地附属绿地 | 居住用地内的配建绿地 | |
| | AG | | 公共管理与公共服务设施用地附属绿地 | 公共管理与公共服务设施用地内的绿地 | |
| | BG | | 商业服务业设施用地附属绿地 | 商业服务业设施用地内的绿地 | |
| | MG | | 工业用地附属绿地 | 工业用地内的绿地 | |
| | WG | | 物流仓储用地附属绿地 | 物流仓储用地内的绿地 | |
| | SG | | 道路与交通设施用地附属绿地 | 道路与交通设施用地内的绿地 | |
| | UG | | 公用设施用地附属绿地 | 公用设施用地内的绿地 | |

**表 2-4　　城市建设用地外的绿地分类和代码**

| 类别代码 | | | 类别名称 | 内容 | 备注 |
|---|---|---|---|---|---|
| 大类 | 中类 | 小类 | | | |
| EG | | | 区域绿地 | 位于城市建设用地之外，具有城乡生态环境及自然资源和文化资源保护、游憩健身、安全防护隔离、物种保护、园林苗木生产等功能的绿地 | 不参与建设用地汇总，不包括耕地 |
| | EG1 | | 风景游憩绿地 | 自然环境良好，向公众开放，以休闲游憩、旅游观光、娱乐健身、科学考察等为主要功能，具备游憩和服务设施的绿地 | |
| | | EG11 | 风景名胜区 | 经相关主管部门批准设立，具有观赏、文化或者科学价值，自然景观、人文景观比较集中，环境优美，可供人们游览或者进行科学、文化活动的区域 | |

续表

| 类别代码 | | | 类别名称 | 内容 | 备注 |
|---|---|---|---|---|---|
| 大类 | 中类 | 小类 | | | |
| EG | EG1 | EG12 | 森林公园 | 具有一定规模，且自然风景优美的森林地域，可供人们进行游憩或科学、文化、教育活动的绿地 | |
| | | EG13 | 湿地公园 | 以良好的湿地生态环境和多样化的湿地景观资源为基础，具有生态保护、科普教育、湿地研究、生态休闲等多种功能，具备游憩和服务设施的绿地 | |
| | | EG14 | 郊野公园 | 位于城区边缘，有一定规模、以郊野自然景观为主，具有亲近自然、游憩休闲、科普教育等功能，具备必要服务设施的绿地 | |
| | | EG19 | 其他风景游憩绿地 | 除上述外的风景游憩绿地，主要包括野生动植物园、遗址公园、地质公园等 | |
| | EG2 | | 生态保育绿地 | 为保障城乡生态安全，改善景观质量而进行保护、恢复和资源培育的绿色空间。主要包括自然保护区、水源保护区、湿地保护区、公益林、水体防护林、生态修复地、生物物种栖息地等各类以生态保育功能为主的绿地 | |
| | EG3 | | 区域设施防护绿地 | 区域交通设施、区域公用设施等周边具有安全、防护、卫生、隔离作用的绿地。主要包括各级公路、铁路、输变电设施、环卫设施等周边的防护隔离绿化用地 | 区域设施指城市建设用地外的设施 |
| | EG4 | | 生产绿地 | 为城乡绿化美化生产、培育、引种试验各类苗木、花草、种子的苗圃、花圃、草圃等圃地 | |

## 第三节　城市园林绿地的布局

### 一、园林绿地布局的目的与要求

1. 园林绿地布局的目的

(1) 满足全市居民方便的文化娱乐、休憩游览的要求。

(2) 满足城市生活和生产活动安全的要求。

(3) 满足工业生产卫生防护的要求。

(4) 满足城市艺术面貌的要求。

2. 园林绿地布局的要求

(1) 布局合理。按照合理的服务半径，均匀分布各级公共绿地和居住区绿地，使居民都具有同样到达的条件。结合城市各级道路及水系规划，开辟纵横分布于全市的带状绿地，把各级各类绿地联系起来，相互衔接，组成连续不断的绿地网。

(2) 指标先进。城市绿地各项指标不仅要分近期与远期的，还要分别列出各类绿地的指标。

(3) 质量良好。城市绿地种类不仅要多样化，以满足城市生活与生产活动的需要，还要有丰富的园林植物种类，较高的园林艺术水平，充实的文化内容，完善的服务设施。

(4) 环境改善。在居住区与工业区之间要设置卫生防护林带，设置改善城市气候的通风林带，以及防止有害风向的防风林带，起到保护与改善环境的作用。

### 二、绿地布局的形式

1. 块状绿地布局

这种绿地布局形式，可以做到均匀分布，居民方便使用，但对构成城市整体的艺术面貌作用不大，对改善城市小气候条件的作用也不显著。

2. 带状绿地布局

这种布局多数由于利用河湖水系、城市道路、旧城墙等因素，形成纵横向绿带、放射状绿带与环状绿地交织的绿地网。

3. 楔形绿地布局

凡城市中由郊区伸入市中心的由宽到狭的绿地，称为楔形绿地。优点是能使城市通风条件好，有利于城市艺术面貌的体现。

4. 混合式绿地布局

可以做到城市绿地点、线、面结合，组成较完整的体系。其优点是：可以使生活居住区获得最大的绿地接触面，方便居民游憩，有利于小气候的改善，有助于城市环境卫生条件的改善，有利于丰富城市总体与各部分的艺术面貌。

## 第四节　城市园林绿地的树种规划

### 一、城市园林绿化树种选用原则

1. 要基本切合森林植被区域自然规律

即本地区森林植物植被地理区所展示的自然规律。如云南昆明市，地处云贵高原区，那里基本是北亚热带常绿阔叶与针叶树混交林为主的植被，但落叶阔叶树种却占较大的比例。这可通过增加常绿阔叶树种的数量来调节，参照郊区野生植被中的趋势一样（即常绿阔叶树种较少而分布面积较广，株数较多）。这是符合自然界的发展规律的。

2. 以乡土树种为主

乡土树种对土壤、气候适应性强，有地方特色，应选择作为城市绿化的主要树种。对在本地适应多年的外来树种也可选用。也可以有计划地引种一些本地缺少，而又能适应当前环境条件的、经济价值高、观赏价值高的树种。但必须经过引种驯化试验，才能推广应用。新建城市，原有树种少，可以通过调查研究引用附近地区及参照自然条件接近的城市的引种名录。

3. 选择抗性强的树种

抗性强的树种是指对城市中工业排出的“三废”适应性强的树种，以及对土壤、气候、病虫害等不利因素适应性强的树种。

4. 速生树种与慢生树种相结合

速生树种早期绿化效果好，容易成荫，但寿命较短，往往在20～30年后已衰老；慢长树则早期生长较慢，城市绿化效果较慢．因此必须同时注意速生树种和慢长树种的相衔接问题。近期新建城市应以速生树种为主，搭配一部分珍贵慢长树种，有计划分期分批地逐步过渡。

**二、城市园林绿化树种规划的方法**

1. 调查研究

调查当地原有树种和外地引种驯化的树种，以及它们的生态习性、对环境条件适应性、抗污染性和生长情况。除本地区外，调查相邻近地区，不同的小气候条件下，各种小地形（洼地、山坡、阴阳坡等）的树种生长情况，以便作进一步扩大树种应用的可行方案的基础资料。

2. 确定骨干树种

在广泛调查研究及查阅历史资料的基础上，针对本地自然条件选择骨干树种，如城市干道的行道树种类。因为街道的环境条件恶劣，日照、土壤等条件差。又有各种机械损伤、空气污染，地上地下管网交叉，所以树种选择要求比其他绿地严格。从生长条件来看，能适合作行道树的树种，对其他园林绿地也适应。除行道树外，其他针叶乔木、阔叶乔木、灌木都要选择一批适应性强、观赏价值或经济价值高的树种作为骨干树种来推广。骨干树种名录的确定需经过多方面的慎重研究才能制订出来。

3. 制订主要的树种比例

制订合理的树种比例，其目的是有计划地生产苗木，使苗木的种类及数量都能符合各类型绿地的需要，否则，苗木与设计使用对不上口径，使不适用的苗木大量积压，造成经济损失及影响城市绿化的速度。制订树种比例要根据各种绿地的需要，主要安排好以下几个比例。

（1）乔木与灌木的比例。以乔木为主，因为乔木是行道树及庭荫树的骨干，一般占70%。

（2）落叶树与常绿树的比例。落叶树一般生长较快，对“三废”（废水、废气、废渣）的抗性及适应城市环境较强。常绿树则能使城市一年四季都有良好的绿化效果及防护作用。但常绿树生长较慢，投资也较大。因此一般城市中落叶树比重应大些。当前各地有逐步提高常绿树比重的趋向，可根据各地自然条件、经济和施工力量来确定比例。

城市中除乔灌木及花卉外，还应大力发展草坪及地被植物的应用，铺设草坪及地被植物是绿化城市、保护和改善城市环境、建设现代化城市园林不可缺少的内容。

# 第三章　园林绿化植物

## 第一节　园林绿化植物的基础知识

### 一、园林植物的分类

1. 园林植物的基本类群

（1）低等植物。植物体无根、茎、叶的分化，没有中柱，多为异养植物，不含叶绿体，多为无性繁殖。包括藻类植物门、细菌植物门、真菌植物门、粘菌植物门、地衣植物门。

（2）高等植物。植物体有根、茎、叶的分化，有中柱，含叶绿体，能进行光合作用，制造有机物供自身生长需要。包括苔藓植物门、蕨类植物门和种子植物门。

种子植物门的进化程度最高，器官最发达，种子繁殖。各种乔木、灌木和草本都属于这一门，按有无果皮包被种子分为裸子植物和被子植物两个亚门，裸子植物叶形小，多为针形、条形或鳞形，俗称针叶树；被子植物叶片较宽，一般称阔叶树。

2. 园林植物的分类及命名

（1）园林植物的分类。园林植物种类繁多，不论从研究和认识的角度，还是从生产和消费的角度，都需要对其种类进行归纳分类。

人们根据植物的进化规律和亲缘关系，将具有相似形态构造、有一定生物学特性和分布区的个体总和定为“种”，相近似的种归纳为一属，相近似的属归纳为一科，建立了分类系统。常用的单位为界、门、纲、目、科、属、种，并可根据实际需要，再计划中间的单位，如亚门、亚纲、亚目亚科、亚属、变种、变型等。

界是最高级单位，种是最基本单位。如马尾松在分类系统中的排序：植物界—种子植物门—裸子植物亚门—球果纲—松杉目—松科—松属—马尾松。

全世界的植物大约有40多万种，其中高等植物有30多万种，归属300多个科，被子植物重要的科有：十字花科、蔷薇科、豆科、菊科、茄科、芸香科、百合科、葡萄科、苋科、唇形科、禾本科、石蒜科、鸢尾科、兰科、毛茛科、仙人掌科、景天科、虎耳草科、木樨科、旋花科、芭蕉科、天南星科、棕榈科、凤梨科、桑科、山茶科、杜鹃花科、石竹科、睡莲科、漆树科、无患子科、锦葵科、报春花科、杨柳科、木兰科；蕨类植物、裸子植物中也有一些重要的园艺作物，如银杏、铁线蕨、油松、雪松、水杉、圆柏等，分别归属不同的科。

（2）园林植物的命名。在现实生活中，不同地方、不同人群对植物的认识不同，造成植物同物多名或同名异物的现象。为此，瑞典植物学家林奈提倡用双名法来命名，得到世界上的公认和统一。林奈双名法用拉丁文命名，由属名和种加词组成，用拉丁文书写，印刷时用斜体字，属名首字母大写，种名首字母小写，其余字母小写。种名之后是命名者的姓，用正体字，首字母大写。若该学名更改过，则原定名人的姓外要加圆括号。如蜡梅Chimonanthus Praecax，白鹭Egretta garzetta。

3. 按植物生长特性分类

（1）乔木。树体高大（6以上），具有明显高大主干。乔木可依其高度可分为伟乔

(30m以上)、大乔（21～30m)、中乔（11～20m）和小乔（6～10m）四级，此类树木多为观赏，应用于园林露地，还可按生长速度分为速生树、中生树、慢生树三类。同时，依叶片大小与形态分为针叶乔木和阔叶乔木两大类。

针叶乔木：叶片细小，呈针状、鳞片状或线形、条形、钻形、披针形等。除松科、杉科、柏科等裸子植物属此类外，木麻黄、柽柳等叶形细小的被子植物也常被置于此类。本类可按叶片生长习性分为两类：一类是常绿针叶乔木，如雪松、白皮松、圆柏、罗汉松等；另一类是落叶针叶乔木，如水杉、落羽杉、池杉、落叶松、金钱松等。

阔叶乔木：叶片宽阔，大小和叶形各异，包括单叶和复叶，种类远比针叶类丰富，大多数被子植物属此类。本类可按叶片生长习性分为两类：一类是常绿阔叶乔木，如白兰花、桂花、扁桃、香樟等；另一类是落叶阔叶乔木，如毛白杨、二球悬铃木、栾树、槐树等。

(2）灌木。树体矮小，通常无明显主干或主干极矮，树体有许多相近的丛生侧枝。有赏花、赏果、赏叶类等，多作基础种植和盆栽观赏树种。根据叶片大小分为阔叶灌木和针叶灌木，针叶灌木只有松属、圆柏属和鸡毛松属等少量树种，其余均为阔叶灌木。按叶片生长习性分为两类：一类是常绿阔叶灌木，如海桐、茶梅、黄金榕、龙船花等；另一类是落叶阔叶灌木，如蜡梅、铁梗海棠、紫荆、珍珠梅等。

(3）藤本。茎细长不能直立，呈匍匐或常借助茎蔓、吸盘、吸附根、卷须、钩刺等攀附在其他支持物上才能直立生长。藤本类主要用于园林垂直绿化，依其攀附特性可分为4类。

1）绞杀类：具有缠绕性和较粗壮、发达的吸附根的木本植物，可使被缠绕的树木缢紧而死亡，如络石、薜荔等。

2）吸附类：如地锦可借助吸盘、常春藤可借助于吸附根而向上攀登。

3）卷须类：如炮仗花、葡萄借助卷须缠绕等。

4）蔓条类：如蔓性蔷薇、三角花每年可发生多数长枝，枝上有钩刺借助支持物上升。

4. 按观赏学分类

(1）草本观赏植物。

1）一两年生花卉。一年生花卉是指一个生长季节内完成生活史的观赏植物，即从播种、萌芽、开花结实到衰老，乃至枯死均在一个生长季节内，如凤仙花、鸡冠花、一串红、千日红、万寿菊等。两年生花卉是指两个生长季节内才能完成生活史的观赏植物，一般较耐寒，常秋天播种，当年只生长营养体，第二年开花结实，如三色堇、金鱼草、虞美人、石竹、福禄考、瓜叶菊、羽衣甘蓝、美女樱、紫罗兰等。

2）宿根花卉。地下部分形态正常，不发生变态，依其地上部茎叶冬季枯死与否，又分落叶类（如菊花、芍药、蜀葵、铃兰等）与常绿类（如万年青、萱草、君子兰、铁线蕨等)。

3）球根花卉。地下部分变态肥大，茎或根形成球状物或块状物，其中球茎类花卉有小苍兰、唐菖蒲、番红花等；鳞茎类花卉有水仙、风信子、朱顶红、郁金香、百合等；块茎类花卉有彩叶芋、马蹄莲、晚香玉、球根秋海棠、仙客来、大岩桐等；根茎类花卉有美人蕉、鸢尾、射干等；块根类花卉有大丽花、花毛茛等。

4）兰科花卉。例如，春兰、惠兰、建兰、墨兰、石斛、兜兰等。

5）水生花卉。生长在水池或沼泽地，如荷花、王莲、睡莲、凤眼莲、慈姑、千屈菜、金鱼藻、芡、水葱等。

6）蕨类植物。这是一大类观叶植物，包括很多种的蕨类植物，如铁线蕨、肾蕨、巢蕨、长叶蜈蚣草、观音莲座蕨等。

（2）木本观赏植物。

1）落叶木本植物：月季、牡丹、蜡梅、樱花、银杏、红叶李、丁香、爬山虎、西府海棠、碧桃、山杏、合欢、柳树等。

2）常绿木本植物：雪松、侧柏、罗汉松、女贞、变叶木等。

3）竹类：紫竹、佛肚竹、方竹、矮竹、箭竹等。

（3）地被植物。地被植物一般指低矮的植物群体，用于覆盖地面。地被植物不仅有草本和蕨类植物，也包括小灌木和藤本。主要的地被植物有多边小冠花、葛藤、紫花苜蓿、百脉根、蛇莓、二月蓝、百里香、铺地柏、虎耳草等。草坪草也属地被植物，但通常另列一类，主要是指禾本科草和莎草科草，也有豆科草。

（4）仙人掌类及多肉多浆植物。仙人掌类及多肉多浆植物多数原产于热带或亚热带的干旱地区或森林中，通常包括仙人掌科以及景天科、番杏科、萝藦科。

5. 按植物原产地分类

（1）中国气候型。中国气候型又称大陆东岸气候型，气候特点是冬寒夏热、年温差较大。除中国外，日本、北美东部、巴西南部、大洋洲东部、非洲东南部等也属这一气候地区。这一气候型又因冬季气温的高低，分温暖型和冷凉型。

温暖型：中国水仙、石蒜、山茶、杜鹃、南天竹、中国石竹、报春、凤仙、矮牵牛、美女樱、半枝莲、福禄考、马蹄莲、唐菖蒲、一串红等。

冷凉型：菊花、芍药、翠菊、荷包牡丹、荷兰菊、金光菊、翠雀、花毛茛、乌头、铁线莲、鸢尾、醉鱼草、蛇鞭菊、贴梗海棠等。

（2）欧洲气候型。欧洲气候型又称大陆西岸气候型，气候特点是冬季温暖，夏季也不炎热。欧洲大部分、北美西海岸中部、南美西南角、新西兰南部等属于这一气候地区。著名观赏植物有三色堇、雏菊、银白草、矢车菊、勿忘草、紫罗兰、羽衣甘蓝、毛地黄、铃兰、锦葵等。

（3）地中海气候型。地中海气候的特点是秋季至春季属于雨期，夏季少雨，为干燥期。地中海沿岸、南非好望角附近、大洋洲东南和西南部、南美智利中部、北美加利福尼亚等地属于这一气候地区。著名观赏植物有郁金香、小苍兰、水仙、风信子、鸢尾、仙客来、白头翁、花毛茛、番红花、天竺葵、花菱草、酢浆草、唐菖蒲、石竹、金鱼草、金盏菊、麦秆菊、蒲包花、君子兰等。

（4）热带气候型。热带气候的特点是周年高温，温差小，雨量大，但分雨期和旱季。亚洲、非洲、大洋洲、中美洲、南美洲的热带地区均属此气候型。观赏植物有虎尾兰、彩叶草、鸡冠花、非洲紫罗兰、猪笼草、变叶木、红桑、凤仙花、大岩桐、竹芋、紫茉莉、花烛、长春花、美人蕉、牵牛花、秋海棠、水塔花、朱顶红等。

（5）沙漠气候型。沙漠气候的特点是雨量少、干旱，多位于不毛之地，如非洲、阿拉伯、黑海东北部、大洋洲中部、墨西哥西北部、秘鲁和阿根廷部分地区以及中国海南岛西南部地区。主要观赏植物有仙人掌、芦荟、伽蓝菜、十二卷、光棍树、龙舌兰、霸王鞭等。

（6）寒带气候型。寒带气候型地区，冬季漫长而严寒，夏季短促而凉爽，多大风，植物矮小，生长期短。此气候型地区包括北美阿拉斯加、亚洲西伯利亚和欧洲最北部的斯堪的纳维亚。代表观赏植物有细叶百合、绿绒蒿、雪莲、点地梅等。

## 二、园林植物的美学特性

1. 色彩美

人们视觉对色彩尤为敏感，从美学的角度讲，园林植物的色彩在园林上应是第一位的，其次才是园林植物的形体、线条等其他特征。园林植物的各个部分如花、果、叶、枝干和树皮等，都有不同的色彩，并且随着季节和年龄的变化而绚丽多彩、万紫千红。

(1) 叶色美。叶色决定了植物色彩的类型和基调。植物的叶色变化丰富，早春的新绿，夏季的浓绿，秋季的红黄叶和果实交替，这种物候动态景观规律的色彩美，观赏价值极高，能达到引起人们美好情思的境界。根据叶色变化的特点可将园林植物分为以下 6 类。

1）绿色叶类。绿色是园林植物的基本叶色，有嫩绿、浅绿、鲜绿、浓绿、黄绿、蓝绿、墨绿、暗绿等差别，将不同深浅绿色的园林植物搭配在一起，同样能够产生特定的园林美学效果，给人以不同的园林美学感受，如在暗绿色针叶树丛前配植黄绿色树冠，会形成满树黄花的效果。叶色呈深浓绿色类的有雪松、油松、侧柏、圆柏、云杉、毛白杨、槐、女贞、榕、桂花、构树、山茶等。叶色呈浅淡绿色类的有七叶树、落羽松、金钱松、水杉、玉兰、鹅掌楸等。

2）春色叶类及新叶有色类。园林植物的叶色常随季节的不同而发生变化，对春季新发生的嫩叶有显著不同叶色的统称为“春色叶树”，如臭椿、五角枫的春叶呈红色。在南方热带、亚热带地区，一些园林植物一年多次萌发新叶，长出的新叶有美丽色彩，如开花效果的种类称新叶有色类，如芒果、无忧花、铁刀木等。

3）秋色叶类。秋色叶类植物的叶片在秋季发生显著变化，并且能保持一定时间的观赏期。秋季叶色的变化体现出独特的秋色美景，在园林植物的色彩美学中具有重要地位。秋季呈红色或紫红色类的树种如鸡爪槭、茶条槭、五角枫、枫香、小檗、地锦、樱花、柿、盐肤木、卫矛、山楂、花楸、黄连木、黄栌、乌桕、南天竹、石楠、红槲等。秋叶呈黄色或黄褐色类的树种如银杏、加拿大杨、白蜡、栾树、水杉、落叶松、悬铃木、梧桐、鹅掌楸、榆、白桦、金钱松、柳、复叶槭、紫荆、无患子、胡桃等。

4）常色叶类。常色叶类植物其叶片一年不分春秋季节而呈现一种不同于绿色的其他单一颜色，以红色、紫色和黄色为主。全年呈红色或紫色类，如紫叶李、紫叶桃、红枫、紫叶小檗、紫叶欧洲槲、红花檵木等。全年均为黄色类的有金叶雪松、金叶圆柏、金叶鸡爪槭、黄金榕、金叶女贞、黄叶假连翘等。

5）双色叶类。双色叶类植物其叶背与叶表的颜色显著不同，如银白杨、红背桂、胡颓子、栓皮栎、翻白叶树等。

6）斑色叶类。斑色叶类植物的叶上具有两种以上颜色，以其中一种颜色为底色，叶上有斑点或花纹，如金边或金心大叶黄杨、洒金桃叶珊瑚、花叶榕、变叶木、花叶橡皮树、花叶络石、花叶鹅掌柴、洒金珊瑚等。

(2) 花色美。花朵是色彩的来源，花朵五彩缤纷、姹紫嫣红的颜色最易吸引人们的视觉，使人心情愉悦，感悟生命的美丽。花朵既能反映大自然的天然美，又能反映出人类匠心的艺术美。以观花为主的树种在园林中常作为主景，在园林植物配置时可选择不同季节开花、不同花色的植物在一起，形成四时景观，表现丰富多样的季节变化。此外，还可以建立专类园如春日桃园、夏日牡丹园、秋日桂花园、冬日梅园等。如图 3-1 所示。

图 3-1　月季园

花朵的基本颜色可分为 5 种类型：

1）红色花系，如桃花、梅花、牡丹、月季、山茶、杜鹃、刺桐、凤凰木、木棉等；

2）橙黄、橙红色花系，如丹桂、鹅掌楸、洋金凤、翼叶老鸦嘴、杏黄龙船花等；

3）紫色、紫红色花系，如紫红玉兰、紫荆、泡桐、大叶紫薇、红花羊蹄甲、紫藤等；

4）黄色、黄绿色花系，如黄槐、栾树、蜡梅、鸡蛋花、无患子、腊肠树、黄素馨等；

5）白色、淡绿色花系，如广玉兰、槐树、龙爪槐、珍珠梅、栀子、白千层、珙桐等。

（3）果色美。果实的颜色有着很大的观赏意义，尤其是在秋季，硕果累累的丰收景色充分显示了果实的色彩效果，正如苏轼的词“一年好景君须记，正是橙黄橘绿时”描绘的就是果实成熟时的喜庆景色。

果实常见的色彩有 5 种类型：

1）红色类，如樱桃、山楂、郁李、金银木、枸骨、橘、柿、石榴、花楸、冬青、火棘、平枝栒子、桃叶珊瑚、小檗类、南天竹、珊瑚树、洋蒲桃等；

2）黄色类，如银杏、梅、杏、柚、梨、木瓜、甜橙、贴梗海棠、金柑、佛手、瓶兰花、南蛇藤、假连翘、沙棘、蒲桃等；

3）蓝色类，如桂花、李、忍冬、葡萄、紫珠、十大功劳、白檀等；

4）黑色类，如女贞、小蜡、小叶女贞、五加、鼠李、金银花、常春藤、君迁子、黑果忍冬等；

5）白色类，如红瑞木、芫花、雪果、花楸等。

（4）枝干皮色美。树木的枝条，除因其生长习性而直接影响树形外，它的颜色亦具有一定的观赏价值。尤其是当深秋叶落后，枝的颜色更为显眼。对于枝条具有美丽色彩的树木，特称为观枝树种。常见观赏红色枝条的有野蔷薇、红茎木、红瑞木、杏、山杏等；可赏古铜色枝的有李、山桃、梅等；冬季观赏青翠碧绿色彩时则可植梧桐、棣棠与青榨槭等。如图 3-2 和图 3-3 所示。

图 3-2 山桃

图 3-3 梧桐

树干的皮色对美化配植起着很大的作用，可产生极好的美化效果。干皮的颜色主要有以下 7 种类型：

1）一般树种常呈灰褐色；

2）暗紫色，如紫竹；

3）红褐色，如杉木、赤松、马尾松、尾叶桉；

4）绿色，如梧桐、三药槟榔；

5）黄色，如金竹、黄桦；

6）斑驳色彩，如黄金间碧竹、碧玉间黄金竹、木瓜；

7）白或灰色，如白桦、毛白杨、白皮松、朴树、悬铃木、山茶、柠檬桉。

2. 姿态美

园林植物种类繁多、姿态各异，有大小、高低、轻重等感觉，通过外形轮廓，干枝、叶、花果的形状、质感等特征综合体现。不同姿态的植物经过配植可产生层次美、韵律美，且它会随着生长发育过程呈现出规律性的变化而表现出不同的姿态美感。

（1）树冠。园林植物种类不同，其树冠形体各异，同一植株树种在不同的年龄发育阶段树冠形体也不一样。园林植物自然树冠形体归纳起来主要有以下几种类型。

1）尖塔形。树木的顶端优势明显，主干生长旺盛，树冠剖面基本以树干为中心，左右对称，整体形态如尖塔形，如雪松（图 3-4）、水杉等。

2）圆柱形。树木的顶端优势仍然明显，主干生长旺盛，但是树冠基部与顶部都不开展，树冠上部和下部直径相差不大，树冠冠长远大于树冠冠径，整体形态如圆柱形，如塔柏（图 3-5）、钻天杨、杜松等。

3）卵圆形。树木的树形构成以弧线为主，给人以优美、圆润、柔和、生动的感受，如加拿大杨、榆树、香樟（图 3-6）、梅花、樱花、石楠等。

图 3-4　雪松

图 3-5　塔柏

图 3-6　香樟

4）垂枝形。树木形体的基本特征是有明显的悬垂或下弯的细长枝条，给人以柔和、飘逸、优雅的感受，如垂柳（图 3-7）、垂枝桃等。

5）棕榈形。树木叶集中生于树干顶部，树干直而圆润，给人以挺拔、秀丽的感受，具有独特的南国风光特色，如棕榈（图 3-8）、椰子树、蒲葵等。

(2) 枝干。园林植物枝干的曲直姿态和斑驳的树皮具有特殊的观赏效果。

1）枝干形态。园林植物树干形态主要有以下 6 类：

①直立形，其树干挺直，表现出雄健的特色，如松类（图 3-9）、柏类、棕榈科乔木类树种；

②屈曲形，其树木的干枝扭曲，树身上的斑痕在落叶后更为清晰显露，刻下了与自然抗争的记录，仿佛还保留着力的流动，还透着生机，如龙爪槐（图 3-10）、龙爪柳、龟甲竹、佛肚竹；

图 3-7 垂柳

图 3-8 棕榈

图 3-9 松类（油松）

图 3-10 龙爪槐

③并丛形，其两条以上树干从基部或接近基部处平行向上伸展，有丛茂情调如图 3-11 所示；

④连理形，在热带地区的树木，常出现两株或两株以上树木的主干或顶端互相愈合的连理干枝，但在北方则须由人工嫁接而成。连理形树木如图 3-12 所示；

⑤盘结形，由人工将树木的枝、干、蔓等加以屈曲盘结而成图案化的境地，具有苍老与优美的情调，如图 3-13 所示；

⑥偃卧形，树干沿着近乎水平的方向伸展，由于在自然界中这一形式往往存在于悬崖或水体的岸畔，故有悬崖式与临水式之称，都具有奇突与惊险的意味，如图 3-14 所示。

图 3-11　并丛形树木

图 3-12　连理形树木

图 3-13　盘结形树木

图 3-14　偃卧形树木

2）树皮形态。根据树皮的外形，大概可分为如下类型：光滑树皮，表面平滑无裂，如柠檬桉（图 3 - 15）、胡桃幼树；横纹树皮，表面呈浅而细的横纹状，如南洋杉、桃木、樱花木（图 3 - 16）；片裂树皮，表面呈不规则的片状剥落，如白皮松、悬铃木、毛桉、白千层等，白皮松如图 3 - 17 所示；丝裂树皮，表面呈纵而薄的丝状脱落，如青年期的柏类、悬铃木（图 3 - 18）；纵裂树皮，表面呈不规则的纵条状或近于人字状的浅裂，多数树种均属于此类；纵沟树皮，表面纵裂较深，呈纵条或近于人字状的深沟，如老年的胡桃、板栗（图 3 - 19）；长方裂纹树皮，表面呈长方形之裂纹，如柿、君迁子、塞楝（图 3 - 20）等。

图 3 - 15　柠檬桉

图 3 - 16　樱花木

图 3 - 17　白皮松

（3）树叶。园林植物的叶片具有极其丰富多彩的形貌，其形态变化万千、大小相差悬殊，能够使人获得不同的心理感受。

图 3-18　悬铃木

图 3-19　板栗树的表皮

园林植物根据叶形分为 4 种：针叶树类，叶片狭窄、细长，具有细碎、强劲的感觉，如松科（图 3-21）、杉科等多数裸子植物；小型叶类，叶片较小，长度大大超过叶片宽度或等宽，具有紧密、厚实、强劲的感觉，部分叶片较小的阔叶树种属于此类，如柳叶榕、瓜子黄杨（图 3-22）、福建茶等；中型叶类，叶片宽阔，叶片大小介于小型叶类和大型叶类之间，形状各异，是园林树木中最主要的叶形，多数阔叶树种属于此类，使人产生丰富、圆润、朴素、适度的感觉；大型叶类，叶片巨大，但是叶片数量不多，大型叶类以具有大中型羽状或掌状开裂叶片的树种为主，如苏铁科、棕榈科（图 3-23）、芭蕉科树种等。

图 3-20　塞楝

图 3-21　松科（华山松）

图 3-22 瓜子黄杨

图 3-23 棕榈科

（4）花。园林植物的花朵形状和大小各不相同，花序的排聚各式各样，在枝条着生的位置与方式也不一样，在树冠上表现出不同的形貌，即花相。

园林植物花相包括 3 种类型：外生花相，花或花序着生在枝头顶端，集中于树冠表层，花朵开放时，盛极一时，气势壮观，如泡桐、紫薇、夹竹桃（图 3-24）、山茶、紫藤等；内生花相，花或花序着生在树冠内部，树体外部花朵的整体观感不够强烈，如含笑（图 3-25）、桂花、白兰花等；均匀花相，花或花序在树冠各部分均匀分布，树体外部花朵的整体观感均匀和谐，如腊梅、桃花、樱花（图 3-26）等。

图 3-24 夹竹桃

图 3-25 含笑

（5）果实。园林植物果实形体的观赏体现在“奇、巨、丰”三个方面。“奇”指果实形状奇特有趣，如佛手果实的形状似“人手”，腊肠树的果实如香肠（图 3-27）等；有的果实富有诗意，如红豆树，王维诗云：“红豆生南国，春来发几枝，愿君多采撷，此物最相思。”“巨”即单个果实形体巨大，如椰子、柚子、木瓜（图 3-28）、木菠萝等；还有一些果实体虽小但果形鲜艳，果穗较大，如金银木、接骨木（图 3-29）等。“丰”是从植物整体而言，硕果累累，果实数量多，如葡萄、火棘（图 3 - 30）。

图 3 - 26　樱花

图 3 - 27　腊肠树

图 3 - 28　木瓜

图 3 - 29　接骨木

图 3-30 火棘

(6) 根。园林植物裸露的根部也有一定的观赏价值。一般而言，植物达老年期以后，均可或多或少地表现出露根美。在这方面效果突出的树种有榕属树种、松、梅、蜡梅、银杏、广玉兰、榆、朴、山茶等。特别在热带、亚热带地区，有些树有巨大的板根、气生根，很有气魄，如桑科榕属植物具有独特的气生根，可以形成极为壮观的独木成林、绵延如索的景象（图 3-31）。

3. 芳香美

一些园林植物具有芳香，主要体现在花香方面，每当花开时节，便芳香四溢，给人们美的感受。花香既能沁人心脾，还能招蜂引蝶，吸引众多鸟类，可实现鸟语花香的理想景观效果。有的鲜香使人神清气爽，轻松无虑；即使是新鲜的叶香、果香和草香，也可使人心旷神怡。在园林中，许多国家建有“芳香园”，我国古典园林中有“远香堂”“闻木樨香轩”“冷香亭”，现代园林中有的城市建有“香花园”“桂花园”等，以欣赏花香为目的。

一些芳香植物还可利用散发的芳香素来调节人的心理、生理机能，改变人的精神状态，并有杀菌驱虫、净化空气、增强人的免疫力、消除疲劳、增强记忆力等功效。例如：松柏、樟类植物能有效增加空气中的负离子；鼠尾草散发的香气能滋养大脑，被誉为“思考者之茶”；紫茉莉分泌出的气体可杀死白喉、结核菌、痢疾杆菌，是绿色、无污染的天然杀菌剂；米兰可吸收空气中的二氧化硫；桂花、蜡梅可吸收汞蒸汽；丁香、紫茉莉、含笑等对二氧化硫、氟化氢、氯气具有吸收能力，且具有吸收光化学烟雾、防尘降噪的功能；薄荷、罗勒、茴香、薰衣草、灵香草分泌的特殊香味能驱避蚊蝇、昆虫，成为无毒、无污染、无残留的高效广谱的天然驱蚊（虫）灵。

图 3-31 桑科榕（榕树）

4. 动感美

园林植物随季节和年龄的变化而丰富多彩，让人们感受到植物的动态变化和生命的节奏，这些都是园林植木“动态美”的园林美学价值体现。园林植物随季节有四相：春英、夏荫、秋毛、冬骨。春英者，谓叶绽而花繁也；夏荫者，谓叶密而茂盛也；秋毛者，谓叶疏而飘零也；冬骨者，谓枝枯叶槁也。早春树新叶展露、繁花竞放，使人身心愉悦；夏季群树葱茏，洒下片片绿荫，使人清凉舒爽；秋季硕果累累，霜叶绚丽，让人感到充实喜悦；冬季枝干裸露，则显得苍劲凄美。这种动态变化使人们间接感受到了四季的更替，时光的变迁，领略到大自然的变化无穷和生命的可贵。

此外，园林植物枝叶受风、雨、光、水的作用会发声、反射及产生倒影等，从而加强气氛，令人遐想，引人入胜，给人以动感美。如因风的作用，柳枝摇曳多姿，婀娜妩媚、柔情似水，如图 3-32 所示；“风敲翠竹”如莺歌燕语，鸣金戛玉；“白杨萧萧”，悲哀惨淡，催人泪下；而“松涛阵阵”则气势磅礴，雄壮有力，如万马奔腾，具排山倒海之势；“夜雨芭蕉”则如自然界的交响乐，青翠悦耳，轻松愉快。当阳光照射在排列整齐、叶面光亮的植物上时，会有一种反光效果，使景物更辉煌；而阳光透过树林洒下斑驳的光影，一阵风过，光影摇曳，则如梦如幻。

图 3-32 柳枝动态美

5. 意境美

园林植物的意境美是指观察者在感知的基础上通过情感、联想、理解等审美活动获得的植物景观内在的美。在这里，植物景观不只是一片有限的风景，而是具有象外之象，景外之景，就像诗歌和绘画那样，“境生于象外”。这种象外之境即为意境，它是“情”和“景”的结晶。刘勰在《文心雕龙》中曾说：“神用象通，情变所孕。物以貌求，心以理应。”他强调情景交融，以景动情，以情去感染人，让人在与景的情感交流中领略精神的愉悦和心理的满足，达到审美的高层次境界。在园林植物造景中，意境美的表达方式常见以下几种。

（1）比拟联想，植物的“人化”。中国具有悠久的灿烂文化，人们在欣赏大自然植物美的同时逐渐将其人格化。例如视松柏耐寒，抗逆性强，虽经严冬霜雪或在高山危岩，仍能挺立风寒之中，即《论语》之“岁寒，然后知松柏之后凋也”。松树寿长，故有“寿比南山不老松”之句，以松表达祝福长寿之意。竹被认为是有气节的君子，有“未曾出土先有节，纵凌云处也虚心”之誉，又有“其有群居不乱，独立自持；振风发屋，不为之倾；大旱乾物，不为之瘁；坚可以配松柏，劲可以凌雪霜；密可以泊晴烟，疏可以漏宵月；婵娟可玩，劲挺不回者，尔其保之”的特色。苏东坡曾云：“宁可食无肉，不可居无竹”。梅亦被誉为傲霜雪的君子，习称松、竹、梅为岁寒三友。荷花被认为“出淤泥而不染，濯清莲而不妖”，是有脱离庸俗而具有理想的君子的象征，它有“荷香风送远”“碧荷生幽泉，朝日艳且鲜”的美化效果。桃花在公元前的诗经周南篇有：“桃之夭夭，灼灼其华”誉其艳丽；后有“人面桃花”句转而喻淑女之美，而陶渊明的《桃花源记》更使桃花林给人带来和平、理想仙境的逸趣。在广东一带，春节习俗家中插桃花表示幸福。白兰有幽香，为清高脱俗的隐士，白杨萧萧表惆怅、伤感，翠柳依依表情意绵绵。李花繁而多子，现在习称“桃李遍天下”表示门人弟子众多之意。紫荆表示兄弟和睦，含笑表深情，木棉表示英雄，桂花、杏花因声而意显富贵和幸福，牡丹因花大艳丽而表富贵。过去北京城内较考究的四合院内的植物配植讲究“玉堂春富贵”，即在庭院中对植玉兰、海棠、迎春、牡丹或盆栽桂花，有的还讲究摆设荷花缸。

（2）诗词书画、园林题咏的点缀和发挥。诗词书画、园林题咏与中国园林自古就有着不解之缘，许多园林景观都有赖于诗词书画、园林题咏的点缀和发挥，更有直接取材于诗文画卷者。园林中的植物景观亦是如此，如西湖三潭印月中有一亭，题名为“亭亭亭”，点出亭前荷花亭亭玉立之意，在丰富景观欣赏内容的同时，增添了意境之美。扬州个园袁枚撰写的楹联：“月映竹成千个字，霜高梅孕一身花”，咏竹吟梅，点染出一幅情趣盎然的水墨画，同时也隐含了作者对君子品格的一种崇仰和追求，赋予了植物景观以诗情画意的意境美。“空山不见人，但闻人语声，返景入深林，复照青苔上。”“独生幽篁里，弹琴复长啸，深林人不知，明月来相照。”王维用深林、青苔、幽篁这些植物构成多么静谧的环境。杜甫的“两个黄鹂鸣翠柳，一行白鹭上青天。”景色清新，色彩鲜明。李白的“镜湖三百里，菡萏发荷花。五月西施采，人看隘若耶。”写出了优美动人的意境。“几处早莺争暖树，谁家新燕啄春泥。乱花渐欲迷人眼，浅草才能没马蹄。最爱湖东行不足，绿杨阴里白沙堤。”白居易在诗中用“暖树”“乱花”“浅草”“绿杨”描绘出一幅生机盎然的西湖春景。“竹外桃花三两枝，春江水暖鸭先知”，苏轼用青竹与桃花带来春意。陆游的“山重水复疑无路，柳暗花明又一村”，用植物构成多么美妙的景色。而张继的“月落乌啼霜满天，江枫渔火对愁眠。姑苏城外寒山寺，夜半钟声到客船”所描绘的江枫如火、古刹钟声的景色，竟引得大批日本友人漂洋过海前来游访，这是诗的感染力，但诗的灵感源于包括以植物为主构成的景象。北宋诗人林和靖的“疏影横斜水清浅，暗香浮动月黄昏”近千年来传为名句。而《红楼梦》里的葬花词、桃花行、柳絮词、芦雪庭、红梅诗、海棠社、菊花题、风雨词、螃蟹咏，也都是在联想意境上较为深邃。

(3) 借视觉、听觉、嗅觉等营造感人的典型环境。园林植物景观的意境美不仅能使人从视觉上获得诗情画意，而且还能从听觉、嗅觉等感官方面来得到充分地表达。如苏州拙政园的“听雨轩”“留听阁”，借芭蕉、残荷在风吹雨打的条件下所产生的声响效果而给人以艺术感受。承德避暑山庄中的“万鹤松风”也是借风掠松林发出的瑟瑟涛声而感染人的。而苏州留园的“闻木樨香轩”、拙政园的“远香益清”、承德避暑山庄的“香远益清”“冷香亭”等景观，则是借桂花、荷花的香气而抒发某种感情。总之，这些反映出季节和时令变化的植物景观，往往能营造出感人的典型环境，并化为某种意境深深地感染人们。

植物的意境美多由文化传统而逐渐形成，但它不是一成不变的，会随着时代的发展而转变。如白杨萧萧是由于旧时代所谓庶民多植于墓地而成的，但今日由于白杨生长迅速，枝干挺直，翠荫匝地，叶近革质有光泽，为良好的普遍绿化树种；绿化的环境变了，所形成的景观变了，游人的心理感受也变了，用在公园的安静休息区中，微风作响时就不会有萧萧的伤感之情，而会感受到由远方鼓瑟之声，产生“万籁有声”的“静的世界”的感受，收到精神上安静休息的效果。又如对梅花的意境美，亦非仅限于“疏影横斜”的“方外”之感，而是“俏也不争春，只把春来报，待到山花烂漫时，她在丛中笑”的具有伟大精神美的体现了。在发展园林绿化建设工作中，能加强对植物意境美的研究与运用，对进一步提高园林艺术水平会起到良好的促进作用，同时使广大游人受到这方面的熏陶与影响，使他们在游园观赏景物时，在欣赏盆景和家庭养花时，能够受到美的教育。

**三、园林植物的艺术功能**

在园林中，园林植物以其不同的姿态、色彩、气味等供人们欣赏，令人赏心悦目。人们在游览过程中通过视觉、听觉、嗅觉、触觉等获得对大自然的审美享受。园林植物不仅有着独特的形体美和色彩美，还有其风韵之美。园林植物的艺术功能有不同于其他园林构成要素的独特表现。

1. 拓展空间，隐蔽景观

园林植物构成的空间，从形式上可以分为以下几类。

（1）开敞空间。开敞空间是指人的视线高于四周景物、植物的空间，如开阔的草坪、水面等，如图 3-33 所示。

图 3-33 开阔的水面

（2）半开敞空间。半开敞空间是四周不全开敞，部分空间由植物阻挡人的视线，达到“障景”的效果，通常是从开敞空间到封闭空间的过渡空间，如图 3-34 所示。

图 3-34 半开敞空间（部分植物遮挡）

（3）封闭空间。封闭空间是人们所处的区域均由植物材料进行封闭，人的视线受抑制，视距缩短，近景感染力加强，私密性较强，如图 3-35 所示。

（4）垂直空间。用植物材料封闭两侧立面而开敞顶平面，即构成垂直空间，如图 3-36 所示。垂直空间两侧几乎完全封闭，视线的上方与前方比较开敞，极易产生“夹景”效果。

图 3-35　封闭空间

图 3-36　垂直空间

(5) 覆盖空间。覆盖空间常位于树冠与地面之间，通过树木的分枝点高低、浓密的树冠来形成，为人们提供较大的活动空间和遮阴休息区域。同封闭空间相比，覆盖空间四周可以开辟透景线，以观望远处的景观，如图 3-37 所示。

2. 衬托建筑，装点山水

叠石、堆山之间以及各类池水的岸畔或水面，常用园林植物配置或自然植被美化。在景观构图上，尤其是在主要景观的重点观赏面，更需要重点配置树木和花草。在这里，园林植物往往起到加强和补充山水气韵的作用。亭、廊、榭等建筑的内外空间，往往也靠园林植物的衬托来显示它与自然的关系。园林建筑设计在体量与空间上应考虑与周围园林植物的综合构图关系，不仅庭院空间如此，建筑的主要观赏面也应重点做好园林植物的景观构图。

3. 含蓄景深，分隔联系

在不宜采用建筑手段划分空间的情况下，或是除了用园林建筑划分空间外，用植物材料划分和组织空间更能体现出自然之美，使构图更为活跃，且能产生一些特殊的意境。

以自然的植物材料，如：利用乔木、灌木高低搭配或用竹丛分隔空间，可以达到完全阻挡视线的效果；利用稀疏的植物材料分隔空间，使相邻景观产生互相渗透、似乎连接的效果；以更为疏朗的配植略加掩映，使景观含蓄，增加景深层次。上海植物园的盆景园，利用珊瑚树、自然绿篱分隔空间，形成园中有园的内部结构，而全园被分隔成若干个不同山水、建筑的景区，可以通过植物材料加强彼此间的联系，使自然与人工的因素统一在绿色的网幕之中。

图 3-37　覆盖空间

4. 突出季相，渲染色彩

在园林设计中，植物材料不仅是绿化的“颜料”，还是渲染园林中万紫千红的重要手段。人工园林是大自然景观的一种再现，应该要求它和大自然的自然现象一样，具备四季的变化，表现季相的更替。开花结果的园林树木应春花满枝、夏绿成荫、秋实累累，季相变化更替不已。一般落叶树的形、色也是随季节而变化：春花烂漫，夏日浓荫，秋叶红艳似火，冬季则有枯木寒林的画意。如杭州“花港观鱼”景区的芍药、牡丹，“曲院风荷”景区的荷花，“平湖秋月”景区的桂花等都有力地烘托了景点的气氛。

5. 招蜂引蝶，散布芬芳

体验一个园林作品既要有视觉、触觉感受，还要有听觉、嗅觉感受。园林艺术空间的感染力不仅是由植物与其他要素的色彩、造型来表现的，还有多方面的因素形成。园林艺术的嗅觉效果感受主要由有香味的园林植物来起作用，如桂花、荷花、腊梅、罗勒、驱蚊香草等。著名的苏州拙政园中的远香堂，每当夏日会荷风扑面，清香满堂；留园中的“闻木墀香轩”，因其遍地种植桂花，每当秋季开花时，散布芬芳，异香袭人，且香味能够飘散到邻近的景点，招蜂引蝶，人们也可以依香味寻觅到“闻木樨香轩”景点中来。园林中，花草的芬芳使园中空气更加清爽宜人。一些花卉以其树干、树叶、花、果等作为观赏对象的同时，还是散布馨香的源泉，起到散布芬芳、招蜂引蝶的作用。

**四、园林植物的常见树种（表 3-1）**

**表 3-1　　园林植物的常见树种**

| 树种 | 常见品种 |
|---|---|
| 孤植树种 | 雪松、白皮松、银杏、圆柏、南洋杉、榕、七叶树、悬铃木、鹅掌楸、灯台树、泡桐、栾树、合欢、槐、刺槐、樟、凤凰木、广玉兰、榉树、榆、朴树、垂柳、白杨、栎类等 |
| 庭荫树 | 东北、华北、西北地区主要有毛白杨、加拿大杨、青杨、旱柳、白蜡树、紫花泡桐、榆树、槐、刺槐等 |
| | 华中地区主要有悬铃木、梧桐、银杏、喜树、泡桐、榉、榔榆、枫杨、垂柳、三角枫、无患子、枫香、桂花等 |
| | 华南、台湾和西南地区主要有樟树、榕树、橄榄、桉树、金合欢、木麻黄、红豆树、楝树、楹树、凤凰木、木棉、蒲葵等 |

续表

| 树种 | 常见品种 |
| --- | --- |
| 行道树 | 华北：油松、黑松、悬铃木、银白杨、毛白杨、槐、青杨、枫杨、榆树、合欢、刺槐、香椿等 |
| | 华中：乌桕、黄连木、五角枫、无患子、梧桐、榉树、香樟、毛白杨、广玉兰、竹柏、重阳木、南酸枣等 |
| | 华南：木棉、柠檬桉、红千层、铁刀木、凤凰木、台湾相思、羊蹄角、南洋楹、楹树、细叶榕、香樟、马褂木、白兰花、广玉兰等 |
| 绿篱植物 | 花篱：山茶、珍珠花、绣线菊、栀子、杜鹃花、瑞香、木槿、六月雪、连翘、迎春等 |
| | 果篱：桃、梅、苹果、梨、柑橘、金橘、火棘等 |
| | 树篱：女贞、大叶黄杨、黄杨、马甲子、珊瑚树等 |
| | 蔓篱：地锦、金银花等 |
| | 竹篱：紫竹、观音竹、慈竹、刺竹等 |
| | 刺篱：马甲子、枸骨、刺榆等 |
| | 绿墙：珊瑚树、青冈栎、竹、木槿、朱槿、女贞、火棘、黄杨、柳杉、柏类等 |
| | 适合作造型的树种：福建茶、小叶女贞、罗汉松、三角梅、龙柏、圆柏、云柏、千头柏、石楠等 |
| 可配植于乔木下的耐阴植物 | 杨桐、厚皮香、水冬哥、星毛鸭脚木、米饭花、牛矢果、光叶海桐、长花野锦香、野锦香、野海棠、厚叶冬青、杜鹃、狭叶南烛、百两金、虎舌红、罗伞树、杜茎山、厚叶素馨、金腺荚蒾、蝶花荚蒾、黄花荚蒾、红紫珠、臭茉莉、祯桐、棕竹、竹柏、罗汉松、香榧、三尖杉、红茴香、米兰、九里香、红背桂、鹰爪花、山茶、油茶、含笑、海桐、南天竺、小檗属、阴绣球、毛茉莉、冬红、八角金盘、栀子、水栀子、云南黄馨、桃叶珊瑚、构骨、紫珠、马银花、紫金牛、六月雪、朱蕉、浓红朱蕉、忍冬属、鱼尾葵、散尾葵、三药槟榔、软叶刺葵等 |
| 可配植于林下的阴生地被植物 | 仙茅、大叶仙茅、一叶兰、水鬼蕉、虎尾兰、金边虎尾兰、石蒜、黄花石蒜、海芋、石菖蒲、吉祥草、沿阶草、麦冬、阔叶麦冬、玉簪、紫萼、假万寿竹、竹芋、花叶良姜、艳山姜、闭鞘姜、砂仁、水塔花、蓝猪耳、秋海棠类、红花酢浆草、紫茉莉、虎耳草、垂盆草、翠云草、观音莲座蕨、华南紫萁、金毛狗、肾蕨、巢蕨、苏铁蕨、桫椤类、三叉蕨、砂皮蕨、岩姜、草胡椒、金粟兰、草珊瑚、裂叶秋海棠、广州蛇根草、红背蛇根草、鸭趾草、山姜、万年青、海芋、千年健、露兜等 |
| 可配植在棚架、吸附在岩壁或攀缘植物 | 木鳖、毛杨桃、阔叶猕猴桃、使君子、盖冠藤、龙须藤、鸡血藤、异叶爬山虎、白花油麻藤、香港崖角藤、麒麟尾、金银花、南五味子、蜈蚣藤、山篓、球兰、扁担藤、龟背竹、绿萝、花烛、三裂树藤、中华常春藤、洋常春藤、长柄合果芋、络石及地锦等 |
| 可配植在林下、林缘及空旷地的花卉植物 | 山白菊、假杜鹃、多花可爱花、一枝黄花、山蟛蜞菊、蟛蜞菊、白雪花、野黄菊、千里香、白花败酱等 |
| 茎花植物及具有板根状植物 | 番木瓜、杨桃、水冬哥、木波罗、大果榕等，木棉、高山榕都可生出巨大的板根，落羽松如植在水边也可出现板根状现象及奇特的膝根 |
| 附生植物 | 蜈蚣藤、石蒲藤、岩姜、巢蕨、气生兰、麒麟尾、凤梨科一些植物等 |
| 大量应用其花大、色艳、具有香味及彩叶的木本植物 | 凤凰木、木棉、金凤花、红花羊蹄甲、山茶、红花油茶、广玉兰、紫玉兰、厚朴、莫氏含笑、石榴、杜鹃类、扶桑、悬铃花、吊灯花、红千层、蒲桃、黄花夹竹桃、栀子、黄蝉、软枝黄蝉、夹竹桃、鸡蛋花、凌霄、西番莲、紫藤、禾雀花、常春油麻藤、香花鸡血藤、三角花、炮仗花、含笑、夜合、白兰、鹰爪花、大叶米兰、红桑、金边桑、洒金榕、红背桂、浓红朱蕉等 |
| 棕榈科植物 | 大王椰子、枣椰子、长叶刺葵、假槟榔等 |

## 第二节 园林绿化植物的影响因素

### 一、温度及水分对园林植物的影响

1. 温度对园林植物的影响

（1）温度三基点。温度的变化直接影响植物的光合作用、呼吸作用、蒸腾作用等生理作用。每种植物的生长都有最低、最适、最高温度，称为温度三基点。最适温度下植物生长发育最为旺盛，最低温度是植物能生长的最低需要温度，最高温度是植物能生长不遭受危害的温度。超过最低、最高温度极限，植物将受害。距离最适温度越远，生长越差。

植物种类不同，对温度三基点要求不同，原产热带植物温度三基点要求较高，原产寒带植物温度三基点较低。从最适温度看，不同地带生长的树木有较大的差异，热带植物最适温度为18～30℃，如大岩桐、热带兰、部分仙人掌类植物，温带植物最适温度为7～16℃，如小菖兰、樱草、仙客来等。一般植物较适温度为20～30℃。

（2）温度的影响。低温会使植物遭受寒害和冻害。在低纬度地区，某些植物即使温度不低于0℃，也能受害，称之为寒害；高纬度地区的冬季或早春，当气温降到零度以下，会导致一些植物受害，叫冻害。冻害的严重程度视极端低温的度数、低温持续的天数、降温及升温的速度而异，也因植物抗性大小而异。若冬寒早，降温突然，植物没有准备，春寒晚而多起伏，寒潮期间低温期长，昼夜温差大而绝对最低温度在零下的日数多，植物受害严重。植物造景时，应尽量提倡应用乡土树种，外引植物最好经栽培试验后再应用。

高温会影响植物的质量，如一些果实的果形变小、成熟不一、着色不艳。

2. 水分对园林植物的影响

水分是植物体的重要组成部分。一般植物体都含有60%～80%，甚至90%以上的水分。植物对营养物质的吸收和运输以及光合、呼吸、蒸腾等生理作用，都必须在有水分的参与下才能进行。水是植物生存的物质条件，也是影响植物形态结构、生长发育、繁殖及种子传播等重要的生态因子。

没有水就没有生命，植物生长时需要空气湿度和土壤湿度，各种植物对湿度的需求量是不同的，阴生植物要求较高的空气与土壤湿度，阳性植物相反。原产热带地区植物长期生活在多雨的条件下，要求较高的空气湿度。

按照植物对水分的需求程度可将其分为旱生植物、中生植物、湿生植物、水生植物。植物在不同的生育期内，对水分的要求量是不同的。早春树木开始萌芽，花芽分化时需水量相对较少，旺盛生长期、开花期、结实期需水量较多。应根据植物在不同的生长期进行水分调节。土壤水分过多或过少都不利于植物的生长。水分过少植物易发生干旱，土壤水分过多导致氧气不足，二氧化碳相对增加，从而引起一些有毒物质如硫化氢、甲烷等过多，使根系中毒，发生腐烂，甚至植株死亡。

在长江以南地区常因春季雨水过多，影响到春季开花树种的花器发育，授粉不良，易落花。同时高温高湿或低温高湿易引起病害的发生。

### 二、光照对园林植物的影响

1. 植物开花对光照的需要量

（1）阴性植物：不喜强光，耐阴能力强，要求遮阴度在80%以上，如天南星科、蕨类和兰科植物等。

（2）中性植物：在一般光照条件下生长良好，也能忍耐一定的庇荫，如侧柏、扶桑、白兰、萱草等。

（3）阳性植物：喜欢强光照，不耐庇荫，如水杉、杨、柳、仙人掌类及多数一两年生草花。

光对植物花芽形成关系密切，受光多则花芽多。植物从播种、发芽到开花结实，须经过两个阶段，即春化阶段和光照阶段。光照阶段主要是昼夜长短的影响（光照和黑暗交替），这种白天与黑夜的交替称为光周期。植物需要在一定的光照与黑暗交替下才能开花的现象称为光周期现象。

2. 植物开花对光照周期反应

（1）日照植物：大多数原产于温带和寒带，生长旺盛期在夏季，需光照时间长，一般在13～14h以上才能开花。秋播草花类一般属于此类，如天人菊、矢车菊、石竹、虞美人等。

（2）短日照植物：原产于热带及亚热带，要求日照时间在8～12h内才能通过光照阶段，于秋季日照较短时开花，如菊花、一品红等。

（3）中日照植物：此类植物对白天光期与夜间暗期长短反映不明显，花芽发育不受其影响，只要其他条件适宜四季均能开花，如大岩桐、百日草、三角花等。

3. 其他

光照对花色的产生也有着密切的关系，花卉着色主要靠花青素。花青素只能在光照条件下形成，在散射光下形成困难。在室内及阴暗处，花朵色彩平淡不艳，将室外花色艳丽的盆花移到室内较久后会逐渐褪色。例如，白菊花在阳光下易变成紫红色，保持白菊花色，必须遮断光线。

光线强弱还与花朵开放时间有关，午时花、酢浆草、半枝莲在强光下开花，下午光线变弱后即行关闭，雨天不开；牵牛花、紫茉莉、月见草等在早晨，傍晚日照微弱时开花。光照强度与生长量、开花数及光合强度是一致的，在一定范围内，光照强度愈大，则光合强度大，有利于有机物质积累，故生长量大，开花数多；反之，光合强度小，甚至只有呼吸作用，消耗体内有机物质，处于饥饿状态，则开不了花。

**三、空气对园林植物的影响**

1. 氧气和二氧化碳

（1）氧气植物生命各个时期都需要氧气进行呼吸作用，释放能量，维持生命活动。以种子发芽为例，大多数植物种子发芽时需要一定氧气。如大波斯菊、翠菊种子泡于水中，因缺氧，呼吸困难，不能发芽，石竹和含羞草种子部分发芽。但有些种子对氧需要量较少，如矮牵牛、睡莲、荷花种子却能在含氧量很低的水中发芽。

一般在土壤板结处播种发芽不好，就是因为土壤缺氧的缘故。植物根系需进行有氧呼吸，如栽植地长期积水，会严重影响植物的生长发育。因此，生产上特别注意加强土壤水分管理。

（2）二氧化碳植物在进行光合作用时将二氧化碳作为原料，合成葡萄糖，而在呼吸作用中作为废气排出。二氧化碳含量与光合强度有关，当二氧化碳含量为0.001%～0.008%时，光合作用急剧下降，甚至停止。空气中二氧化碳含量提高10～20倍或达0.1%时，光合作用有规律增加。植物吸收二氧化碳途径除气孔外，根部也能吸收。对植物光合作用来说，空气中二氧化碳含量通常含量过低，为了提高光合效率，提倡进行二氧化碳施肥。二氧化碳施肥对人畜无害。植物对二氧化碳的需要以开花期和幼果期为多。

2. 风对植物的作用

风是空气流动形成，对植物有利的生态作用表现在帮助授粉和传播种子。兰科和杜鹃花科的种子细小，杨柳科、菊科、萝藦科植物有的种子带毛，榆、白蜡属、枫杨、松属某些植物的种子或果实带翅，铁木属的种子带气囊，都借助于风来传播。此外，银杏、松、云杉等的花粉也都靠风传播。

空气中还常含有植物分泌的挥发性物质，其中有些能影响其他植物的生长。如铃兰花朵的芳香能使丁香萎蔫，洋艾分泌物能抑制圆叶当归、石竹、大丽菊、亚麻等生长。有的还具有杀菌驱虫作用。

风的有害生态作用表现在台风、焚风、海潮风、冬春的旱风、高山强劲的大风等。

沿海城市树木常受台风危害，台风过后，冠大荫浓的榕树可被连根拔起，大叶桉主干折断，凤凰木小枝纷纷吹断，而盆架树由于大枝分层轮生，风可穿过，只折断小枝。椰子树和木麻黄最为抗风。

3. 大气污染对植物的影响

随着工业的发展，工厂排放的有毒气体无论在种类和数量上都愈来愈多，对人民健康和植物都带来了严重的影响。有害气体和粉尘排放物，对植物的影响巨大。

（1）植物受害症状。

1）二氧化硫：进入叶片气孔后，遇水变成亚硫酸，进一步形成亚硫酸盐。当二氧化硫浓度高过植物自行解毒能力时（即转成毒性较小的硫酸盐的能力），积累起来的亚硫酸盐可使海绵细胞和栅栏细胞产生质壁分离，然后收缩或崩溃，叶绿素分解。在叶脉间，或叶脉与叶缘之间出现点状或块状伤斑，产生失绿漂白或褪色变黄的条斑，但叶脉一般保持绿色不受伤害。受害严重时，叶片萎蔫下垂或卷缩，经日晒失水干枯或脱落。

2）氟化氢：进入叶片后，常在叶片先端和边缘积累，到足够浓度时，使叶肉细胞产生质壁分离而死亡，故氟化氢所引起的伤斑多半集中在叶片的先端和边缘，成环带状分布，然后逐渐向内发展，严重时叶片枯焦脱落。

3）氯气：对叶肉细胞有很强的杀伤力，很快破坏叶绿素，产生褪色伤斑，严重时全叶漂白脱落。其伤斑与健康组织之间没有明显界限。

4）光化学烟雾：使叶片下表皮细胞及叶肉中海绵细胞发生质壁分离，并破坏其叶绿素，从而使叶片背面变成银白色、棕色、古铜色或玻璃状，叶片正面会出现一道横贯全叶的坏死带。受害严重时会使整片叶变色，很少发生点、块状伤斑。

（2）植物受害结果。由于有毒气体破坏了叶片组织，降低了光合作用，直接影响了生长发育。表现在生长量降低、早落叶、延迟开花结实或不开花结果、果实变小、产量降低、树体早衰等。

（3）常见抗污染树种见表3-2。

**表3-2　常见抗污染树种**

| 树种 | 常见品种 |
|---|---|
| 抗二氧化硫的植物 | 黄杨、夹竹桃、女贞、石榴、紫薇、桑、无花果、木槿、凤仙花、菊花、广玉兰、香樟、罗汉松、梧桐、泡桐、八仙花、美人蕉、山茶、海桐等 |

续表

| 树种 | 常见品种 |
| --- | --- |
| 抗氯气的植物 | 樱花、丝棉木、木槿、乌桕、海桐、黄杨、女贞、香樟、枇杷、石榴、构树、细叶榕、棕榈、蒲葵、无花果、柘、夹竹桃、山茶、珊瑚树等 |
| 抗氟化氢的植物 | 夹竹桃、龙柏、罗汉松、小叶女贞、桑、无花果、丁香、木芙蓉、黄杨、珊瑚树、蚊母、石榴、细叶榕、广玉兰、蒲葵、大叶桉、柑橘、竹柏、山茶、海桐等 |

## 四、土壤对园林植物的影响

1. 土壤耕作层的厚度与质地

根系分布在一定深度的土层内，在土壤中根系分布较深，取得的水和肥较多，植物生长必然良好。喜欢深厚肥沃土壤的树种，应选择土层肥厚处栽植。黏土保水能力虽好，但透性差，砂土相反。具体选择土壤质地时应按植物要求进行。

2. 土壤物理性质对植物的影响

土壤物理性质主要指土壤的机械组成。理想的土壤疏松、有机质丰富，保水、保肥力强，有团粒结构。团粒结构内的毛细管孔隙小于0.1mm，有利于贮存大量水、肥；而团粒结构间非毛细管孔隙大于0.1mm，则有利于通气、排水。

城市土壤的物理性质具有极大的特殊性，很多为建筑土壤，含有大量砖瓦与碴土。城市内由于人流量大，人踩车压，增加土壤密度，降低土壤透水和保水能力，使自然降水大部分变成地面径流损失或被蒸发掉，使它不能渗透至土壤中去，造成缺水。土壤被踩踏紧密后，造成土壤内孔隙度降低，土壤通气不良，抑制植物根系的伸长生长，使根系上移。

城内一些地面用水泥、沥青铺装，封闭性大，留出树池很小，也造成土壤透气性差，硬度大。大部分裸露地面由于过度踩踏，地被植物长不起来，提高了土壤温度，影响根系生长。

3. 土壤酸碱度与园林植物

土壤酸碱度的形成受多种因子影响，如气候、地势、成土母岩、施肥种类等。每种植物需要一定的酸碱度，依植物对酸碱度要求程度可分为3类。

（1）酸性植物。在土壤pH值在6.8以下生长良好的植物，如杜鹃、山茶、棕榈、兰科植物等。

（2）中性植物。在土壤pH值在6.8～7.2之间生长良好的植物，如菊花、矢车菊、百日草等。

（3）碱性植物。在土壤pH值在7.2以上生长良好的植物，如侧柏、紫穗槐、石竹等。

4. 盐碱土对园林植物的影响

盐碱土包括盐土和碱土两大类，盐土是指土壤中含有大量可溶性盐类，如碳酸钠、氯化钠和硫酸钠，其中以碳酸钠危害最大。不同树木对有害盐类的反应和耐力不同，多数植物在盐碱土上生长极差甚至死亡，盐碱土盐分浓度高，植物发生反渗透，造成死亡或枯萎。

5. 土壤肥力与园林植物

土壤肥力是指土壤及时满足树木对水、肥、气、热要求的能力。土壤肥力高，树木生长旺盛。土壤肥力与土壤质地关系很大，黏土保肥力高，土壤肥沃，沙土地保肥力差，肥分随水渗透到下层，肥力较差，在栽培中，应考虑植物耐贫瘠的能力。梧桐、樟树、核桃等喜肥树种应栽到土厚、肥沃的地方。马尾松、油松、侧柏等，可在贫瘠地种植。当然，能耐贫瘠的树种栽在深厚、肥沃土地生长将更好。

适宜于栽培园林植物的土壤，应有良好的团粒结构，疏松而又肥沃，排水保水性良好，含有丰富的腐殖质，且土壤酸碱度适合。

### 五、地形、地势对园林植物的影响

1. 海拔高度

气温随海拔高度的升高而降低，一般海拔每升高 100m，气温降低 0.4～0.6℃。降雨量随海拔升高而增加，湿度加大。海拔升高，日照增强，紫外线含量增加，这些变化影响着植物的生长发育与分布。同种植物在高山生长比平地种植生长缓而矮，叶小而密集，保护组织发达，发芽迟，封顶早，花色较鲜艳。

2. 坡向与坡度

坡向、坡度关系到空气与土壤的水热条件，阳坡受光多，日照时间长，温度高，土壤蒸发量大，较干燥。阴坡日照短，受光少，土温低，较湿润。在树种培植时应考虑树木的喜光程度，合理布置。对喜光耐旱的植物应种在南坡、东南坡和西南坡，喜阴植物配置在北坡、东北坡和西北坡。

## 第三节　园林绿化植物的生命周期

### 一、木本植物

木本植物在个体发育的生命周期中，实生树种从种子的形成、萌发到生长、开花、结实、衰老等，其形态特征与生理特征变化明显。从园林树木栽培养护的实际需要出发，将其整个生命周期划分为以下几个年龄时期。

1. 种子期

植物自卵细胞受精形成合子开始到种子萌发为止称为植物种子期。种子成熟后离开植物体后如遇到适宜条件即能萌发，如白榆、枇杷等。但大部分种子成熟后，即使给予适宜的条件也不能立即发芽，需经过一段自然休眠后才能发芽生长，如银杏、女贞等。

2. 幼年期

从种子发芽到植株第一次出现花芽为止称为植物幼年期。幼年期的长短，因园林树木种类、品种类型、环境条件及栽培技术而异。就幼年期长短因植物种类而异，有的仅 1 年，如月季，当年播种，当年开花。大多数植物需 1 年以上时间，如桃需 3 年，杏需 4 年，云杉、银杏需 20 年左右。这一时期的栽培措施是加强土壤管理，充分供应水肥，促进营养器官健康而均衡地生长；轻修剪多留枝，使其根深叶茂，形成良好的树体结构；提供和使其积累大量的营养物质，为早见成效打下良好的基础。对于观花、观果树木则应促进其生殖生长。在定植初期的 1～2 年中，当新梢长至一定长度后，可喷洒适当的抑制剂，促进花芽形成，达到缩短幼年期的目的。幼年期的植物，遗传性尚未稳定，可塑性较大，利于定向培育。

3. 青年期

以植物第一次开花、结果，逐渐长大到生命力强盛为止称为植物青年期。此时植株有机体尚未充分表现出该种或该品种的标准性状，可年年开花结实，但数量很少。青年期植株的有机可塑性已经大为降低，必须给予良好的环境条件、水肥管理，使其充分表现本品种的特性。

4. 成熟期

植株个体方面已经成熟，花、果性状已完全稳定，充分反映出品种的性状。此时植株遗传保守性最强，性状最稳定。

5. 衰老期

以骨干枝、骨干根逐步衰亡，生长显著减弱到植株死亡为止称为植物衰老期。其特点是骨干枝、骨干根大量死亡，营养枝和结果母枝越来越少，枝条纤细且生长量很小，树体生长严重失衡，树冠更新复壮能力很弱，抗逆性显著降低，木质腐朽，树皮剥落，树体衰老，逐渐死亡。

这一时期的栽培技术措施应视目的的不同，采取相应的措施。对于一般花灌木来说，可以萌芽更新，或砍伐重新栽植；而对于古树名木来说则应采取各种复壮措施，尽可能延续生命周期，只有在无可挽救，失去任何价值时才予以伐除。

植株生长量逐年降低，开花、结果量减少而且品质低下，出现明显的“离心秃裸”现象，树冠内部枝条大量枯死，丧失顶端优势。对外界不良因素抵抗能力差，易感染病虫害。

上面对实生树木的生命周期及其特点进行了分析。对于无性繁殖树木的生命周期，除没有种子期外，也可能没有幼年期或幼年阶段相对较短。因此，无性繁殖树木生命周期中的年龄时期，可以划分为幼年期、成熟期和衰老期三个时期。各个年龄时期的特点及其管理措施与实生树相应的时期基本相同。

## 二、木本园林植物的年周期

1. 落叶树的年周期

由于温带地区在一年中有明显的四季，所以温带落叶树木的季相变化很明显。落叶树木的年周期可明显地区分为生长期和休眠期。即从春季开始萌芽生长，至秋季落叶前为生长期，其中成年树的生长期表现为营养生长和生殖生长两个方面。树木在落叶后，至翌年萌芽前，为适应冬季低温等不利的环境条件，而处于休眠状态，为休眠期。在这两个时期中，某些树木可因不耐寒或不耐旱而受到危害，这在大陆性气候地区表现尤为明显。在生长期和休眠期之间，又各有一个过渡期。因此，落叶树木的年周期可以划分为四个时期。

（1）休眠转入生长期。这一时期处于树木将要萌芽前，即当日平均气温稳定在3℃以上，到芽膨大待萌发时止。通常是以芽的萌动，芽鳞片的开绽作为树木解除休眠的形态标志。树木从休眠转入生长，要求一定的温度、水分和营养物质。不同的树种，对温度的反映和要求不一样。解除休眠后，树木的抗冻能力显著降低，在气温多变的春季，晚霜等骤然变化的温度易使树木，尤其是花芽受害。

（2）生长期。从树木萌芽生长到秋后落叶止，为树木的生长期，包括整个生长季，是树木年周期中时间最长的一个时期。在此期间，树木随季节变化，气温升高，会发生一系列极为明显的生命活动现象。如萌芽、抽枝展叶或开花、结实等，并形成许多新的器官，如叶芽、花芽等。萌芽常作为树木生长开始的标志，其实根的生长比萌芽要早。

每种树木在生长期中，都按其固定的物候期顺序进行着一系列的生命活动。不同树种通过某些物候的顺序不同。有的先萌花芽，而后展叶；有的先萌叶芽，抽枝展叶，而后形成花芽并开花。树木各物候期的开始、结束和持续时间的长短，也因树种或品种、环境条件和栽培技术而异。

生长期是各种树木营养生长和生殖生长的主要时期。这个时期不仅体现树木当年的生长发育、开花结实情况，也对树木体内养分的贮存和下一年的生长等各种生命活动有着重要的影响，同时也是发挥其绿化作用的重要时期。因此，在栽培上，生长期是养护管理工作的重点，应该创造良好的环境条件，满足肥水的需求，以促进生长、开花、结果。

（3）生长转入休眠期。秋季叶片自然脱落是落叶树木进入休眠的重要标志。在正常落叶前，新梢必须经过组织成熟过程，才能顺利越冬。早在新梢开始自下而上加粗生长时，就逐渐开始木质化，并在组织内贮藏营养物质。新梢停止生长后，这种积累过程继续加强，同时有利于花芽的分化和枝干的加粗等。结有果实的树木，在果实成熟后，养分积累更为突出，一直持续到落叶前。秋季气温降低、日照变短是导致树木落叶，进入休眠的主要因素。树木开始进入该期后，由于形成了顶芽，结束了高生长，依靠生长期形成的大量叶片，在秋高气爽、温湿条件适宜、光照充足等环境中，进行旺盛的光合作用，合成的光合产物供给器官分化、成熟的需要，使枝条木质化，并将养分向贮藏器官或根部转移，进行养分的积累和贮藏。此时树木体内水分逐渐减少，细胞液浓度高，使树木的越冬能力增强，为休眠和来年生长创造条件。过早落叶和延迟落叶不利于养分积累和组织成熟，对树木越冬和翌年生长都会造成不良影响。干旱、水涝、病虫害等都会造成早期落叶，甚至引起再次生长，危害很大。树叶该落不落，说明树木未做好越冬的准备，易发生冻害和枯梢，在栽培中应防止这类现象的发生。

树木的不同器官和组织进入休眠的早晚是不同的。地上部分主枝、主干进入休眠较晚，而以根颈最晚，故根颈最易受冻害。生产中常用根颈培土法来防止冻害。不同年龄的树木进入休眠早晚不同，幼年树比成年树进入休眠迟。

刚进入休眠的树木处于浅休眠状态，耐寒力还不强；遇初冬间断回暖会使休眠逆转，使越冬芽萌动（如月季），又遇突然降温常遭受冻害。所以这类树木不宜过早修剪，在进入休眠期前也要控制浇水。

（4）相对休眠期。秋末冬初，落叶树木正常落叶后到翌年开春树液开始流动前为止，是落叶树木的相对休眠期。在树木休眠期内，虽然没有明显的生长现象，但树体内仍然进行着各种生命活动，如呼吸、蒸腾、芽的分化、根的吸收、养分合成和转化等。所以，确切地说，休眠只是个相对概念。落叶休眠是温带树种在进化过程中对冬季低温环境所形成的一种适应性，能使树木安全度过低温、干旱等不良条件，以保证下一年能进行正常的生命活动，并使生命得到延续。没有这种特性，正在生长着的幼嫩组织就会受到早霜的危害，并难以越冬而死亡。

在生产中，为达到某种特殊的需要，可以通过人为的降温，促进树木转入休眠期，而后加温，提前解除休眠，促使树木提早发芽开花。如北京有将榆叶梅提前至春节开花的实例：在 11 月将榆叶梅挖出上盆栽植，12 月中旬移至温室催花，春节即可见花。

2. 常绿树的年周期

常绿树的年生长周期不如落叶树那样在外观上有明显的生长和休眠现象，因为常绿树终年有绿叶存在。但常绿树种并非不落叶，而是叶寿命较长，多在一年以上至多年。每年仅脱落一部分老叶，同时又能增生新叶，因此，从整体上看全树终年连续有绿叶。常绿针叶树类：松属针叶可存活 2～5 年，冷杉叶可存活 3～10 年，紫杉叶可存活 6～10 年，它们的老叶多在冬春间脱落，刮风天尤甚。常绿树的落叶，主要是失去正常生理机能的老化叶片所发生的新老交替现象。

## 三、草本植物

1. 一两年生草本植物

一两年生草本植物生命周期很短，仅 1～2 年的寿命，但一生也必须经过几个生长发育阶段。各生长发育阶段具体内容如下：

(1) 胚胎期。从卵细胞受精发育成合子开始，至种子发芽为止。

(2) 幼苗期。从种子发芽开始至第一个花芽出现为止。一般 2～4 个月。两年生草本花卉多数需要通过冬季低温，翌春才能进入开花期。一两年生草本花卉，在地上、地下部分有限的营养生长期内应精心管理，使植株能尽快达到一定的株高和株形，为开花打下基础。

(3) 成熟期。植株大量开花，花色、花型最有代表性，是观赏盛期，自然花期约 1～2 个月。为了延长其观赏盛期，除进行水、肥管理外，应进行摘心或扭梢，使其萌发更多的侧枝并开花。

(4) 衰老期。从开花大量减少、种子逐渐成熟开始，至植株枯死止。此期是种子收获期，种子成熟后应及时采收，以免散落。

2. 多年生草本植物

多年生草本植物的生命周期与木本植物相似，但因其寿命仅 10 余年左右，故各个生长发育阶段与木本植物相比相对短些。

各类植物的生长发育阶段之间没有明显的界限，是渐进的过程。各个阶段长短受植物本身系统发育特征及环境的影响。在栽培过程中，通过合理培育养护技术，能在一定程度上加速或延缓某一阶段的到来。

## 四、草本园林植物的年周期

草本园林植物与其他植物一样，在年周期中也分生长期和休眠期两个阶段。但是，由于园林植物的种类极其繁多，原产地条件也极为复杂，因此年期的变化也很不一样。

一年生植物由于春天萌芽后，当年开花结实，而后亡，仅有生长期的各时期变化而无休眠期，因此年周期就是生命周期。

两年生植物秋播后，以幼苗状态越冬休眠或半休眠。多数宿根卉和球根花卉则在开花结实后，地上部分枯死，地下贮藏器官形成后进入休眠状态越冬（如萱草、芍药、鸢尾，以及春植球根类的唐菖蒲、大丽花）或越夏（如秋植球根类的水仙、郁金香、风信子等在越夏时进行花芽分化）。还有许多常绿性多年生园林植物，在适宜的环境条件下，周年生长，保持常绿状态而无休眠期，如万年青、书带草和麦冬等。

# 第四节 常见的园林绿化植物

## 一、常见乔木类园林植物

常见的乔木类园林植物见表3-3。

**表3-3** 常见的乔木类园林植物

| 乔木 | | 品种 |
|---|---|---|
| 阔叶树类 | 木兰科 | 阔瓣含笑、石碌含笑、乐昌含笑、木莲、灰木莲、观光木、深山含笑、黄玉兰、白玉兰、广玉兰、醉香含笑、紫玉兰、夜合花等 |
| | 桑科 | 橡胶榕、小叶榕、大叶榕、菩提榕、高山榕、木波罗、无花果、桂木、垂叶榕等 |
| | 樟科 | 樟树、阴香 |
| | 豆科 | 白花羊蹄甲、红花羊蹄甲、羊蹄甲、洋紫荆、凤凰木、紫荆、海红豆、南洋楹、合欢、楹树、腊肠树、黄槐 |
| | 金缕梅科 | 枫树、覃树、马蹄荷 |
| | 大戟科 | 秋枫、重阳木、山乌桕、乌桕、石栗 |
| | 茶科 | 木荷 |
| | 桃金娘科 | 桉树、白千层、柠檬桉、海南蒲桃、大叶相思、台湾相思、马占相思 |
| | 楝科 | 桃花心木、塞楝、麻楝、香椿 |
| | 漆树科 | 芒果、人面子、扁桃；以及银杏、蓝花楹、木棉、山杜英、水石榕、女贞、紫薇、大叶紫薇、银桦、阿珍榄仁、小叶榄仁、尖叶杜英、梅花、桃花、杨梅、盆架树、多花山竹子、柳树、桂花、无患子、榆树、朴树、杨桃、黄皮、龙眼、柚木、猫尾木、天料木、枇杷、喜树、红枫、糖胶树、木棉、串钱柳、红花油茶、橄榄、铁刀木、中华锥、黧蒴锥、水翁、美丽异木棉、蝴蝶果、鱼木、大花五桠果、龙牙花、刺桐、幌伞枫、黄槿、铁冬青、羽叶吊瓜、复羽叶栾树、枫香、荔枝、血桐、红楠、人心果、鸡蛋花、番石榴、紫檀、翻白叶树、垂柳、无忧树、鸭脚木、假苹婆、乌墨、蒲桃、洋蒲桃、莫氏榄仁、珊瑚树等 |
| 针叶树类 | | 马尾松、罗汉松、雪松、红豆杉、南洋杉、池杉、落羽杉、水杉、柏木、竹柏、侧柏、龙柏等 |
| 竹类 | | 佛肚竹、毛竹、刚竹、黄金间碧绿竹、凤尾竹等 |
| 棕榈类 | | 大王椰子、三药槟榔、假槟榔、海枣、鱼尾葵、棕榈、国王椰子、油棕、加拿利海枣、银海枣、蒲葵、美丽针葵、金山葵、老人葵、棕竹、酒瓶椰子、短穗鱼尾葵、董棕等 |

## 二、常见灌木类园林植物

常见灌木类园林植物见表3-4。

**表3-4** 常见灌木类园林植物

| 灌木 | 品种 |
|---|---|
| 花灌木 | 山茶花、月季、杜鹃花、茉莉、大红花、牡丹、一品红、丁香、榆叶梅、金银木、八仙花、山丹、橘子花、蓝雪花、金苞花、米兰、希美丽、含笑等 |
| 绿篱类灌木 | 福建茶、红背桂、九里香、鸭脚木、黄心梅、山丹、山指甲、海桐、五色梅、黄杨、赤楠、假连翘、红桑、四季米仔兰、软枝黄蝉、鹰爪、勒杜鹃、红绒球、翅荚决明、双荚槐等 |

## 三、常见地被园林植物

1. 定义

地被植物是指能覆盖地面的低矮植物，它们均具有植株低矮、枝叶繁密、枝蔓匍匐、根茎发达、繁殖容易等特点。

2. 作用

地被植物一般分为草坪地被植物和特殊用途地被植物，后者指在庭园和公园内栽植的有观赏价值或经济用途的低矮植物。

园林中乔木是骨架和防护林的主体，遮阴作用十分重要；花灌木起着美化和修饰作用；地被和草坪植物是绿地的底色。它们之间能构成稳固的人工植被，实现黄土不见天，防止沙尘暴和水土流失，平衡生态系统，保护和改善人类生存环境。地被植物成片大面积栽培，管理粗放，养护费用少，效果很好。

3. 种类

常见地被园林植物种类见表 3－5。

**表 3－5　常见地被园林植物种类**

| 类别 | 品种 |
|---|---|
| 草坪草植物 | 草坪草按地区适应性分类，有适宜温暖地区的，如结缕草、细叶结缕草、中华结缕草、狗牙根、地毯草、假俭草、野牛草、竹节草、宿根黑麦草、早熟禾等 |
| | 适宜寒冷地区的，如绒毛剪股颖、细弱剪股颖、匍匐剪股颖、红顶草、草原看麦娘、细叶早熟禾、早熟禾、紫羊茅、猫尾草、白车轴草（白三叶）、苜蓿、羊草、中华莎草等 |
| 开花地被植物 | 开花地被植物如矮鸢尾、大花萱草、天人菊、矮牵牛、美女樱、二月蓝、虞美人、蒲包花、半支莲、三色堇、千日红、香雪球、福禄考、金鱼草、半边莲、马兰头花、长春花、紫罗兰、月见草、抱茎金光菊、金苞花、美人蕉、郁金香等 |
| 观叶地被植物 | 观叶地被植物如多花筋骨草、玉竹、玉簪、蜘蛛兰、黄菖蒲、麦冬、羽衣甘蓝、金叶红瑞木、紫叶酢浆草、蓝雪花、彩叶草、海芋、斑叶艳山姜、珊瑚藤、大花美人蕉、文殊兰、大叶仙芋、薜荔、铺地木蓝、鸢尾、蔓马缨丹、阔叶麦冬、铺地锦、龟背竹、玉叶金花、沿阶草、花叶冷水花、使君子、翠云草、白蝶合果芋、风雨花、红花葱兰等 |

## 四、常见攀缘类园林植物

1. 定义

茎蔓细长、自身不能直立，需攀附其他支撑物或缘墙而上的观赏植物称为观赏藤本类植物。

2. 分类

（1）缠绕类其藤蔓须缠绕一定的支撑物而呈螺旋状向上生长，如紫藤等。

（2）吸附类借助黏性吸盘或气根向上生长，如爬墙虎、凌霄等。

（3）卷须类依靠卷须向上生长的植物，如铁线莲等。

（4）钩刺类依靠钩刺向上生长的植物，如蔷薇类等。

3. 种类

常见藤本植物见表 3－6。

**表3-6** **常见藤本植物**

| 类别 | 品种 |
|---|---|
| 藤本植物 | 紫藤、地锦、凌霄、铁钱莲、常春藤、炮仗花、薜荔、葡萄、观花西番莲类、叶子花、金银花、龙吐珠、云南黄馨、多花素馨、落葵、茑花类、小叶扶芳藤等 |

## 五、园林绿化各类苗木产品的规格

1. 常见园林绿化常绿针叶乔木主要规格（见表3-7）

**表3-7** **常见园林绿化常绿针叶乔木主要规格**

| 序号 | 树种（品种） | 主控指标 | 辅助指标 | | | |
|---|---|---|---|---|---|---|
| | | 株高/m | 冠幅/m | 地径/mm | 分枝点高/m | 分枝数/轮 |
| 1 | 雪松 | 3.0～4.0 | ≥2.0 | — | ≤0.3 | ≥4 |
| | | 4.0～5.0 | ≥2.5 | — | ≤0.5 | ≥5 |
| | | 5.0～6.0 | ≥3.5 | — | ≤0.8 | ≥6 |
| | | 6.0～8.0 | ≥5.0 | — | ≤1.0 | ≥7 |
| 2 | 华山松 | 3.0～4.0 | ≥2.0 | — | ≤0.5 | — |
| | | 4.0～5.0 | ≥2.5 | — | ≤0.8 | — |
| | | 5.0～6.0 | ≥3.5 | — | ≤0.8 | — |
| 3 | 白皮松 | 3.0～4.0 | ≥2.0 | — | ≤0.5 | — |
| | | 4.0～5.0 | ≥2.5 | — | ≤0.8 | — |
| | | 5.0～6.0 | ≥3.5 | — | ≤0.8 | — |
| 4 | 油松 | 3.0～4.0 | ≥1.5 | ≥60 | ≤1.0 | — |
| | | 4.0～5.0 | ≥2.2 | ≥80 | ≤1.5 | — |
| | | 5.0～6.0 | ≥2.5 | ≥100 | ≤2.0 | — |
| 5 | 侧柏 | 3.0～4.0 | ≥1.2 | — | — | — |
| | | 4.0～5.0 | ≥1.5 | — | — | — |
| | | 5.0～6.0 | ≥1.8 | — | — | — |
| 6 | 圆柏 | 3.0～4.0 | ≥0.8 | — | ≤0.3 | — |
| | | 4.0～5.0 | ≥1.0 | — | ≤0.3 | — |
| | | 5.0～6.0 | ≥1.2 | — | ≤0.3 | — |
| 7 | 龙柏 | 2.5～3.0 | ≥0.8 | — | ≤0.3 | — |
| | | 3.0～4.0 | ≥1.0 | — | ≤0.3 | — |
| | | 4.0～5.0 | ≥1.2 | — | ≤0.3 | — |
| 8 | 竹柏 | 2.5～3.0 | ≥1.2 | ≥40 | ≤0.5 | — |
| | | 3.0～4.0 | ≥1.5 | ≥60 | ≤0.8 | — |
| | | 4.0～5.0 | ≥1.8 | ≥80 | ≤1.0 | — |
| 9 | 罗汉松 | 2.0～2.5 | ≥1.0 | — | ≤0.4 | — |
| | | 2.5～3.0 | ≥1.2 | — | ≤0.5 | — |
| | | 3.0～4.0 | ≥1.5 | — | ≤0.6 | — |

注：1. 当株高（$H$）为3.0～4.0时，表示3.0≤$H$<4.0。

2. "—"表示此项生长量指标可不作要求。

3. 常绿针叶乔木株高宜$H$≥2.0m，行道树分枝点高宜≥2.5m。

4. 其他详见《园林绿化木本苗》(CJ/T 24—2018)。

2. 常见园林绿化常绿阔叶乔木主要规格，见表3-8

表3-8 常见园林绿化常绿阔叶乔木主要规格

| 序号 | 树种（品种） | 主控指标 | 辅助指标 | | |
|---|---|---|---|---|---|
| | | 胸径/mm | 株高/m | 冠幅/m | 分枝数/个 |
| 1 | 高山榕 | 60～80 | ≥3.5 | ≥1.5 | ≥5 |
| | | 80～100 | ≥4.0 | ≥2.0 | ≥6 |
| | | 100～120 | ≥4.5 | ≥2.5 | ≥7 |
| 2 | 细叶榕 | 60～80 | ≥3.5 | ≥2.0 | ≥4 |
| | | 80～100 | ≥4.0 | ≥2.5 | ≥5 |
| | | 100～120 | ≥4.5 | ≥3.0 | ≥6 |
| 3 | 香樟 | 60～80 | ≥3.5 | ≥2.0 | ≥4 |
| | | 80～100 | ≥4.0 | ≥2.5 | ≥4 |
| | | 100～120 | ≥4.5 | ≥3.0 | ≥5 |
| 4 | 香叶树 | 地径40～50 | ≥2.5 | ≥1.2 | ≥4 |
| | | 地径50～60 | ≥3.0 | ≥1.5 | ≥5 |
| 5 | 石楠 | 地径40～60 | ≥2.5 | ≥0.8 | ≥4 |
| | | 地径60～80 | ≥3.0 | ≥1.2 | ≥5 |
| | | 地径80～100 | ≥3.5 | ≥1.6 | ≥5 |
| 6 | 批杷 | 地径40～60 | ≥2.0 | ≥1.5 | ≥4 |
| | | 地径60～80 | ≥2.5 | ≥2.0 | ≥5 |
| | | 地径80～100 | ≥2.8 | ≥2.5 | ≥5 |
| 7 | 南洋楹 | 60～80 | ≥3.5 | ≥1.2 | ≥4 |
| | | 80～100 | ≥4.0 | ≥1.6 | ≥5 |
| | | 100～120 | ≥4.5 | ≥2.0 | ≥6 |
| 8 | 羊蹄甲 | 60～80 | ≥3.5 | ≥2.0 | ≥4 |
| | | 80～100 | ≥4.0 | ≥2.5 | ≥5 |
| | | 100～120 | ≥4.5 | ≥3.0 | ≥6 |
| 9 | 黄槿 | 60～80 | ≥3.5 | ≥1.8 | ≥4 |
| | | 80～100 | ≥4.0 | ≥2.2 | ≥4 |
| | | 100～120 | ≥4.5 | ≥2.5 | ≥5 |
| 10 | 蒲桃 | 60～80 | ≥3.0 | ≥1.5 | ≥4 |
| | | 80～100 | ≥3.5 | ≥2.0 | ≥4 |
| | | 100～120 | ≥4.0 | ≥2.5 | ≥5 |
| 11 | 洋蒲桃 | 60～80 | ≥3.0 | ≥1.2 | ≥4 |
| | | 80～100 | ≥3.5 | ≥1.5 | ≥4 |
| | | 100～120 | ≥4.0 | ≥2.0 | ≥5 |

续表

| 序号 | 树种（品种） | 主控指标 | 辅助指标 | | |
|---|---|---|---|---|---|
| | | 胸径/mm | 株高/m | 冠幅/m | 分枝数/个 |
| 12 | 桂花 | 地径 40～60 | ≥2.0 | ≥1.5 | ≥4 |
| | | 地径 60～80 | ≥2.5 | ≥2.0 | ≥4 |
| | | 地径 80～100 | ≥3.5 | ≥2.5 | ≥5 |
| 13 | 大叶女贞 | 60～80 | ≥4.0 | ≥2.0 | ≥4 |
| | | 80～100 | ≥4.5 | ≥2.5 | ≥4 |
| | | 100～120 | ≥5.0 | ≥3.0 | ≥5 |
| 14 | 火焰树 | 60～80 | ≥3.5 | ≥1.0 | ≥4 |
| | | 80～100 | ≥4.0 | ≥1.5 | ≥4 |
| | | 100～120 | ≥4.5 | ≥2.5 | ≥5 |
| 15 | 吊瓜树 | 60～80 | ≥3.0 | ≥1.3 | ≥4 |
| | | 80～100 | ≥3.5 | ≥1.5 | ≥4 |
| | | 100～120 | ≥4.0 | ≥2.0 | ≥5 |
| 16 | 糖胶树 | 60～80 | ≥3.5 | ≥1.8 | 轮数≥4 |
| | | 80～100 | ≥4.0 | ≥2.0 | 轮数≥5 |
| | | 100～120 | ≥4.5 | ≥2.3 | 轮数≥6 |

注：1. 当胸径（$\phi$）为 60～80mm 时，表示 60mm≤$\phi$<80mm。
2. “—”表示此项生长量指标可不作要求。
3. 常绿阔叶大乔大胸径宜 $\phi$≥60mm，常绿阔叶小乔木和多干型乔木地径直 $d$≥40mm。
4. 行道树胸径宜 $\phi$≥80mm，分枝点高宜≥2.5m。
5. 详见《园林绿化木本苗》(CJ/T 24—2018)。

3. 常见园林绿化落叶针叶乔木主要规格，见表 3-9

**表 3-9　　常见园林绿化落叶针叶乔木主要规格**

| 序号 | 树种（品种） | 主控指标 | 辅助指标 | | | |
|---|---|---|---|---|---|---|
| | | 地径/mm | 株高/m | 冠幅/m | 分枝点高/m | 分枝数/个 |
| 1 | 金钱松 | 60～80 | ≥4.0 | ≥1.5 | ≤1.5 | — |
| | | 80～100 | ≥5.0 | ≥2.0 | ≤1.5 | — |
| | | 100～120 | ≥6.0 | ≥2.5 | ≤1.5 | — |
| 2 | 水松 | 60～80 | ≥3.5 | ≥1.2 | ≤0.8 | — |
| | | 80～100 | ≥4.5 | ≥1.6 | ≤0.8 | — |
| | | 100～120 | ≥5.5 | ≥2.0 | ≤1.0 | — |
| 3 | 落羽杉 | 60～80 | ≥3.5 | ≥1.2 | ≤0.8 | — |
| | | 80～100 | ≥4.5 | ≥1.6 | ≤0.8 | — |
| | | 100～120 | ≥5.5 | ≥2.0 | ≤1.0 | — |

续表

| 序号 | 树种（品种） | 主控指标 | 辅助指标 | | | |
|---|---|---|---|---|---|---|
| | | 地径/mm | 株高/m | 冠幅/m | 分枝点高/m | 分枝数/个 |
| 4 | 中山杉 | 60～80 | ≥3.5 | ≥1.2 | ≤0.8 | — |
| | | 80～100 | ≥4.5 | ≥1.6 | ≤0.8 | — |
| | | 100～120 | ≥5.5 | ≥2.0 | ≤1.0 | — |
| 5 | 池杉 | 60～80 | ≥3.5 | ≥1.2 | ≤0.8 | — |
| | | 80～100 | ≥4.5 | ≥1.6 | ≤0.8 | — |
| | | 100～120 | ≥5.5 | ≥2.0 | ≤1.0 | — |
| 6 | 水杉 | 60～80 | ≥3.5 | ≥1.2 | ≤0.8 | — |
| | | 80～100 | ≥4.5 | ≥1.6 | ≤0.8 | — |
| | | 100～120 | ≥5.5 | ≥2.0 | ≤1.0 | — |

注：1. 地径（$d$）为60～80时，表示60≤$d$<80。
2. “—”表示此项生长量指标可不作要求。
3. 落叶针叶乔木地径宜$d$≥60mm。

4. 常见园林绿化落叶阔叶乔木主要规格，见表3-10

**表3-10 常见园林绿化落叶阔叶乔木主要规格**

| 序号 | 树种（品种） | 主控指标 | 辅助指标 | | |
|---|---|---|---|---|---|
| | | 胸径/mm | 株高/m | 冠幅/m | 分枝数/个 |
| 1 | 银杏 | 70～90 | ≥3.0 | ≥1.5 | ≥4 |
| | | 90～110 | ≥4.0 | ≥1.8 | ≥4 |
| | | 110～130 | ≥5.0 | ≥2.0 | ≥5 |
| 2 | 毛白杨（♂） | 70～90 | ≥3.0 | ≥2.0 | ≥4 |
| | | 90～110 | ≥10.0 | ≥2.2 | ≥4 |
| | | 110～130 | ≥11.0 | ≥2.5 | ≥5 |
| 3 | 旱柳（♂） | 70～90 | ≥5.0 | ≥2.0 | ≥4 |
| | | 90～110 | ≥5.5 | ≥2.2 | ≥4 |
| | | 110～130 | ≥6.0 | ≥2.5 | ≥5 |
| 4 | 绦柳（♂） | 70～90 | ≥5.0 | ≥2.5 | ≥4 |
| | | 90～110 | ≥5.5 | ≥3.0 | ≥4 |
| | | 110～130 | ≥6.0 | ≥3.5 | ≥5 |
| 5 | 垂柳 | 70～90 | ≥4.5 | ≥2.5 | ≥4 |
| | | 90～110 | ≥5.0 | ≥3.0 | ≥4 |
| | | 110～130 | ≥6.0 | ≥3.5 | ≥5 |
| 6 | 核桃 | 70～90 | ≥3.0 | ≥2.5 | — |
| | | 90～110 | ≥3.5 | ≥3.0 | — |
| | | 110～130 | ≥4.0 | ≥3.5 | — |

续表

| 序号 | 树种（品种） | 主控指标 | 辅助指标 | | |
|---|---|---|---|---|---|
| | | 胸径/mm | 株高/m | 冠幅/m | 分枝数/个 |
| 7 | 白桦 | 70～90 | ≥5.0 | ≥2.5 | ≥4 |
| | | 90～110 | ≥5.5 | ≥3.0 | ≥4 |
| | | 110～130 | ≥6.0 | ≥3.5 | ≥5 |
| 8 | 朴树 | 70～90 | ≥3.5 | ≥2.0 | ≥4 |
| | | 90～110 | ≥4.5 | ≥2.5 | ≥4 |
| | | 110～130 | ≥5.0 | ≥3.0 | ≥5 |
| | | 130～150 | ≥6.0 | ≥3.5 | ≥5 |
| 9 | 桑树 | 70～90 | ≥4.5 | ≥2.3 | — |
| | | 90～110 | ≥5.0 | ≥2.8 | — |
| | | 110～130 | ≥5.5 | ≥3.5 | — |
| 10 | 柘树 | 地径 70～90 | ≥4.0 | ≥1.8 | — |
| | | 地径 90～110 | ≥4.5 | ≥2.3 | — |
| | | 地径 110～130 | ≥5.5 | ≥3.0 | — |
| 11 | 白玉兰 | 地径 70～90 | ≥3.0 | ≥1.8 | ≥4 |
| | | 地径 90～110 | ≥3.5 | ≥2.0 | ≥4 |
| | | 地径 110～130 | ≥4.0 | ≥2.3 | ≥5 |
| 12 | 二乔玉兰 | 地径 40～60 | ≥2.0 | ≥1.2 | — |
| | | 地径 60～80 | ≥2.5 | ≥1.5 | — |
| | | 地径 80～100 | ≥3.0 | ≥1.8 | — |
| 13 | 杜仲 | 70～90 | ≥4.0 | ≥2.5 | — |
| | | 90～110 | ≥4.5 | ≥3.0 | — |
| | | 110～130 | ≥5.0 | ≥3.5 | — |
| 14 | 法国梧桐 | 70～90 | ≥5.0 | ≥3.0 | ≥4 |
| | | 90～110 | ≥5.5 | ≥3.5 | ≥4 |
| | | 110～130 | ≥6.0 | ≥4.0 | ≥5 |
| 15 | 山楂 | 地径 40～60 | ≥1.6 | ≥1.5 | — |
| | | 地径 60～80 | ≥2.0 | ≥2.0 | — |
| | | 地径 80～100 | ≥2.5 | ≥2.3 | — |
| 16 | 木瓜 | 地径 40～60 | ≥2.0 | ≥1.0 | — |
| | | 地径 60～80 | ≥2.5 | ≥1.5 | — |
| | | 地径 80～100 | ≥2.8 | ≥2.0 | — |
| 17 | 海棠花 | 地径 40～60 | ≥2.0 | ≥1.0 | — |
| | | 地径 60～80 | ≥2.5 | ≥1.5 | — |
| | | 地径 80～100 | ≥2.8 | ≥2.0 | — |

续表

| 序号 | 树种（品种） | 主控指标 | 辅助指标 | | |
|---|---|---|---|---|---|
| | | 胸径/mm | 株高/m | 冠幅/m | 分枝数/个 |
| 18 | 西府海棠 | 地径 40～60 | ≥1.8 | ≥0.8 | — |
| | | 地径 60～80 | ≥2.0 | ≥1.0 | — |
| | | 地径 80～100 | ≥2.5 | ≥1.2 | — |
| 19 | 桃 | 地径 40～60 | ≥1.5 | ≥1.5 | — |
| | | 地径 60～80 | ≥2.0 | ≥2.0 | — |
| | | 地径 80～100 | ≥2.5 | ≥2.5 | — |
| 20 | 碧桃 | 地径 40～60 | ≥2.0 | ≥1.5 | — |
| | | 地径 60～80 | ≥2.5 | ≥2.5 | — |
| | | 地径 80～100 | ≥3.0 | ≥3.0 | — |
| 21 | 山桃 | 地径 40～60 | ≥1.5 | ≥1.5 | — |
| | | 地径 60～80 | ≥2.0 | ≥2.0 | — |
| | | 地径 80～100 | ≥2.5 | ≥2.5 | — |
| 22 | 紫叶李 | 地径 40～60 | ≥2.0 | ≥1.0 | — |
| | | 地径 60～80 | ≥2.5 | ≥1.5 | — |
| | | 地径 80～100 | ≥3.0 | ≥2.0 | — |
| 23 | 樱花 | 地径 70～90 | ≥2.5 | ≥2.0 | — |
| | | 地径 90～110 | ≥3.0 | ≥2.5 | — |
| | | 地径 110～130 | ≥3.5 | ≥3.0 | — |
| 24 | 合欢 | 70～90 | ≥3.5 | ≥2.5 | ≥4 |
| | | 90～110 | ≥4.0 | ≥3.0 | ≥4 |
| | | 110～130 | ≥4.5 | ≥3.5 | ≥5 |
| 25 | 皂荚 | 70～90 | ≥3.5 | ≥2.5 | — |
| | | 90～110 | ≥4.0 | ≥3.5 | — |
| | | 110～130 | ≥5.0 | ≥4.0 | — |
| 26 | 凤凰木 | 70～90 | ≥3.5 | ≥1.5 | ≥5 |
| | | 90～110 | ≥4.0 | ≥1.8 | ≥5 |
| | | 110～130 | ≥4.5 | ≥2.3 | ≥6 |
| 27 | 腊肠树 | 70～90 | ≥3.0 | ≥1.1 | ≥5 |
| | | 90～110 | ≥3.5 | ≥1.5 | ≥5 |
| | | 110～130 | ≥3.8 | ≥2.0 | ≥6 |
| 28 | 黄槐 | 地径 50～70 | ≥3.0 | ≥1.5 | ≥5 |
| | | 地径 70～90 | ≥3.5 | ≥2.0 | ≥5 |
| | | 地径 90～110 | ≥4.0 | ≥2.5 | ≥6 |
| 29 | 国槐 | 70～90 | ≥3.0 | ≥2.0 | ≥3 |
| | | 90～110 | ≥4.0 | ≥2.5 | ≥3 |
| | | 110～130 | ≥5.0 | ≥3.0 | ≥3 |

续表

| 序号 | 树种（品种） | 主控指标 | 辅助指标 | | |
|---|---|---|---|---|---|
| | | 胸径/mm | 株高/m | 冠幅/m | 分枝数/个 |
| 30 | 刺槐 | 70～90 | ≥4.0 | ≥2.5 | ≥3 |
| | | 90～110 | ≥5.0 | ≥3.0 | ≥3 |
| | | 110～130 | ≥6.0 | ≥4.0 | ≥3 |
| 31 | 臭椿 | 70～90 | ≥6.0 | ≥2.5 | ≥3 |
| | | 90～110 | ≥7.0 | ≥3.0 | ≥4 |
| | | 110～130 | ≥7.5 | ≥3.5 | ≥4 |
| 32 | 香椿 | 70～90 | ≥6.0 | ≥2.5 | ≥3 |
| | | 90～110 | ≥7.0 | ≥3.0 | ≥4 |
| | | 110～130 | ≥7.5 | ≥3.5 | ≥4 |
| 33 | 苦楝 | 70～90 | ≥3.0 | ≥2.0 | ≥3 |
| | | 90～110 | ≥3.5 | ≥2.5 | ≥4 |
| | | 110～130 | ≥4.0 | ≥3.5 | ≥4 |
| 34 | 乌桕 | 70～90 | ≥4.5 | ≥2.5 | ≥3 |
| | | 90～110 | ≥5.0 | ≥3.0 | ≥4 |
| | | 110～130 | ≥5.5 | ≥3.5 | ≥4 |
| 35 | 黄连木 | 70～90 | ≥3.5 | ≥1.5 | ≥3 |
| | | 90～110 | ≥4.0 | ≥2.0 | ≥4 |
| | | 110～130 | ≥4.5 | ≥2.5 | ≥4 |
| 36 | 元宝枫 | 70～90 | ≥3.0 | ≥2.5 | — |
| | | 90～110 | ≥4.0 | ≥3.0 | — |
| | | 110～130 | ≥4.5 | ≥3.5 | — |
| 37 | 五角枫 | 70～90 | ≥3.5 | ≥2.0 | ≥3 |
| | | 90～110 | ≥4.5 | ≥2.5 | ≥4 |
| | | 110～130 | ≥5.0 | ≥3.5 | ≥5 |
| 38 | 红枫 | 地径 40～60 | ≥1.5 | ≥1.0 | ≥3 |
| | | 地径 60～80 | ≥1.8 | ≥1.5 | ≥3 |
| | | 地径 80～100 | ≥2.0 | ≥1.8 | ≥4 |
| 39 | 栾树 | 70～90 | ≥4.0 | ≥2.0 | ≥3 |
| | | 90～110 | ≥4.5 | ≥2.5 | ≥4 |
| | | 110～130 | ≥5.5 | ≥3.0 | ≥5 |
| 40 | 木棉 | 70～90 | ≥4.5 | ≥2.0 | ≥4 |
| | | 90～110 | ≥5.0 | ≥2.5 | ≥5 |
| | | 110～130 | ≥5.5 | ≥3.0 | ≥6 |
| 41 | 梧桐 | 70～90 | ≥3.5 | ≥2.5 | ≥3 |
| | | 90～110 | ≥4.5 | ≥3.0 | ≥4 |
| | | 110～130 | ≥5.5 | ≥3.5 | ≥4 |

续表

| 序号 | 树种（品种） | 主控指标 | 辅助指标 | | |
|---|---|---|---|---|---|
| | | 胸径/mm | 株高/m | 冠幅/m | 分枝数/个 |
| 42 | 大花紫薇 | 70～90 | ≥3.0 | ≥2.0 | ≥3 |
| | | 90～110 | ≥3.3 | ≥2.2 | ≥3 |
| | | 110～130 | ≥3.5 | ≥2.5 | ≥4 |
| 43 | 柿 | 70～90 | ≥3.0 | ≥2.2 | — |
| | | 90～110 | ≥3.5 | ≥2.5 | — |
| | | 110～130 | ≥4.5 | ≥3.5 | — |
| 44 | 白蜡树 | 70～90 | ≥3.5 | ≥2.0 | ≥3 |
| | | 90～110 | ≥4.0 | ≥2.5 | ≥4 |
| | | 110～130 | ≥5.0 | ≥3.5 | ≥5 |
| 45 | 暴马丁香 | 地径 40～60 | ≥2.8 | ≥1.5 | ≥3 |
| | | 地径 60～80 | ≥3.3 | ≥2.0 | ≥4 |
| | | 地径 80～100 | ≥3.6 | ≥2.5 | ≥5 |
| 46 | 北京丁香 | 地径 40～60 | ≥2.5 | ≥1.5 | — |
| | | 地径 60～80 | ≥3.0 | ≥2.0 | — |
| | | 地径 80～100 | ≥3.5 | ≥2.5 | — |
| 47 | 毛泡桐 | 70～90 | ≥4.0 | ≥2.5 | ≥3 |
| | | 90～110 | ≥4.5 | ≥3.5 | ≥4 |
| | | 110～130 | ≥5.5 | ≥4.0 | ≥4 |

注：1. 当胸径（$\phi$）为 70～90 时，表示 $70 \leqslant \phi < 90$。

2. “—”表示此项生长量指标可不作要求。

3. 落叶阔叶大乔木胸径宜 $\phi \geqslant 70$mm、落叶阔叶小乔木地径宜 $d \geqslant 40$mm。

4. 行道树胸径宜 $\phi \geqslant 80$mm，分枝点高宜≥2.5m。

5. 其他详见《园林绿化木本苗》（CJ/T 24—2018）。

5. 常见园林绿化常绿针叶灌木主要规格，见表 3-11

**表 3-11　　常见园林绿化常绿针叶灌木主要规格**

| 序号 | 树种（品种） | 主控指标 | 辅助指标 | | |
|---|---|---|---|---|---|
| | | 株高/m | 冠幅/m | 分枝数/个 | 地径/mm |
| 1 | 铺地柏 | 主条长 0.2～0.3 | ≥0.1 | 3 | — |
| | | 主条长 0.3～0.5 | ≥0.2 | 3 | — |
| 2 | 沙地柏 | 主条长 0.3～0.5 | ≥0.2 | 3 | — |
| | | 主条长 0.5～0.8 | ≥0.3 | 3 | — |
| | | 主条长 0.8～1.0 | ≥0.4 | 4 | — |

续表

| 序号 | 树种（品种） | 主控指标 | 辅助指标 | | |
|---|---|---|---|---|---|
| | | 株高/m | 冠幅/m | 分枝数/个 | 地径/mm |
| 3 | 矮紫杉 | 0.3～0.5 | ≥0.2 | — | — |
| | | 0.5～0.8 | ≥0.3 | — | — |
| | | 0.8～1.0 | ≥0.4 | — | — |

注：1. 当株高（$H$）为1.0～1.2时，表示$1.0 \leqslant H < 1.2$。

2. "—"表示此项生长量指标可不作要求。

3. 详见《园林绿化木本苗》(CJ/T 24—2018)。

6. 常见园林绿化常绿阔叶灌木主要规格，见表3-12

**表3-12　常见园林绿化常绿阔叶灌木主要规格**

| 序号 | 树种（品种） | 主控指标 | 辅助指标 | | |
|---|---|---|---|---|---|
| | | 株高/m | 冠幅/m | 分枝数/个 | 地径/mm |
| 1 | 凤尾兰 | 0.3～0.5 | ≥0.4 | — | — |
| | | 0.5～0.8 | ≥0.6 | — | — |
| | | 0.8～1.0 | ≥0.8 | — | — |
| 2 | 南天竹 | 0.4～0.6 | ≥0.2 | ≥2 | — |
| | | 0.6～0.8 | ≥0.3 | ≥2 | ≥10 |
| 3 | 含笑 | 0.6～0.8 | ≥0.6 | ≥3 | — |
| | | 0.8～1.0 | ≥0.8 | ≥4 | ≥30 |
| | | 1.0～1.5 | ≥1.0 | ≥4 | ≥40 |
| | | 1.5～2.0 | ≥1.2 | ≥4 | ≥50 |
| 4 | 海桐 | 0.4～0.6 | ≥0.3 | ≥3 | — |
| | | 0.6～0.8 | ≥0.4 | ≥4 | ≥10 |
| | | 0.8～1.0 | ≥0.5 | ≥4 | ≥20 |
| | | 1.0～1.2 | ≥0.8 | ≥4 | ≥20 |
| 5 | 火棘 | 0.6～0.8 | ≥0.6 | ≥3 | ≥10 |
| | | 0.8～1.0 | ≥0.8 | ≥3 | ≥10 |
| | | 1.0～1.2 | ≥0.9 | ≥3 | ≥20 |
| 6 | 红叶石楠 | 0.4～0.6 | ≥0.3 | ≥3 | — |
| | | 0.6～0.8 | ≥0.4 | ≥3 | — |
| | | 0.8～1.0 | ≥0.6 | ≥3 | — |
| | | 1.0～1.2 | ≥0.8 | ≥4 | — |
| 7 | 大叶黄杨 | 0.5～0.8 | ≥0.3 | ≥3 | — |
| | | 0.8～1.0 | ≥0.4 | ≥3 | — |
| | | 1.0～1.2 | ≥0.6 | ≥4 | — |

续表

| 序号 | 树种（品种） | 主控指标 | 辅助指标 | | |
|---|---|---|---|---|---|
| | | 株高/m | 冠幅/m | 分枝数/个 | 地径/mm |
| 8 | 黄杨 | 0.5～0.8 | ≥0.3 | ≥3 | — |
| | | 0.8～1.0 | ≥0.4 | ≥3 | — |
| | | 1.0～1.2 | ≥0.5 | ≥4 | — |
| 9 | 枸骨 | 0.5～0.8 | ≥0.3 | ≥3 | — |
| | | 0.8～1.0 | ≥0.4 | ≥3 | — |
| | | 1.0～1.2 | ≥0.5 | ≥4 | — |
| 10 | 山茶花 | 0.4～0.6 | ≥0.3 | ≥3 | — |
| | | 0.6～0.8 | ≥0.5 | ≥3 | ≥20 |
| | | 0.8～1.0 | ≥0.6 | ≥4 | ≥20 |
| 11 | 夹竹桃 | 0.4～0.6 | ≥0.3 | ≥3 | — |
| | | 0.6～0.8 | ≥0.4 | ≥3 | ≥10 |
| | | 0.8～1.0 | ≥0.5 | ≥3 | ≥20 |
| | | 1.0～1.2 | ≥0.6 | ≥4 | ≥20 |
| 12 | 栀子花 | 0.4～0.6 | ≥0.4 | ≥3 | — |
| | | 0.6～0.8 | ≥0.5 | ≥3 | ≥10 |

注：1. 当株高（$H$）为1.0～1.2时，表示$1.0 \leqslant H < 1.2$。

2. “—”表示此项生长量指标可不作要求。

3. 从生型灌木主枝数不宜少于3个。

4. 其他详见《园林绿化木本苗》（CJ/T 24—2018）。

7. 常见园林绿化落叶阔叶灌木主要规格，见表3-13

**表3-13 常见园林绿化落叶阔叶灌木主要规格**

| 序号 | 树种（品种） | 主控指标 | 辅助指标 | | |
|---|---|---|---|---|---|
| | | 株高/m | 冠幅/m | 分枝数/个 | 地径/mm |
| 1 | 牡丹 | 0.3～0.5 | ≥0.3 | ≥3 | — |
| | | 0.5～0.8 | ≥0.5 | ≥5 | — |
| | | 0.8～1.2 | ≥0.7 | ≥8 | — |
| 2 | 紫叶小檗 | 0.3～0.5 | ≥0.2 | ≥5 | — |
| | | 0.5～0.8 | ≥0.3 | ≥5 | — |
| | | 0.8～1.0 | ≥0.5 | ≥5 | — |
| 3 | 蜡梅 | 1.5～1.8 | ≥1.0 | ≥6 | — |
| | | 1.8～2.0 | ≥1.5 | ≥8 | — |
| | | 2.0～2.5 | ≥1.6 | ≥10 | — |

续表

| 序号 | 树种（品种） | 主控指标 | 辅助指标 | | |
|---|---|---|---|---|---|
| | | 株高/m | 冠幅/m | 分枝数/个 | 地径/mm |
| 4 | 贴梗海棠 | 0.5～0.8 | ≥0.4 | ≥5 | — |
| | | 0.8～1.2 | ≥0.6 | ≥6 | — |
| | | 1.2～1.5 | ≥0.8 | ≥7 | — |
| 5 | 棣棠 | 0.5～0.8 | ≥0.3 | ≥6 | — |
| | | 0.8～1.0 | ≥0.5 | ≥8 | — |
| | | 1.0～1.2 | ≥0.7 | ≥12 | — |
| 6 | 丰花月季 | 0.3～0.5 | ≥0.20 | ≥3 | — |
| | | 0.5～0.8 | ≥0.25 | ≥4 | — |
| 7 | 玫瑰 | 0.3～0.5 | ≥0.20 | ≥3 | — |
| | | 0.5～0.8 | ≥0.25 | ≥4 | — |
| 8 | 黄刺玫 | 1.0～1.2 | ≥0.5 | ≥5 | — |
| | | 1.2～1.5 | ≥0.6 | ≥5 | — |
| | | 1.5～1.8 | ≥1.0 | ≥6 | — |
| 9 | 紫荆 | 1.2～1.5 | ≥0.5 | ≥5 | — |
| | | 1.5～1.8 | ≥0.8 | ≥5 | — |
| | | 1.8～2.0 | ≥1.0 | ≥5 | — |
| 10 | 木槿 | 1.2～1.5 | ≥0.5 | — | ≥20 |
| | | 1.5～1.8 | ≥0.6 | — | ≥30 |
| | | 1.8～2.0 | ≥0.8 | — | ≥40 |
| 11 | 结香 | 0.5～0.7 | ≥0.5 | — | — |
| | | 0.7～1.0 | ≥0.8 | — | — |
| | | 1.0～1.2 | ≥1.2 | — | — |
| 12 | 柽柳 | 1.5～1.8 | ≥0.6 | ≥4 | ≥25 |
| | | 1.8～2.0 | ≥0.8 | ≥5 | ≥30 |
| | | 2.0～2.5 | ≥1.0 | ≥6 | ≥35 |
| 13 | 紫薇 | 1.2～1.5 | ≥0.4 | ≥3 | ≥20 |
| | | 1.5～1.8 | ≥0.6 | ≥3 | ≥30 |
| | | 1.8～2.0 | ≥0.8 | ≥4 | ≥40 |
| 14 | 紫薇（单干） | — | ≥0.4 | — | ≥40 |
| | | — | ≥0.6 | — | ≥50 |
| | | — | ≥0.8 | — | ≥60 |
| 15 | 杜鹃花 | 0.4～0.6 | ≥0.4 | ≥3 | — |
| | | 0.6～0.8 | ≥0.5 | ≥4 | ≥10 |
| | | 0.8～1.0 | ≥0.7 | ≥5 | ≥20 |

续表

| 序号 | 树种（品种） | 主控指标 | 辅助指标 | | |
|---|---|---|---|---|---|
| | | 株高/m | 冠幅/m | 分枝数/个 | 地径/mm |
| 16 | 连翘 | 0.5～0.8 | ≥0.3 | ≥4 | — |
| | | 0.8～1.0 | ≥0.4 | ≥5 | — |
| | | 1.0～1.2 | ≥0.5 | ≥6 | — |
| 17 | 紫丁香 | 1.0～1.2 | ≥0.6 | ≥3 | ≥10 |
| | | 1.2～1.5 | ≥0.8 | ≥4 | ≥20 |
| | | 1.5～1.8 | ≥1.0 | ≥5 | ≥30 |
| | | 1.8～2.0 | ≥1.2 | ≥5 | — |
| 18 | 金叶女贞 | 0.5～0.8 | ≥0.2 | ≥5 | — |
| | | 0.8～1.0 | ≥0.3 | ≥5 | — |
| 19 | 迎春 | 0.5～0.8 | ≥0.2 | ≥3 | — |
| | | 0.8～1.0 | ≥0.3 | ≥3 | — |
| | | 1.0～1.2 | ≥0.4 | ≥4 | — |
| 20 | 天目琼花 | 1.2～1.5 | ≥0.6 | ≥5 | — |
| | | 1.5～1.8 | ≥0.8 | ≥5 | — |
| | | 1.8～2.0 | ≥1.2 | ≥5 | — |
| 21 | 猬实 | 1.2～1.5 | ≥0.6 | ≥4 | — |
| | | 1.5～1.8 | ≥1.0 | ≥6 | — |
| | | 1.8～2.0 | ≥1.2 | ≥7 | — |
| 22 | 金银木 | 1.2～1.5 | ≥0.6 | ≥3 | — |
| | | 1.5～2.0 | ≥0.8 | ≥3 | — |
| | | 2.0～2.5 | ≥1.2 | ≥3 | — |

注：1. 当株高（$H$）为1.0～1.2时，表示$1.0 \leqslant H < 1.2$。

2. “—”表示此项生长量指标可不作要求。

3. 丛生型灌木主枝数不宜少于3个，单干型灌木地径宜$d \geqslant 20$mm，株高宜$H \geqslant 1.2$m。

4. 其他详见《园林绿化木本苗》(CJ/T 24—2018)。

8. 常见园林绿化常绿藤木主要规格，见表3-14

**表3-14　常见园林绿化常绿藤木主要规格**

| 类型 | 树种（品种） | 主控指标 | 辅助指标 | | |
|---|---|---|---|---|---|
| | | 苗龄/年 | 主蔓长/m | 分枝数/个 | 地径/mm |
| 1 | 薜荔 | 1 | ≥1.0 | ≥5 | ≥4 |
| | | 2 | ≥1.5 | ≥6 | ≥6 |
| 2 | 常春油麻藤 | 2 | ≥1.0 | ≥3 | ≥3 |
| | | 3 | ≥3.5 | ≥4 | ≥6 |

续表

| 类型 | 树种（品种） | 主控指标 | 辅助指标 | | |
|---|---|---|---|---|---|
| | | 苗龄/年 | 主蔓长/m | 分枝数/个 | 地径/mm |
| 3 | 扶芳藤 | 2 | ≥0.4 | ≥3 | ≥2 |
| | | 3 | ≥0.6 | ≥4 | ≥4 |
| | | 4 | ≥1.0 | ≥5 | ≥6 |
| 4 | 常春藤 | 2 | ≥0.5 | ≥3 | ≥3 |
| | | 3 | ≥0.6 | ≥4 | ≥6 |
| | | 4 | ≥0.8 | ≥5 | ≥9 |
| 5 | 蔓长春花 | 2 | ≥0.5 | ≥3 | ≥3 |
| | | 3 | ≥0.8 | ≥4 | ≥4 |
| | | 4 | ≥1.0 | ≥5 | ≥5 |
| 6 | 络石 | 2 | ≥1.0 | ≥3 | ≥3 |
| | | 3 | ≥1.5 | ≥4 | ≥5 |
| | | 4 | ≥2.0 | ≥5 | ≥8 |
| 7 | 金银花* | 2 | ≥0.6 | ≥4 | ≥2 |
| | | 3 | ≥1.0 | ≥5 | ≥4 |
| | | 4 | ≥1.5 | ≥6 | ≥6 |
| 8 | 叶子花 | 2 | ≥1.0 | ≥4 | ≥5 |
| | | 3 | ≥1.5 | ≥5 | ≥15 |
| | | 4 | ≥2.0 | ≥6 | ≥25 |
| 9 | 木香* | 2 | ≥1.0 | ≥3 | — |
| | | 3 | ≥1.5 | ≥4 | — |
| | | 4 | ≥2.5 | ≥6 | — |

注：1. “—”表示此项生长量指标可不作要求。

2. 藤木类苗龄不宜少于2年，主蔓长不宜小于0.4m，分枝数不宜少于3枝。

* 半常绿，在北方属于落叶类。

9. 常见园林绿化落叶藤木主要规格，见表3-15

**表3-15　常见园林绿化落叶藤木主要规格**

| 序号 | 树种（品种） | 主控指标 | 辅助指标 | | |
|---|---|---|---|---|---|
| | | 苗龄/年 | 主蔓长/m | 分枝数/个 | 地径/mm |
| 1 | 野蔷薇 | 2 | ≥0.8 | ≥3 | ≥20 |
| | | 3 | ≥1.0 | ≥4 | ≥40 |
| | | 4 | ≥1.2 | ≥4 | ≥60 |
| 2 | 藤本月季 | 2 | ≥0.6 | ≥3 | — |
| | | 3 | ≥1.0 | ≥3 | — |
| | | 4 | ≥1.2 | ≥4 | — |
| 3 | 紫藤 | 5 | ≥1.8 | ≥3 | ≥10 |
| | | 6 | ≥2.5 | ≥5 | ≥20 |

续表

| 序号 | 树种（品种） | 主控指标 | 辅助指标 | | |
|---|---|---|---|---|---|
| | | 苗龄/年 | 主蔓长/m | 分枝数/个 | 地径/mm |
| 4 | 南蛇藤 | 3 | ≥1.8 | — | — |
| | | 4 | ≥2.5 | — | — |
| | | 5 | ≥3.5 | — | — |
| 5 | 美国地锦 | 2 | ≥1.5 | — | — |
| | | 3 | ≥2.5 | — | — |
| 6 | 地锦 | 2 | ≥1.0 | ≥3 | — |
| | | 3 | ≥1.5 | ≥4 | — |
| 7 | 凌霄 | 2 | ≥1.2 | — | — |
| | | 3 | ≥1.5 | — | — |
| | | 4 | ≥2.5 | — | — |

注：1. “—”表示此项生长量指标可不作要求。

2. 藤木类苗龄不宜少于2年，主蔓长不宜小于0.4m。

10. 常见园林绿化散生、混生竹主要规格，见表3-16

**表3-16　常见园林绿化散生、混生竹主要规格**

| 序号 | 竹种（品种） | 主控指标 | 辅助指标 | |
|---|---|---|---|---|
| | | 地径/mm | 每盘秆数/枝 | 秆高/m |
| 1 | 刚竹 | 10～20 | ≥2 | ≥3.0 |
| | | 20～30 | ≥2 | ≥3.5 |
| 2 | 淡竹 | 10～20 | ≥2 | ≥3.0 |
| | | 20～30 | ≥2 | ≥3.5 |
| 3 | 早园竹 | 10～20 | ≥2 | ≥3.0 |
| | | 20～30 | ≥2 | ≥3.5 |
| 4 | 毛竹 | 40～50 | ≥1 | ≥3.5 |
| | | 50～70 | ≥1 | ≥4.0 |
| 5 | 金镶玉竹 | 10～20 | — | ≥2.5 |
| | | 20～30 | — | ≥3.0 |
| 6 | 紫竹 | 10～20 | — | ≥2.5 |
| | | 20～30 | — | ≥3.0 |
| 7 | 方竹 | 10～20 | — | ≥2.5 |
| | | 20～30 | — | ≥3.0 |
| 8 | 苦竹 | 20～40 | ≥1 | ≥3.0 |
| | | 40～60 | ≥2 | ≥5.0 |

注：1. 当地径（$d$）为10～20时，表示$10 \leqslant d < 20$。

2. “—”表示此项生长量指标可不作要求。

3. 散生、混生竹应具有2个以上键壮芽数。

11. 常见园林绿化丛生竹主要规格，见表 3-17

**表 3-17　　常见园林绿化丛生竹主要规格**

| 序号 | 竹种（品种） | 主控指标 | 辅助指标 | |
|---|---|---|---|---|
| | | 地径/mm | 每丛秆数/支 | 杆高/m |
| 1 | 大佛肚竹 | 30～40 | ≥4 | ≥2.0 |
| | | 40～50 | ≥4 | ≥2.5 |
| 2 | 佛肚竹 | 20～30 | ≥3 | ≥1.5 |
| | | 30～40 | ≥4 | ≥2.0 |
| | | 40～50 | ≥4 | ≥2.5 |
| 3 | 撑篙竹 | 20～30 | ≥3 | ≥1.5 |
| 4 | 黄金间碧竹 | 20～40 | ≥3 | ≥2.5 |
| | | 40～50 | ≥3 | ≥3.0 |
| 5 | 孝顺竹 | 10～20 | ≥6 | ≥2.0 |
| | | 20～30 | ≥8 | ≥2.5 |
| 6 | 观音竹 | — | ≥8 | ≥2.5 |
| 7 | 凤尾竹 | 10～20 | ≥6 | ≥2.5 |
| | | 20～30 | ≥8 | ≥3.0 |
| 8 | 粉单竹 | 20～30 | ≥3 | ≥2.0 |
| | | 30～40 | ≥4 | ≥2.5 |
| 9 | 青皮竹 | 10～20 | ≥3 | ≥2.0 |
| | | 20～30 | ≥4 | ≥2.5 |
| | | 30～40 | ≥5 | ≥2.5 |
| 10 | 慈竹 | 10～20 | ≥4 | ≥2.5 |

注：1. 当地径（$d$）的范围为 10～20 时，$10 \leqslant d < 20$。

2. "—"表示此项生长量指标可不作要求。

3. 丛生竹每丛竹应具有 3 枝以上竹竿，以及 3 个以上健壮芽数。

12. 常见园林绿化地被竹主要规格，见表 3-18

**表 3-18　　常见园林绿化地被竹主要规格**

| 序号 | 竹种（品种） | 主控指标 | 辅助指标 | |
|---|---|---|---|---|
| | | 苗龄/a | 每丛秆数/支 | 杆高/m |
| 1 | 菲黄竹 | 1～2 | ≥10 | 植株完整 |
| 2 | 菲白竹 | 1～2 | ≥10 | 植株完整 |
| 3 | 阔叶箬竹 | 1～2 | ≥10 | 植株完整 |

13. 常见园林绿化单干型棕榈类主要规格，见表 3-19

**表 3-19　常见园林绿化单干型棕榈类主要规格**

| 序号 | 树种（品种） | 主控指标 | 辅助指标 | | | |
|---|---|---|---|---|---|---|
| | | 地径/mm | 净干高/m | 自然高/m | 冠幅/m | 叶片数/片 |
| 1 | 椰子 | 190～210 | ≥2.0 | ≥2.5 | ≥1.8 | ≥6 |
| | | 210～230 | ≥2.3 | ≥3.0 | ≥2.0 | ≥8 |
| | | 230～250 | ≥2.5 | ≥3.5 | ≥2.2 | ≥8 |
| | | 250～270 | ≥2.8 | ≥3.8 | ≥2.5 | ≥10 |
| 2 | 蒲葵 | 190～210 | ≥1.1 | ≥2.1 | ≥1.5 | ≥6 |
| | | 210～230 | ≥1.6 | ≥2.6 | ≥1.8 | ≥8 |
| | | 230～250 | ≥2.1 | ≥3.1 | ≥2.0 | ≥8 |
| | | 250～270 | ≥2.6 | ≥3.6 | ≥2.5 | ≥10 |
| 3 | 金山葵 | 200～230 | — | ≥3.5 | ≥1.8 | ≥7 |
| | | 230～260 | — | ≥4.5 | ≥2.0 | ≥7 |
| | | 260～290 | — | ≥5.5 | ≥2.5 | ≥8 |
| 4 | 棕榈 | 190～210 | ≥1.5 | ≥2.2 | ≥2.0 | ≥5 |
| | | 210～230 | ≥1.5 | ≥2.5 | ≥2.2 | ≥6 |
| | | 230～250 | ≥2.0 | ≥2.8 | ≥2.5 | ≥6 |
| | | 250～270 | ≥2.2 | ≥3.0 | ≥3.0 | ≥8 |
| 5 | 丝葵 | 360～390 | ≥0.6 | ≥2.1 | ≥2.8 | ≥10 |
| | | 390～430 | ≥1.1 | ≥2.6 | ≥3.0 | ≥10 |
| | | 430～460 | ≥1.6 | ≥3.1 | ≥3.2 | ≥12 |
| | | 460～490 | ≥2.1 | ≥3.6 | ≥3.5 | ≥12 |

注：1. 当地径（$d$）为 210～230 时，表示 $210 \leqslant d < 230$。
2. "—"表示此项生长量指标可不作要求。
3. 其他详见《园林绿化木本苗》（CJ/T 24—2018）。

14. 常见园林绿化丛生型棕榈类主要规格，见表 3-20

**表 3-20　常见园林绿化丛生型棕榈类主要规格**

| 序号 | 树种（品种） | 主控指标 | 辅助指标 | |
|---|---|---|---|---|
| | | 分枝数（主枝）/个 | 自然高/m | 冠幅/m |
| 1 | 三药槟榔 | ≥3 | ≥2.6 | ≥1.5 |
| | | ≥4 | ≥3.1 | ≥2.0 |
| 2 | 短穗鱼尾葵 | ≥4 | ≥2.0 | ≥1.5 |
| | | ≥5 | ≥3.0 | ≥2.0 |
| | | ≥6 | ≥4.0 | ≥2.5 |
| 3 | 袖珍椰子 | ≥4 | ≥0.3 | ≥0.3 |
| | | ≥5 | ≥0.5 | ≥0.5 |
| | | ≥6 | ≥0.8 | ≥1.0 |

续表

| 序号 | 树种（品种） | 主控指标 | 辅助指标 | |
|---|---|---|---|---|
| | | 分枝数（主枝）/个 | 自然高/m | 冠幅/m |
| 4 | 散尾葵 | ≥4 | ≥1.0 | ≥1.5 |
| | | ≥5 | ≥1.5 | ≥1.8 |
| | | ≥6 | ≥2.0 | ≥2.0 |
| | | ≥8 | ≥2.5 | ≥2.5 |
| 5 | 棕竹 | ≥8 | ≥0.8 | ≥0.8 |
| | | ≥10 | ≥1.0 | ≥1.0 |
| | | ≥12 | ≥1.2 | ≥1.0 |
| 6 | 矮棕竹 | ≥4 | ≥0.5 | ≥0.5 |
| | | ≥7 | ≥0.8 | ≥0.6 |
| | | ≥8 | ≥1.0 | ≥0.8 |

## 第五节　园林绿化植物的造景

### 一、植物与园林建筑组合造景

1. 古典园林建筑的植物配置

园林建筑和植物配置的协调统一是表达景观效果的必要前提。园林植物造景应以地域文化、地域特色、地域历史作为造景的主旨，结合地形、环境条件和其他园林要素，充分发挥其观形、赏色、闻味、听声、品韵的特性。由于园林的功能和艺术追求不同，也由于地理位置不同所形成的地域气候差异等原因，各类古典园林建筑在植物配置上又体现了不同的特征。

(1) 皇家园林建筑的植物配置。中国皇家园林的特点是规模宏大，真山、真水较多，园中建筑布局规则严整、等级分明，建筑体型高大，色彩富丽、雕梁画栋、彩绘浓重、金碧辉煌。为反应帝王至高无上的权利以及突出宫殿建筑的特点，一般选择姿态苍劲、意境深远的中国传统树种，如圆柏、海棠、银杏、国槐、玉兰等作基调树种。

(2) 古典私家园林建筑的植物配置。古典私家园林多由文人雅士建造，其建筑特点是规模较小，宅园相连，常用假山、假水，建筑小巧玲珑，色彩淡雅素净，以咫尺之地营造城市山林的意境。其植物配置十分重视主题和意境，多于墙基、角落处种植松、竹、梅等象征君子品性的植物。植物种植形式多样，配搭时在植物的株数、位置、大小、形状等方面都讲究一定的章法。用作景点的园林建筑，如亭、廊、榭等，其周围应选取形体优美、柔软、轻巧的树种，点缀其旁或为其提供荫蔽。

(3) 寺观园林建筑的植物配置。寺观园林和陵墓等纪念性园林通常庄重严肃，为体现肃穆的气氛，宜选用常绿针叶树，同时也多用银杏、油松、圆柏、白皮松、国槐、菩提树等树种，且多沿轴线呈对称规则式种植，列植或对植于建筑前。

此外，设计中还应考虑依据建筑所处的具体位置、色彩、朝向等配置植物。如水边建筑多选择水生植物，如荷、睡莲；耐水湿植物，如水杉、池杉、水松、旱柳、垂柳、白蜡、柽柳、丝棉木、花叶芦竹等。当以建筑墙面作背景配置植物时，植物的叶、花、果的颜色不宜与建筑物的颜色一致或近似，宜与之形成对比，以突出景观上的效果。建筑物四周的环境条件可能有很大差异，植物选择也应区别对待。总之应根据具体的环境条件、建筑功能和景观要求选择适当的植物和种植方式，以取得与建筑相协调的效果。

2. 不同建筑单体的植物配置

公园的入口和大门的植物配置，入口和大门是园林的第一通道，多安排一些服务性设施，如售票处、小卖部、等候亭廊等。入口和大门的形式多样，因此，其植物配置应随着不同性质、形式的入口和大门而异，要求和入口、大门的功能氛围相协调。常见的入门和大门的形式有门亭、牌坊、园门和隐壁等。植物配置起着软化入口和大门的几何线条、增加景深、扩大视野、延伸空间的作用。

亭的植物配置，园林中亭的类型多样，植物配置应与其造型和功效取得协调和统一。从亭的结构、造型、主题上考虑，植物选择应与其取得一致，如亭的攒尖较尖、挺拔、俊秀，应选择圆锥形、圆柱形植物，如枫香、毛竹、圆柏、侧柏等竖线条为主，如“竹栖云径”三株老枫香和碑亭，形成高低错落的对比。从功效上考虑，碑亭、路亭，是游人较集中的地方，植物配置除考虑其碑文的含义外，主要考虑遮阴和艺术构图的问题。花亭多选择和其题名相符的花木。

茶室周围植物配置应选择色彩较浓艳的花灌木，如南方茶室前多植桂花，九月桂花飘香，香气宜人。

水榭前植物配置多选择水生、耐水湿植物，水生植物如荷、睡莲，耐水湿植物如水杉、池杉、水松、旱柳、垂柳、白腊、柽柳、丝棉木、花叶芦竹等。

公园管理、厕所等建筑的植物配置，公园管理、厕所等观赏价值不大的建筑，不宜选择香花植物，而选择竹、珊瑚树、藤木等较合适。且观赏价值不大的服务性建筑应具有一定的指示物，如厕所的通气窗、路边的指示牌等。

3. 建筑不同部位的植物配置

（1）建筑物入口植物配置。入口是视线的焦点，有标志性的作用，是内与外的分界点，通过植物配置的精细设计，往往给人留下深刻的第一印象。在一般入口处植物配置应有强化标志性的作用，如高大的乔木与低矮的灌木组成一定的规则式图案，鲜艳的花卉植物组成一些文字图案，排列整齐的植物给人一种引导作用，很容易找到主要入口。有较大的入口用地时，可采取草坪、花坛、树木相结合的简洁大方的办法强化、美化入口。

加强入口的美化，能起到画龙点睛的作用。在一般进口处植物的配置，首先要满足功能的要求，不阻挡视线，以免影响人流车流的正常通行，在特殊情况下特殊角度方向可故意挡住视线，使出入口若隐若现，起到欲扬先抑的作用。建筑的出入口因性质、位置、大小、功能各异，在植物配置时要充分考虑相关因素。在一些休闲功能为主的建筑物、庭院入口处，可配置低矮花坛，自然种植几株树木，来增加轻松及愉快感。

园林建筑常利用门的造型，以门为框，通过植物配植，与路、石等进行精细地艺术构图，不但可以入画，而且可以扩大视野，延伸视线。

（2）建筑窗前植物配置。建筑窗前植物配置应考虑植株和窗户高矮、大小、窗户间距，不能遮挡视线和有碍采光。同时要考虑植物与窗户朝向的关系。东西向窗最好选用落叶树种，以保证夏季的树荫和冬季的阳光照射，南北向窗户则无这种限制，但同样要注意植物与建筑之间要有一定的距离，一般要3米以上。植物也可充分利用窗作为框景的对象，安坐室内，透过窗框外的植物配植，俨然一幅生动画面，即所谓“尺幅窗”“无心画”。由于窗框的尺度是固定不变的，植物却不断生长，随着生长，体量增大，会破坏原来画面。因此要选择生长缓慢，变化不大的植物。如芭蕉、南天竺、孝顺竹，苏铁、棕竹、软叶刺葵等种类，近旁可再配些尺度不变的剑石、湖石，增添其稳固感。这样有动有静，构成相对稳定持久的画面。同时为了突出植物主题，故而窗框的花格不宜过于花哨，以免喧宾夺主。

(3) 墙体与植物配置。墙的正常功能是承重和分隔空间，现代墙的形式和表面装饰材料千姿百态，因此植物要注意自然材料与墙体协调的问题，应注意不破坏建筑墙基的安全，通过植物色彩、质感将人工产物和自然完美融合在一起，注重构图、色彩、肌理等的细微处理。例如建筑墙基的色彩鲜艳、质地粗糙，植物选择应以纯净的绿色调为主，质地柔和，形成对比和谐统一；若建筑墙基为灰色调、质地中性，植物选择较为多样，即可是彩色植物也可是绿色植物。纪念性建筑应选择庄重的树种。在墙基保护方面，要求在墙基3米以内不种植深根性乔灌木，一般种植浅根性草本或灌木。

古典园林常有以白墙为背景的植物配置，如几丛修竹，几块湖石形成一幅图画，现代的一些墙体常配置各类攀缘植物进行立体绿化，攀缘植物根据土壤及墙基的状况可以从下往上攀附生长，也可从上往下攀附垂吊生长。在园林中利用墙的南面良好的小气候特点种植植物，继而美化墙面。经过美化的墙面，自然气氛倍增。苏州园林中的白粉墙常起到画纸的作用，通过配植观赏植物，用其自然的姿态与色彩作画。

(4) 建筑的角隅植物配置。建筑的角隅多线条生硬，呈直角，偶有其他形状，如直线与圆弧、相交、钝角等形式，转角处常成为视觉焦点，选用植物配置进行软化和点缀很有效果，通常宜选择观果、观叶、观花、观干等种类成丛配植，在这种地方应多种植观赏性强的园林植物，并且要有适当的高度，最好在人的平视视线范围内，以吸引人的目光。也可放置一些山石，同时配合植物种植，可以缓和生硬、增加美感，对于较长的建筑与地面形成的基础前宜配置较规则的植物，以调和平直的墙面，同时也可有统一美的体现。

### 二、植物与园林山石组合造景

“风景以山石为骨架，以水为血脉，以草木为毛发，以烟云为神采。故山得水而活，得草木而华，得烟云而秀媚。”“山，古于石，褥于林，灵于水。”这都说明了山石因为有了植物才秀美，才有四季不同的景色，植物赋予山石以生命活力。

#### 1. 土山的组合造景

在园林工程中，因地势平坦而挖湖堆山所形成的多为土山，此类山体一般都要用植物覆盖。此外，原地形保留下来的较低的山体，或裸露，或有稀疏植被，但多为人工种植，相对于有自然植被的山体有很大不同。人工山体高差不大，为突出其山体高度及造型，山脊线附近应植高大的乔木，山坡、山沟、山麓则应选择较为低矮的植物，山顶植以大片花木或色叶树，可以有较好的远视效果。山坡植被配置应强调山体的整体性以及成片效果，可配以色叶树、花木林、常绿林、常绿落叶混交林，景观以春季山花烂漫、夏季郁郁葱葱、秋季满山红叶、冬季苍翠雄浑为佳。山谷地形曲折幽深，环境阴湿，应选用耐阴植物，如配置成松云峡、梨花谷、樱桃沟等。

#### 2. 石山的组合造景

假山全部用石，形体比较小，或如屏如峰置于庭院内、走廊旁，或依墙而建，兼做登楼蹬道。由于山上无土，植物配于山脚。为了显示山之峭拔，树木既要数量少，又要形体低矮，姿态各异的松、柏和紫薇等是较好的树种。因设计意境不同而配以不同的植物，像扬州个园，虽以竹子为主体植物，用不同石材来体现四季假山，与之相对应配置的植物亦有不同。春山，用湖石叠花坛，花坛内植散生翠竹，竹间置剑石、春梅、翠竹、迎春、芍药、海棠等花木，姹紫嫣红一片春色；夏山，太湖石配水，植古松、槐树、广玉兰、紫薇、石榴等；秋山，黄石、松、柏、玉兰衬托出红枫、青枫的“霜叶红于二月花”秋色图；冬山，以南天竹、腊梅为主，与宣石一起组成“岁寒三友”图。

3. 石壁的组合造景

石壁植物宜植苍松，或倚崖斜出，或苍藤攀悬，坚柔相衬。如苏州园华步小筑庭院，于正对着绿荫的院墙上堆垒以石壁，点缀以南天竹、藤蔓，恰似一幅图画；拙政园海棠春坞庭院，于南面院墙嵌以山石，并种植海棠及慈孝竹，嫣红苍翠，雅致清丽。

4. 石峰的组合造景

石峰是石块的单个欣赏，其形态“玲珑有致”，以透、瘦、漏为美，所立之峰宜上小下大，尤其植物配置宜以低矮的花木为宜，如杜鹃、菠萝花、南天竹、瓜子杨等。如留园冠云峰庭院，内有三峰：冠云峰、瑞云峰和帕云峰，以冠云峰为主，居于园的中部，其余分立左右，峰下植以书带草、丛菊，衬托出石峰的高峻挺拔。有时在庭院的一角伫立石峰，配以修竹，在粉壁的素绢上画上一幅优美的石竹画。

**三、植物与园林水体组合造景**

1. 岸边植物造景

园林中水体驳岸有石岸、混凝土岸和土岸等，规则式的石岸和混凝土岸在我国应用较多，线条显得生硬而枯燥，可在岸边配置合适的植物，借其枝叶来遮挡枯燥之处，从而使线条变得柔和。自然式石岸具有丰富的自然线条和优美的石景，在岸边点缀色彩和线条优美的植物，和自然岸边石头相配，使得景色富于变化。土岸曲折蜿蜒，线条优美，岸边的植物也应自然式种植，切忌等距离栽植。

适于岸边种植的植物材料种类很多，有水松、落羽松、杉木、迎春、枫杨、垂柳、小叶榕、竹类、黄菖蒲、玉蝉花、马蔺、慈姑、千屈菜、萱草、玉簪、落新妇等。草本植物及小灌木多用于装饰点缀或遮掩驳岸，大乔木用于衬托水景并形成优美的水中倒影。国外自然水体或小溪的土岸边多种植大量耐水湿的草本花卉或野生水草，富有自然情调。

2. 水体边缘植物造景

水体边缘是水面和堤岸的分界线，水体边缘的植物配置既能对水面起到装饰作用，又能实现从水面到堤岸的自然过渡。

在自然水体景观中，一般选用适宜在浅水生长的挺水植物，如荷花、菖蒲、水葱、千屈菜、风车草、芦苇、水蓼、水生鸢尾等。这些植物本身具有很高的观赏价值，对驳岸也有很好的装饰遮挡作用。例如：成丛的菖蒲散植于水边的岩石旁或桥头、水榭附近，姿态挺拔舒展，淡雅宜人；千屈菜花色鲜艳醒目，娟秀洒脱，与其他植物或水边山石相配，更显得生动自然；芦苇植于水边能表现出“枫叶荻花秋瑟瑟”的意境，因此，芦苇多成片种植于湖塘边缘，呈现一片自然景象。

3. 水面植物造景

水面具有开畅的空间效果，特别是面积较大的水面常给人空旷的感觉。用水生植物点缀水面，可以增加水面的色彩，丰富水面的层次，使寂静的水面得到装饰与衬托，显得生机勃勃，而植物产生的倒影更使水面富有情趣。

适宜布置于水面的植物材料有荷花、王莲、睡莲、凤眼莲、萍蓬莲、两栖蓼、香菱等。不同的植物材料与不同的水面形成不同的景观。例如：在广阔的湖面种植荷花，碧波荡漾，浮光掠影，轻风吹过泛起阵阵涟漪，景色十分壮观；在小水池中点缀几丛睡莲，却显得清新秀丽，生机盎然；而王莲由于具有硕大如盘的叶片，在较大的水面种植才能显示其粗犷雄壮的气势；繁殖力极强的凤眼莲常在水面形成丛生的群体景观。

4. 滩涂造景

在园林水景中可以再现自然的滩涂景观，结合湿生植物的配置，带给游人回归自然的审美感受。有时将滩涂和园路相结合，让人在经过时不仅看到滩涂，而且须跳跃而过，顿觉妙趣横生，意味无穷。

5. 沼泽造景

沼泽景观在面积较大的沼泽园中，种植沼生的乔、灌、草等植物，并设置汀步或铺设栈道，引导游人进入沼泽园的深处。在小型水景园中，除了在岸边种植沼生植物外，也常结合水池构筑沼园或沼床，栽培沼生花卉，丰富水景园的观赏层次。

**四、植物与小品组合造景**

雕塑、园林小品需用植物作为背景时，色彩对比度要大，如青铜的雕塑要用浅绿色作背景；对于活动设施附近，首先考虑用大乔木遮阴，其次是安全性，枝干上无刺，无过敏性花粉，不污染衣物及用树丛、绿篱进行分隔。

中国古典园林中出现较多的是置石与植物的配置。在入口、拐角、路边、亭旁、窗前、花台等处，置石一块，配上姿、形与之匹配的植物，即是一幅优美的画。能与置石协调的植物种类有：南天竹、凤尾竹、松、芭蕉、十大功劳、鸢尾、沿街草、菖蒲、旱伞草、兰花、金丝桃等。

# 第四章 屋 顶 绿 化

## 第一节 屋顶绿化的基础知识

### 一、定义

屋顶绿化是指在高出地面以上，周边不与自然土层相连接的各类建筑物、构筑物等的顶部，以及天台、露台上的绿化。在城市中，地面可以绿化的用地少且价高，若对占城市用地60%以上的建筑屋顶进行绿化，则是对城市建筑破坏自然生态平衡的最简捷有效的补偿办法，是城市重要的、有生命的基础设施建设。

### 二、类型

为使用和交流方便，通常我们根据屋顶绿化的组成元素和植物的不同，将它们分为以下三种类型。

1. 花园式屋顶绿化

花园式屋顶绿化近似于地面绿化，是根据屋顶具体条件，选择小型乔木、低矮灌木和草坪、地被植物进行植物配植，设置园路、座椅、山石、水池和亭、廊、榭等园林建筑小品，提供一定的游览和休憩活动空间的复杂绿化。花园式屋顶绿化以植物造景为主，宜采用乔、灌、草结合的复层植物配植方式，具有较好的生态效益和景观效果。其荷载一般为250～500kg/m$^2$。

2. 简单式屋顶绿化

简单式屋顶绿化是利用低矮灌木或草坪、地被植物进行绿化，不设置园林小品等设施，一般不允许非维修人员活动的简单绿化。简单式屋顶绿化以草坪地被植物为主，可配置宿根花卉和花灌木，讲求景观色彩。可用不同品种植物配置出图案，结合园路铺装，形成屋顶俯视图案效果。其荷载一般为100～200kg/m$^2$。

3. 地下建筑顶板绿化

地下建筑顶板绿化是指在地下车库、停车场、商场、人防等建筑设施顶板上进行绿化。它是和屋顶绿化接近的一种特殊形式的绿化。地下建筑顶板的覆土与地面自然土相接，不完全被建筑物所封闭围合。可进行植物造景，形成以乔木、灌木、花卉和草坪地被等组成的复式种植结构，并配以座椅、休闲园路、园林小品及水池等形成永久性的园林绿化。其绿化组成和花园式绿化相似，但也要根据具体情况进行调整。地下建筑顶板覆土种植的荷载一般不小于600kg/m$^2$。

### 三、设计形式

根据屋顶的荷载、载重墙的位置、人流量、周边环境与用途等，确定采用最佳的绿化方式。

1. 棚架式

棚架式是指在载重墙上种植藤本植物，如猕猴桃、葡萄等，在屋顶做简易棚架，高度

2m左右，藤本植物可沿棚架生长，最后覆盖全部棚架。棚架式绿化的种植土壤可集中在载重墙处，棚架和植物荷载较小，还可以把藤延伸到屋顶以外的空间。为减轻屋顶荷载，可以把棚架立柱都安放在载重墙上。

2. 地毯式

地毯式是指在全部屋顶或屋顶的绝大部分，种植各类地被植物或小灌木，形成一层“绿化地毯”。

地被植物等种植土壤厚度在20～30cm即可正常生长发育，因此，对屋顶所加荷载较小，一般的屋顶结构均可承受。这种绿化形式的绿化覆盖率高，而且生态效益好，特别在高层建筑前低矮裙房屋顶上，采用地毯式的绿化效果更佳。若采用图案化的地被植物覆盖屋顶，效果更好。佛甲草就是一种很好的地毯式绿化材料。

3. 自由式种植

自由式种植是指采用有变化的自由式种植地被及花卉灌木。自由式种植一般种植面积较大，植物种植从草本至小乔木，种植土壤厚度在20～100cm。采用园林的手法，产生层次丰富、色彩斑斓的效果。

4. 庭院式

庭院式就是把地面的庭院绿化建在屋顶上，除种植各种园林植物外，还要建亭，台、假山、浅水池、园林小品、园路等，使屋顶空间变化多，形成有山、有水的园林环境。这种方式适用于较大面积的屋顶上。一般建在高级宾馆、酒店楼房等商业房屋建筑上。

5. 自由摆放

自由摆放主要用盆栽植物自由地摆放在屋顶上，以达到绿化的目的。此种方式灵活多变，应用也较为广泛。

## 第二节　屋顶绿化的构造

种植区构造层由上至下分别由植被层、基质层、隔离过滤层、排（蓄）水层、隔根层、分离滑动层、屋面防水层等组成。屋顶绿化种植区构造层剖面示意，如图4-1所示。

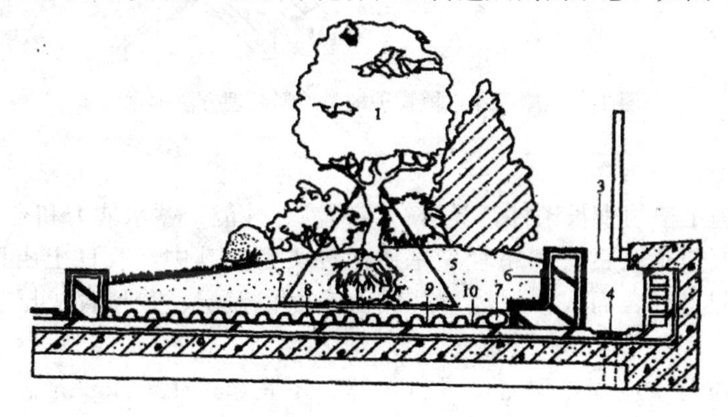


图4-1　屋顶绿化种植区构造层剖面示意图

1—乔木；2—地下树木支架；3—与围护墙之间留出适当间隔或围护墙防水层高度与基质上表面间距不小于15cm；4—排水口；5—基质层；6—隔离过滤层；7—渗水管；8—排（蓄）水层；9—隔根层；10—分离滑动层

## 一、植被层

通过移栽、铺设植生带和播种等形式种植的各种植物，包括小型乔木、灌木、草坪、地被植物、攀缘植物等。屋顶绿化植物种植方法如图 4-2、图 4-3 所示。

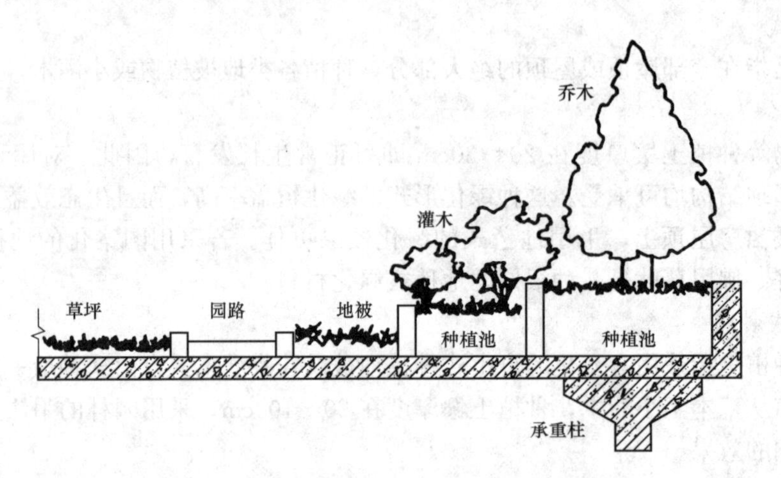


图 4-2 屋顶绿化植物种植池处理方法示意图

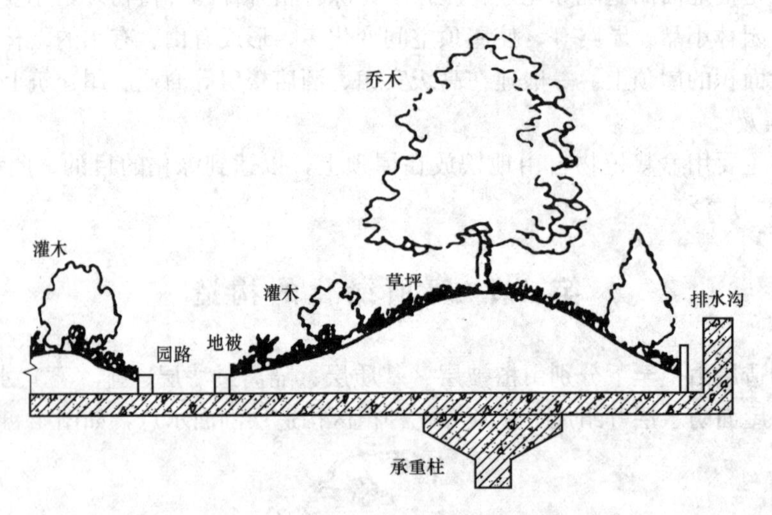


图 4-3 屋顶绿化植物种植微地形处理方法示意图

## 二、基质层

基质层是指满足植物生长条件，具有一定的渗透性能、蓄水能力和空间稳定性的轻质材料层。基质主要包括改良土和超轻量基质两种类型，其中，改良土由田园土、排水材料、轻质骨料和肥料混合而成；超轻量基质由表面覆盖层、栽植育成层和排水保水层三部分组成。

屋顶绿化基质荷重应根据湿密度进行核算，不宜超过 1300kg/m³。常用的基质类型和配制比例参见表 4-1，也可以在建筑荷载和基质荷重允许的范围内，根据实际酌情配比。

表 4-1　常用基质类型和配制比例参考

| 基质类型 | 主要配比材料 | 配制比例 | 湿密度/(kg/m³) |
|---|---|---|---|
| 改良土 | 田园土、轻质骨料 | 1∶1 | 1200 |
| | 腐叶土、蛭石、沙土 | 7∶2∶1 | 780～1000 |
| | 田园土、草炭、(蛭石和肥) | 4∶3∶1 | 1100～1300 |
| | 田园土、草炭、松针土、珍珠岩 | 1∶1∶1∶1 | 780～1100 |
| | 田园土、草炭、松针土 | 3∶4∶3 | 780～950 |
| | 轻砂壤土、腐殖土、珍珠岩、蛭石 | 2.5∶5∶2∶0.5 | 1100 |
| | 轻砂壤土、腐殖土、蛭石 | 5∶3∶2 | 1100～1300 |
| 超轻量基质 | 无机介质 | — | 450～650 |

注：基质湿密度一般为干密度的 1.2～1.5 倍。

## 三、隔离过滤层

过滤层任务是滤除被水从种植层冲走的泥沙，因此，过滤层除具有保证排水层的功能之外，还具有防止排水管泥沙淤积的功能。过滤层一般采用既能透水又能过滤的聚酯纤维无纺布等材料，用于阻止基质进入排水层。隔离过滤层铺设在基质层下，搭接缝的有效宽度应达到 10～20cm，并向建筑侧墙面延伸至基质表层下方 5cm 处。

1. 由纺织品构成的过滤层

此种纺织品的原料为聚丙烯或聚酯，它们通过热处理或者机械加工形成毛垫。这种毛垫通常具有很强的渗透性和根系穿透性，并且很耐用，由于根系的穿透作用，就会有新的缝隙在毛垫上产生。

2. 由有机材料构成的过滤层

在农田和体育场建筑上进行屋顶绿化时，可以使用有机材料作为过滤层，可以使用稻壳、椰壳纤维和有机废料，能有效地发挥作用。

这样的有机材料开始时防止淤积很好，但是以后由于淤泥阻塞会使透水性下降，对此，可以通过矿化作用使有机物质分解，以便能产生新的空隙，且逐渐通过泥浆物质形成新的矿质过滤层。

## 四、排（蓄）水层

排（蓄）水层的作用是吸收种植层中渗出的降水，并继续将其排到排水装置中，同时防止其阻塞后变得潮湿。

（1）一般包括排（蓄）水板、陶砾（荷载允许时使用）与排水管（屋顶排水坡度较大时使用）等不同的排（蓄）水形式，用于改善基质的通气状况，迅速排出多余水分，有效缓解瞬时压力，并可以蓄存少量水分。

（2）排（蓄）水层铺设在过滤层下。应向建筑侧墙面延伸至基质表层下方 5cm 处。屋顶绿化排（蓄）水板的铺设方法如图 4-4 所示。

（3）施工时应根据排水口设置排水观察井，并定期检查屋顶排水系统的通畅情况。及时清理枯枝落叶，防止排水口堵塞造成壅水倒流。

在大部分时候，如果所用的材料可以贮存水，排（蓄）水层就很容易被根系穿透。

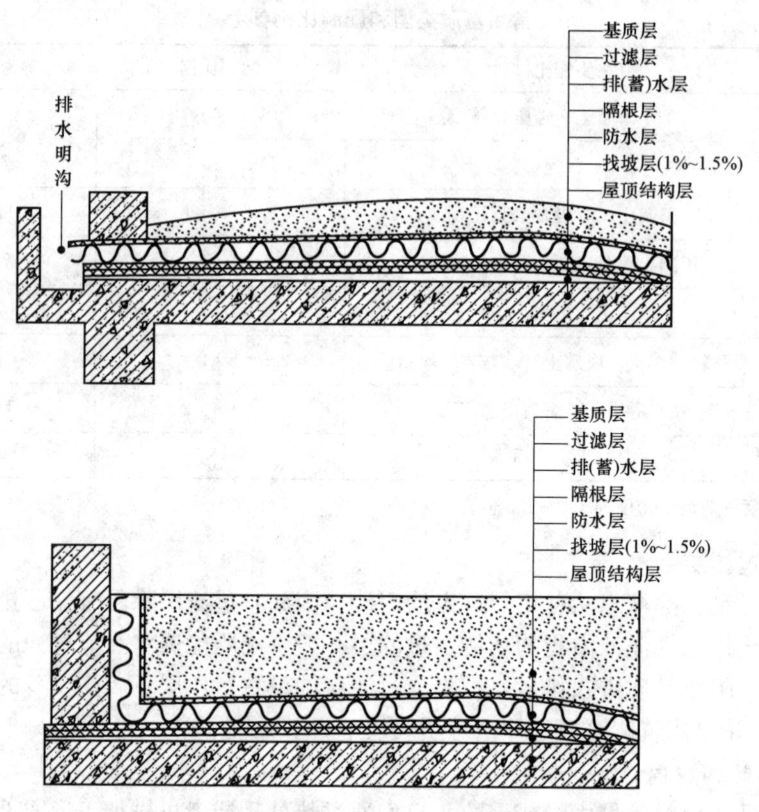


图 4-4　屋顶绿化排（蓄）水板的铺设方法示意图

注：挡土墙可砌筑在排（蓄）水板上方，多余水分可通过排（蓄）水板排至四周明沟。

## 五、隔根层

隔根层一般有合金、橡胶、PE（聚乙烯）和 HDPE（高密度聚乙烯）等材料类型，用于防止植物根系穿透防水层。

隔根层铺设在排（蓄）水层下，搭接宽度不小于 100cm，并向建筑侧墙面延伸 15～20cm。

## 六、分离滑动层

分离滑动层一般采用无纺布或玻纤布等材料，用于防止隔根层和防水层材料之间产生粘连现象。

柔性防水层表面应设置分离滑动层；刚性防水层或有刚性保护层的柔性防水层表面，分离滑动层可省略不铺。

分离滑动层铺设在隔根层下。搭接缝的有效宽度应达到 10～20cm，并向建筑侧墙面延伸 15～20cm。

## 七、屋面防水层

屋顶绿化之前应进行防水检测。在施工时，首先要对屋顶清理干净，平整顶面，有龟裂或者是凹凸不平的地方应修补平整，并及时补漏，如果必要，需进行二次防水处理。应选择耐植物根系穿刺的防水材料，在铺设防水材料时，应向建筑侧墙面延伸，高于基质表面 15cm 以上。

如果原屋顶为预制空心板，应先在其上铺三层沥青、两层油毡，避免渗漏现象发生。

## 第三节 屋顶绿化的植物选择

### 一、花园式屋顶绿化

花园式屋顶绿化对植物选择的限制比较小，在植物选择上与地面绿化相似。因理化性质好的基质加上正常的养护，为花园式屋顶绿化创造了有利条件。同地面绿化相比，屋顶绿化植物要求喜光和抗风能力强，尤其是在较高的建筑物上。

植物配植时，宜以小型乔木、灌木及草坪、地被植物组成的复层结构为主。乡土植物和引种成功的植物宜占绿化植物的80%以上。种植时，应形成长期郁闭状态，阻止外来竞争植物的生长，为植物提供适宜的生长条件。

在施工过程中，要选择体量适宜的植株，确定合理的种植距离。体形较大的乔、灌木，其种植距离取决于植物成形后的体量。体量较小的植物，可以栽植得密集一些，待长到一定程度时再进行移栽，这样可以保证绿化的前期景观效果。植物选择时还需利用丰富的植物色彩来渲染建筑环境，适当增加色彩鲜艳的植物种类，以丰富建筑整体景观。

### 二、简单式屋顶绿化

和花园式屋顶绿化相比，简单式屋顶绿化无需植物处于最佳生长状态，不需要植物有年最大生长量，故也不必提供最佳的生长环境。选择植物时需注意以下要点。

(1) 以低成本、低养护为原则。

(2) 要适合在日照强烈、风力较大而且比较干旱的地方生长。

(3) 所用植物的滞尘和控温能力要强。

### 三、屋顶绿化部分植物种类

基于屋顶上的风力大，土层太薄，容易被风吹倒，若加厚土层，会增加重量。采用乔木，发达的根系还会深扎防水层而造成渗漏。一些植株矮、根系浅、耐旱、耐寒、耐瘠薄的植物成为首选。现以两个地方为例介绍一些常用植物以供参考。

1. 北京市屋顶绿化常用植物

(1) 屋顶绿化常用小乔木，见表4-2。

**表4-2 屋顶绿化常用小乔木**

| 中文名 | 观赏特性 | 生态习性 |
|---|---|---|
| 圆柏 | 观树形 | 喜光、耐旱，常绿 |
| 侧柏 | 观树形 | 喜光、耐旱、耐瘠薄，常绿 |
| 龙柏 | 观树形 | 喜光、耐旱，常绿 |
| 白皮松 | 观树形、干皮 | 喜光，常绿 |
| 油松 | 观树姿 | 喜光，常绿 |
| 玉兰 | 观春花 | 喜光、稍耐阴、不耐水湿 |
| 金叶榆 | 观色叶 | 喜光、耐旱、耐瘠薄 |
| 海棠类 | 观春花、秋果 | 喜光、喜肥 |
| 紫叶李 | 观色叶 | 喜光、耐干旱、耐瘠薄、耐盐碱 |
| 寿星桃 | 观花、树姿 | 喜阳、耐旱、较耐寒 |

续表

| 中文名 | 观赏特性 | 生态习性 |
| --- | --- | --- |
| 山桃 | 观树干、春花 | 喜光、耐干旱、耐瘠薄、不耐水湿 |
| 紫叶桃 | 观色叶、春花 | 喜光、耐旱、不耐水湿 |
| 碧桃 | 观春花 | 喜光、耐旱、不耐水湿 |
| 樱花 | 观春花 | 喜光、耐旱，不耐水湿、耐盐碱 |
| 金枝槐 | 观枝条 | 喜光、耐旱、耐瘠薄 |
| 紫叶黄栌 | 观色叶 | 喜光、耐旱、耐脊薄 |
| 石榴 | 观春花、秋果 | 喜光、耐旱、耐瘠薄 |

（2）屋顶绿化常用灌木，见表 4-3。

**表 4-3　　屋顶绿化常用灌木**

| 中文名 | 观赏特性 | 生态习性 |
| --- | --- | --- |
| 紫叶小檗 | 观色叶 | 喜光、耐旱、耐瘠薄 |
| 平枝栒子 | 观果 | 喜光、耐旱 |
| 棣棠 | 观花、枝条 | 喜半阴、耐全光、耐旱 |
| 郁李 | 观春花 | 喜光、耐旱 |
| 榆叶梅 | 观春花 | 喜半阴、耐全光、耐旱 |
| 珍珠梅 | 观夏花 | 喜半阴、耐瘠薄 |
| 杂种茶香月季 | 观春夏秋花 | 喜光、喜肥 |
| 丰花片季 | 观春夏秋花 | 喜光、喜肥 |
| 黄刺玫 | 观春花 | 喜光、耐旱、耐瘠薄 |
| 多花胡枝子 | 观夏花 | 喜光、耐旱、耐瘠薄 |
| 太平花 | 观春花 | 喜光、耐旱、耐瘠薄 |
| 小花溲疏 | 观春花 | 喜光、耐旱、耐瘠薄 |
| 冬青卫矛 | 四季观叶 | 喜光、较耐旱，常绿 |
| 小叶黄杨 | 四季观叶 | 喜光、较耐旱，常绿 |
| 木槿 | 观夏花 | 喜光、耐半阴、耐瘠薄 |
| 红瑞木 | 观枝条 | 喜光、耐旱 |
| 偃伏梾木 | 观枝条 | 喜光、耐旱 |
| 连翘 | 观春花 | 喜光、较耐阴、耐旱、耐瘠薄 |
| 迎春 | 观春花 | 喜光、较耐阴、耐旱、耐瘠薄 |
| 金叶女贞 | 观色叶 | 喜光、耐旱、耐瘠薄、耐盐碱 |
| 丁香 | 观春花 | 喜光、耐半阴、耐旱、耐瘠薄 |
| 木本香蕾 | 观夏花 | 喜光、耐旱、耐瘠薄 |
| 小紫珠 | 观秋果 | 喜光、耐旱、耐瘠薄 |
| 金叶莸 | 观色叶 | 喜光、耐旱、耐瘠薄 |
| 荆条 | 观夏花 | 喜光、耐旱、耐瘠薄 |
| 金银木 | 观春花、秋果 | 喜光、耐旱、射瘠薄 |
| 锦带花 | 观春花 | 喜光、耐半阴、耐旱 |

（3）屋顶绿化常用地被植物，见表 4-4。

**表 4-4　屋顶绿化常用地被植物**

| 中文名 | 观赏特性 | 生态习性 |
| --- | --- | --- |
| 鹿角桧 | 观树形 | 喜光、耐旱、耐瘠薄，常绿 |
| 沙地柏 | 观树形 | 喜光、耐旱、耐瘠薄，常绿 |
| 景天三七 | 观株型 | 喜光、极耐旱、耐瘠薄 |
| 杂种费菜 | 观株型 | 喜光、极耐旱、耐瘠薄 |
| 勘察加费菜 | 观株型 | 喜光、耐旱、耐瘠薄 |
| 佛甲草 | 观株型 | 喜光、极耐旱、耐瘠薄 |
| 反曲景天 | 四季观株型 | 喜光、耐旱，常绿 |
| 垂盆草 | 观株型 | 喜光、耐旱、耐瘠薄 |
| 灰毛费菜 | 观株型 | 喜光、酎旱、耐瘠薄 |
| 六棱景天 | 观株型 | 喜光、耐旱、耐瘠薄 |
| 八宝景天 | 观株型、夏花 | 喜光、极耐旱 |
| 高加索景天 | 观株型、色叶 | 喜光、耐旱、耐瘠薄 |
| “紫色宫殿”矾根 | 观色叶 | 喜半阴、不耐水湿 |
| “酒红”矾根 | 观色叶 | 喜半阴、不耐水湿 |
| “香茅”矾根 | 观色叶 | 喜半阴、不耐水湿 |
| “榛广黄”矾根 | 观色叶 | 喜半阴、不耐水湿 |
| 蛇莓 | 观株型、夏果 | 喜光、耐旱 |
| 匐枝委陵菜 | 观株型 | 喜光、射旱 |

注：其他详见《北京市屋顶绿化规范》（DB11/T 281—2015）。

（4）屋顶绿化常用攀缘植物，见表 4-5。

**表 4-5　屋顶绿化常用攀缘植物**

| 中文名 | 观赏特性 | 生态习性 |
| --- | --- | --- |
| 杂种大花铁线莲 | 观春花 | 喜半阴、耐全光 |
| “安吉拉”月季 | 观春夏秋花 | 喜光、喜肥 |
| “金秀娃”月季 | 观春夏秋花 | 喜光、喜肥 |
| “橘红火焰”月季 | 观春夏秋花 | 喜光、喜肥 |
| “御用马车”月季 | 观春夏秋花 | 喜光、喜肥 |
| “光谱”月季 | 观春夏秋花 | 喜光、喜肥 |
| 紫藤 | 观春花 | 喜光、较耐旱 |
| 地锦 | 观秋叶 | 喜光、耐半阴 |
| 五叶地锦 | 观秋叶 | 喜光、耐半阴 |
| “京八”常春藤 | 四季观叶 | 喜半阴、不耐风，常绿 |
| 小叶扶芳藤 | 四季观叶 | 喜半阴，常绿 |
| 葡萄 | 观夏果 | 喜光、喜肥 |
| 美国凌霄 | 观夏花 | 喜光、喜肥 |

续表

| 中文名 | 观赏特性 | 生态习性 |
|---|---|---|
| 金银花 | 观春花 | 喜光、耐半阴 |
| 台尔曼忍冬 | 观春花 | 喜光、耐半阴 |
| 葫芦 | 观夏果 | 喜光、喜肥，一年生草本 |

2. 河北屋顶绿化常用植物

（1）屋顶绿化常用乔木的种类，见表4-6。

（2）屋顶绿化常用灌木的种类，见表4-7。

（3）草本、地被植物，见表4-8。

**表4-6　屋顶常见乔木的种类**

| 中文名 | 观赏特性 | 生态习性 |
|---|---|---|
| 油松 | 观树形 | 阳性，耐旱、耐寒 |
| 白皮松 | 观树形 | 阳性，稍耐阴 |
| 西安桧 | 观树形 | 阳性，稍耐阴 |
| 龙柏 | 观树形 | 阳性，不耐盐碱 |
| 桧柏 | 观树形 | 偏阴性 |
| 龙爪槐 | 观树形 | 阳性，稍耐阴 |
| 银杏 | 观树形、叶 | 阳性，耐旱 |
| 栾树 | 观枝叶果 | 阳性，稍耐阴 |
| 垂枝榆 | 观树形 | 阳性，极耐旱 |
| 金叶榆 | 观叶 | 阳性，耐旱 |
| 紫叶李 | 观花、叶 | 阳性，稍耐阴 |
| 柿树 | 观果、叶 | 阳性、耐旱 |
| 海棠类 | 观花、果 | 阳性、稍耐阴 |
| 山楂 | 观花 | 阳性，稍耐阴 |

**表4-7　灌木的种类**

| 中文名 | 观赏特性 | 生态习性 |
|---|---|---|
| 珍珠梅 | 观花 | 喜阴 |
| 大叶黄杨 | 观叶 | 阳性，耐阴，较耐旱 |
| 小叶黄杨 | 观叶 | 阳性，稍耐阴 |
| 风尾兰 | 观花、叶 | 阳性 |
| 金叶女贞 | 观叶 | 阳性，稍耐阴 |
| 红叶小檗 | 观叶 | 阳性，稍耐阴 |
| 连翅 | 观花、叶 | 阳性，耐半阴 |
| 榆叶梅 | 观花 | 阳性，耐寒、耐旱 |
| 紫叶矮樱 | 观花、叶 | 阳性 |
| 寿星桃 | 观花、叶 | 阳性，稍耐阴 |
| 丁香类 | 观花、叶 | 稍耐阴 |
| 红瑞木 | 观花、果、枝 | 阳性 |

续表

| 中文名 | 观赏特性 | 生态习性 |
|---|---|---|
| 碧桃类 | 观花 | 阳性 |
| 迎春 | 观花、叶、枝 | 阳性，稍耐阴 |
| 月季类 | 观花 | 阳性 |
| 金银木 | 观花、果 | 耐阴 |
| 果石榴 | 观花、果、枝 | 阳性，耐半阴 |
| 平枝旬子 | 观果、叶、枝 | 阳性，耐半阴 |
| 黄栌 | 观花 | 阳性，耐半阴、耐旱 |
| 锦带花类 | 观花 | 阳性 |
| 木槿 | 观花 | 阳性，耐半阴 |
| 黄刺玫 | 观花 | 阳性，耐寒，耐旱 |
| 猬实 | 观花 | 阳性 |

**表 4-8　草本、地被植物**

| 中文名 | 观赏特性 | 生态习性 |
|---|---|---|
| 玉簪类 | 观花、叶 | 喜阴、耐寒、耐热 |
| 马蔺 | 观花、叶 | 阳性 |
| 石竹类 | 观花、叶 | 阳性，耐寒 |
| 随意草 | 观花 | 阳性 |
| 铃兰 | 观花、叶 | 阳性，耐半阴 |
| 白三叶 | 观叶 | 阳性，耐半阴 |
| 小叶扶芳藤 | 观叶：可匍匐栽 | 阳性，耐半阴 |
| 结缕草 | 耐荫 | 喜光、耐高温、抗干旱 |
| 大花秋葵 | 观花 | 阳性 |
| 小菊类 | 观花 | 阳性 |
| 鸢尾类 | 观花、叶 | 阳性，耐半阴 |
| 萱草类 | 观花、叶 | 阳性，耐半阴 |
| 五叶地锦 | 观叶：可匍匐栽植 | 喜阴湿、观叶 |
| 景天类 | 观花、叶 | 阳性耐半阴、耐旱 |
| 砂地柏 | 观叶 | 阳性，耐半阴 |
| 早熟禾 | 耐阴 | 冷地型禾草，喜光 |

## 第四节　屋顶绿化的照明系统与灌溉

### 一、照明系统

灯光照明会使屋顶花园的夜景非常引人注目。造型优美的灯具也有很好的装饰效果。屋顶绿化灯具选择以小型草坪灯、射灯、壁灯为主，避免选用大型庭院灯。

在规划设计阶段就要考虑好照明系统的设置。在施工中，安装防水、种植基质等材料前先安装电线管道系统，就可以避免后期重新挖掘种植土和移栽、恢复绿化植物。使用陶粒等排水材料时，电线管道安装在屋顶表面上，隐藏在排水层和种植层的下面。如果使用塑料排水板，可以将电线管道和灌溉管道安装在排水材料的表面上，并在上面填种植土。屋顶照明系统应采取防水、防漏电措施。

灯具固定时要保证建筑防水的安全性。最好将灯具和建筑构筑物、园林小品，如花架、围栏等结合起来，或设置独立的灯具基础，以减少对防水层的破坏，降低施工难度。必须穿过防水层固定灯具时，必须在施工后把防水层修补好。

现在屋顶绿化经常用一种太阳能灯具。这种灯具依靠白天收集的太阳能，夜晚用于照明。不用铺设电源线，固定简便。但照度有限，可用于要求不高的照明需求。简单式屋顶绿化原则上不设置夜间照明系统。

**二、灌溉**

灌溉是弥补自然降水在数量上的不足与时空上的不均、保证适时适量地满足屋顶绿化植物生长所需水分的重要措施。以往的屋顶绿化工程，很多没有配套完整的灌溉系统，灌水时只能采用大水漫灌或人工洒水。不但造成水的浪费，而且往往由于不能及时灌水、过量灌水或灌水不足，难以控制灌水均匀度，对屋顶植物的正常生长产生不良影响。因此，采用高效的灌水方式势在必行。

屋顶绿化因种植基质层较薄，灌溉渗吸速度快，基质容易干燥。因此，灌溉要求采用少量频灌法灌溉，以提高灌溉质量。屋顶绿化灌溉主要有微喷技术和微灌技术。

1. 微喷技术的主要形式及特点

（1）固定式微喷系统。管道采用固定式，具有操作方便、运行费用低等优点，但设备利用率低，单位面积投资大。微喷具有调节小气候和美化景观的功能，适用于花园式屋顶绿化。

（2）移动式微喷带。移动使用，单位面积投资低，但劳动强度较大。适用于简单式屋顶绿化。

2. 微灌技术的主要形式及特点

微灌是一种精细高效节水的灌溉技术，具有节水、节能、适应性强等特点，通过安装在毛管上的滴头、孔口或滴灌带等灌水器使水流成滴状进入屋顶绿化基质层，单位面积投资大。根据管网及灌水器的布设位置分为地表滴灌（滴灌）和地下滴灌（渗灌）。

（1）地表滴灌系统。管网及灌水器布设在地表或地表面以上，是目前最常用的微灌技术。

（2）地下滴灌系统。管网及灌水器均埋在地下，具有减缓毛管和灌水器老化、方便作业、防止损坏和丢失等优点。其缺点是灌水器易堵塞且不易处理。

3. 屋顶绿化喷灌技术要求

喷灌系统的设计和管理必须适应屋顶绿化的特点，才能满足其需水要求，保证正常生长。

（1）喷灌设备的安装不能影响屋顶绿化的养护作业。屋顶草坪需要修剪，因此，除选择草坪专用埋藏式喷头外，同时需精心施工，使之避免与屋顶其他机械作业发生矛盾。

（2）设备选型和管网布置应适应屋顶绿化的种植方式。由于景观的需要，屋顶绿化种植地块形状不规则，且有时同一屋顶绿化工程中地块呈零星分布，增加了喷灌系统中设备选型和管网布置的难度。

（3）屋顶绿化灌水管理应与植物病害防治结合起来。在灌水管理中，制定合理的灌溉制度，包括灌水周期、灌水时间、灌水延续时间等，对控制屋顶植物病虫害十分重要。

(4) 从节水角度考虑，屋顶绿化灌溉一般应选在早、晚进行。早、晚间植物蒸腾和地表蒸发的速率最小，水分可以得到充分的利用。应尽量避免炎热夏季中午灌溉。

## 第五节 屋顶绿化的养护

屋顶绿化需通过养护管理来保证稳定的绿化效果。养护管理包括灌溉、修剪、施肥及防寒等工作。同地面绿化相比，屋顶绿化需要更多的灌水和施肥。

### 一、花园式屋顶绿化养护

1. 浇水

花园式屋顶绿化灌溉间隔一般控制在10～15d。

2. 施肥

(1) 应采取控制水肥的方法或生长抑制技术，防止植物生长过旺，使建筑荷载和维护成本加大。

(2) 植物生长较差时，可以在植物生长期内按照30～50g/m$^2$的比例，每年施1～2次长效N、P、K复合肥（$m_N:m_P:m_K=15:9:15$）。

3. 修剪

根据植物的生长特性，进行定期整形、修剪和除草，并及时清理落叶。

4. 病虫害防治

对病虫害应采取对环境无污染或污染较小的防治措施，如人工及物理防治、生物防治、环保型农药防治等措施。

5. 防风、防寒

在寒冷地区，应当根据植物抗风性和耐寒性的不同，采取搭风障、支防寒罩或包裹树干等措施进行防风、防寒处理，使用材料应具备耐火、坚固、美观等特点。

(1) 加固支撑、牵引植物材料，确保安全。北方地区冬季干旱多风，瞬间风力有时可达7～8级，故要确保屋顶绿化植物材料、基础层材料及绿化设施材料的牢固性。屋顶上的常绿乔木、落叶小乔木及体量较大的花灌木应采取支撑、牵引等方式进行固定。在固定植物时，支撑、牵引方向应同植物生长地的常遇风向保持一致。牵引、支撑时，宜根据植物体量及自身重量选择适当的固定材料。枝条生长较密的植物，冬季还应适当修剪，使其通风透光，提高抗风能力。

(2) 搭设御寒风障。对于新植苗木或不耐寒的植物材料，应适当采取防寒措施。五针松、大叶黄杨、小叶黄杨等不耐风的新植苗木宜采取包裹树冠、搭设风障等措施确保其安全越冬。在背风、向阳、小气候环境好的地点，可以不搭设或灵活掌握。所使用的包裹材料要具备良好的透气性。

### 二、简单式屋顶绿化养护

1. 浇水

(1) 简单式屋顶绿化一般基质较薄，应当根据植物种类和季节不同，适宜增加灌溉次数。有条件的屋顶可以设置微喷、滴灌等设施进行喷灌，水源压力大于2.5kg/cm$^2$。

(2) 冬季要适当补水，必须保证土壤的含水量能满足植物存活的需要。若冬季屋面土壤过于干旱，容易造成土壤基质疏松、植物严重缺水、植株下部幼芽逐渐干瘪，最终造成植株死亡。故在冬季降水量减少的情况下，可于11月底结合北方园林植物浇“冻水”时为其浇水。这样可以有效防风固尘，保持土壤及空气湿度，使小芽生长饱满。

（3）维护人员要经常对屋顶绿化进行巡视，检修屋顶绿化各种设施，尤其应注意灌溉系统是否及时回水，防止水管冻裂。

2. 施肥

根据植物的长势，可以在生长期内按照所用基质及植物生长情况适当施肥，每年施1～2次长效N、P、K复合肥。

3. 修剪、除草

根据植物的生长特性进行定期维护和除杂草，并控制年生长量；春季返青时期需将枯叶适当清除，加速植被返青。

4. 覆盖

屋顶佛甲草绿化易出现鸟类毁苗现象，危害最大的鸟类有喜鹊、乌鸦和家鸽等，它们常常将佛甲草连根刨起。在冬季，为了保证来年返青质量及防止“黄土露天”“二次扬尘”等情况的发生，可以使用绿色无纺布对新铺草坪地被进行覆盖。覆盖后的草坪可以有效保护土壤，防止老苗及基础材料被风刮走，有利于来年屋顶绿化草坪地被的提前返青。

# 第五章　园林树木养护

## 第一节　园林树木的保护与修补

### 一、园林树木保护与修补的意义与原则

1. 意义

树木的主干或骨干枝上，往往因病虫害、冻害、日灼及机械损伤等造成伤口，这些伤口如不及时保护、治疗、修补，经过长期雨水浸渍和病菌寄生，易使内部腐烂形成树洞。另外，树木经常受到人为的有意无意的损坏，如树盘内的土壤被长期践踏变得很坚实，在树干上刻字留念或拉枝折枝等，这些对树木的生长都有很大的影响。因此，对树体的保护和修补是非常重要的养护措施。

2. 原则

树体保护首先应贯彻“防重于治”的原则，做好各方面的预防工作，尽量防止各种灾害的发生，同时还要做好宣传教育工作，使人们认识到保护树木人人有责。对树体上已经造成的伤口应该早治疗，防止扩大；应根据树干上伤口的部位、轻重和特点，采用不同的治疗和修补方法。

### 二、园林树木保护与修补的方法

1. 枝干伤口的治疗

（1）伤口的处理。

1）对于枝干上因病、虫、冻、日灼或修剪等造成的伤口，首先应用锋利的刀除去伤口内及周围的干树皮，这样不仅便于准确的确定伤口的情况，同时减少害虫的隐生场所。修理伤口必须用快刀，除去已翘起的树皮，削平已受伤的木质部，使形成的愈合也比较平整；不要随意地扩大伤口。

2）修剪时使皮层边缘呈弧形，然后用药剂（2%～5%硫酸铜液，0.1%的升汞溶液，石硫合剂原液）消毒，再涂以保护剂。选用的保护剂要求容易涂抹，黏着性好，受热不融化，不透雨水，不腐蚀树体组织，同时又有防腐消毒的作用，能促进伤口的愈合。

3）由于风折使树木枝干折裂，应立即用绳索捆缚加固，然后消毒涂保护剂。也有用两个半弧圈构成的铁箍加固，为了防止摩擦树皮用棕麻绕垫，用螺栓连接，以便随着干径的增粗而放松。另一种方法是用带螺纹的铁棒或螺栓旋入树干，起到连接和夹紧的作用。

4）由于雷击使枝干受伤的树木，应将烧伤部位锯除并涂保护剂。

（2）树皮修补。在春季及初夏形成层活动期树皮极易受损与木质部分离。此时，可采取适当的处理使树皮恢复原状。当发现树皮受损与木质部脱离，应立即采取措施保持木质部及树皮的形成层湿度，小心地从伤口处去除所有撕裂的树皮碎片，重新把树皮覆盖在伤口上，用几个小钉子（涂防锈漆）或强力防水胶带固定；另外，用潮湿的布带、苔藓、泥炭等包裹伤口避免太阳直射。一般在形成层旺盛生长期愈合，处理后1～2周可打开覆盖物检查树皮

是否仍然存活，是否已经愈合，如果已在树皮周围产生愈伤组织则可去除覆盖，但仍需遮挡阳光。

（3）移植树皮。当树干受到环状的损伤时，可以补植一块树皮使上下已断开的树皮重新连接恢复传导功能，或嫁接一个短枝来连接恢复功能。

（4）桥接。有些树木的树皮受到大面积的损伤，树木生长势受到阻碍，表现出严重衰弱。对于这种衰弱的树木应及时进行桥接，把上下输导组织连接起来，使树势得到迅速挽救。

具体方法：利用树木的一年生枝条作为枝接穗，根据皮层被切断部位的长短确定所需枝接接穗的长度；在树体的相应位置，将树皮切割一个缺口，深达韧皮部形成层的活组织，而另一端也同样切一缺口，再将接穗的两端削成斜面，嵌入树体上下两个缺口内，使形成层吻合贴切，然后用绳索或塑料膜及小钉加以固定，在接合处外面涂上接蜡、封口。

（5）根接。根颈及根部受伤害时会丧失吸收养分和水分的能力，破坏植株地上部分与地下部分的平衡。此时可采用根接的方法将地下已经损伤或衰弱的侧根更换粗壮健康的新根。其原理与桥接相同，时间以春季萌发新梢时与秋后休眠前进行为原则。

2. 补树洞

（1）树洞的形成原因和危害。因各种原因造成的伤口长久不愈合，长期外露的木质部受雨水浸渍，逐渐腐烂，形成树洞，严重时树干内部中空，树皮破裂，一般称为“破肚子”。而腐朽部位常寄生白蚁、蚂蚁，它们在树干中筑巢，不断地扩大树洞。

由于树干的木质部及髓部腐烂，输导组织遭到破坏，因而影响水分和养分的运输及贮存，严重削弱树势，降低了枝干的坚固性和负载能力，缩短了树体的寿命。对树洞的处理，如运用填补、清理的方法，由树种、树木的重要性、年龄、生长情况以及树洞的大小、位置来决定。如具有历史和景观价值的重要树木、古树、名木，树干上的巨大树洞也许正是其价值的一个方面，对此树洞的处理应成为养护的主要内容；但对另外一些树木，树洞严重地影响其安全，而树木本身的价值不大，则应该首先考虑其安全性。

（2）树洞的修补方法。树洞的修补是为防止树洞继续扩大和发展，其方法主要有3种。

1）开放法。若树洞过大或孔洞不深无填充的必要时，可将洞内腐烂木质部彻底清除，刮去洞口边缘的死组织，直至露出新的组织为止，用药剂消毒，并涂防护剂，防护剂每隔半年左右重涂一次，同时改变洞形，以利排水；也可在树洞最下端插入排水管，并注意经常检查排水情况，以免堵塞。如果树洞很大，给人以奇树之感，欲留作观赏时可采用此法。

2）封闭法。对较窄的树洞，在树洞经处理消毒后，在洞口表面钉上板条，以油灰和麻刀灰封闭（油灰是用生石灰和熟桐油以1∶0.35混合而成，也可以直接用安装玻璃用的油灰，俗称腻子），再涂以白灰乳胶、颜料粉面，以增加美观，还可以在上面压树皮状纹或钉上一层真树皮。

3）填充法。水泥和小石砾的混合物，是最常用的填充材料，它们是刚性的材料，难以去除，不防水，过重，只能用于小洞的填补。

沥青与沙的混合物，常用于树干基部的树洞，性能优于水泥，比较适用于基部呈袋状的树洞。

聚氨酯泡沫材料，明显优于其他的常用材料，如有重量轻、使用方便、无毒性、柔韧性较好、树洞中的水分容易排出等优点。

在操作时，为加强填料与木质部连接，洞内可钉若干涂过防锈清漆的铁钉，并在洞口内两侧挖一道深约 4cm 的凹槽。填充物从底部开始，每 20～25cm 为一层，用油毡隔开，每层表面都向外略斜，以利排水。填充材料必须压实，填充物边缘应不超出木质部，使形成层能在它上面形成愈伤组织。外层用石灰、乳胶、颜色粉涂抹，为了增加美观，富有真实感可在最外面钉一层真的树皮。

3. 吊枝和顶枝

吊枝是用单根或多股绞集的金属线、钢丝绳在树枝之间或树枝与树干间连接起来，以减少树枝的移动、下垂，降低树枝基部的承重；或把原来有树枝承受的重量通过悬吊的缆索转移到树干的其他部位或另外增设的构架之上。

顶枝的作用与吊枝基本相同，但它是通过支竿从下方、侧方承托重量来减少树枝或树干的压力。支柱可采用金属、木桩、钢筋混凝土材料。支柱应用坚固的基础，上端与树干连接处应有适当形状的托杆和托碗，并加软垫，以免损害树皮。

4. 涂白

树干涂白的目的是防治病虫害和延迟树木萌芽，避免日灼危害。在日照强烈、温度变化剧烈的大陆性气候地区，可利用涂白能减弱树木地上部分吸收太阳辐射热的原理，延迟芽的萌动期。由于涂白可以反射阳光，减少枝干温度的局部增高，所以可有效地预防日灼危害。

目前，仍采用涂白作为树体保护的措施之一。涂白剂的配制成分各地不一，一般常用的配方是：水 10 份，生石灰 3 份，石硫合剂原液 0.5 份，食盐 0.5 份，油脂（动植物油均可）少许。配制时要先化开石灰，把油脂倒入后充分搅拌，再加水拌成石灰乳，最后放入石硫合剂及盐水，也可加黏着剂，以延长涂白剂的黏着性。

5. 遮阴缓苗

（1）需行遮阴缓苗种类。高温季节栽植的叶片较大、较薄且不易缓苗和长距离运输的苗木，如雪松、水杉、合欢、紫叶短樱、紫叶李、杏树等，定植后应架设遮阳网保护。

（2）遮阳网搭设标准要求。

1）使用遮阳材料不可密度太大，也不可过稀，以 70％遮阴度的遮阳网为宜。

2）搭设高度应距乔木树冠顶部 50cm，灌木 30cm，色块绿篱 15cm。边网距乔灌木树冠外缘 20cm，色块绿篱 10cm。乔灌木边网长度以至分枝点为宜。

3）支撑杆规格统一，遮阳网搭设整体美观。遮阳网支撑设置必须牢固，遮阳网与支撑杆连接平整、牢固。支撑杆不倾斜、倒伏，遮阳网不下垂、不破裂、不脱落。缓苗后适时拆除。

6. 缠干保湿

树皮较薄的乔灌木、反季节栽植未经提前断过根的带冠大乔木、不耐移植苗木，如梧桐、马褂木、女贞、木瓜、紫叶李、紫薇、速生法桐等，栽植后树干需缠干保湿。

（1）缠草绳。一般可缠湿草绳或包扎麻片至主干分枝处（或外层再用塑料薄膜包裹）。树皮薄，胸径在 25cm 以上的全冠移植苗，草绳可缠至主枝的二级分枝处。花灌木可缠至分枝点以上 20cm。经常注意喷水保湿。

（2）缠薄膜。可用农用薄膜自树干基部向上缠至分枝点，但距离广场、道路近的不易采用。树冠较小的孤植树，需在 5 月中旬将薄膜撤除，树冠较大或群植的苗木可在缓苗后再撤除。

（3）封泥浆。不耐移植苗木如木瓜树等，可在缠草绳或草片裹干后，外面涂抹一层泥浆，待泥浆略干时喷雾保湿。

7. 喷水保湿

（1）需行喷水保湿的植物种类。早春栽植的雪松、华山松、白皮松、油松、黑松、云杉等常绿针叶树种，及高温季节栽植的苗木，栽后 5～10d 内，宜每天向树干、树冠喷水 1～2 次。

（2）喷水时间。宜在早 10 时前或下午 4 时后进行。

（3）喷水量。许多人认为喷水就得大水喷透，喷到树干、枝叶向下流水，甚至树穴积水为止。其实这种喷水方式是错误的。喷水时水量不宜过大，要求雾化程度高，喷到为止。为防止喷水后树穴土壤过湿，喷水时也可在树穴上覆盖塑料布或厚无纺布，防止水大烂根。如因喷水不当造成树穴土壤过湿时，应适时开穴晾坨。

（4）喷水方式。喷水时不可近距离管口直冲树冠，应尽可能将水管举高，让水成雾状落下，以免对幼嫩枝叶造成伤害，特别是常绿针叶树种新梢伸展时，如云杉、雪松等，不正确的喷水方式常会发生苗木落梢、落叶等。

8. 喷抗蒸腾剂

（1）初冬和早春喷施。应对耐寒性稍差的边缘树种，如广玉兰、红枫、桂花、石楠等，喷布一次 500～800 倍液的冬季型抗蒸腾剂，或用 300 倍液抗蒸腾剂涂干，可延长绿色期和提高抗寒能力。

（2）高温季节喷施。对高温季节栽植的大规格苗木，定植后应及时喷施树木抗蒸腾剂，每半月一次，连续 2 次。喷施抗蒸腾剂应避开中午高温时，24h 后方可喷水。

## 第二节　园林树木的整形修剪

### 一、整形修剪的概念

整形是指对树木采取一定的措施，使之形成一定的树体结构和形态，叫整形。一般是对幼树而言，成年老树也可以整形，如盆景制作中有许多就是对成年树木进行整形，但是园林中的整形还是以幼树为主。

修剪是指对植株的某些器官，如干、枝、叶、花、果、芽、根等进行剪截或删除的操作。

整形是通过修剪来完成的，修剪又是在整形基础上为达到某种特定目标而进行的操作。可以说整形是目的，修剪是手段。

### 二、整形修剪的作用

1. 修剪整形对树木生长发育的双重作用

修剪整形的对象，主要是各种枝条，但其影响范围并不限于被修剪整形的枝条本身，还对树木的整体生长有一定的作用。从整株园林植物来看，既有促进也有抑制。在修剪时，应全面考虑其对园林植物的双重作用，是以促为主还是以抑为主应根据具体的植株情况而定。

（1）局部促进作用。一个枝条被剪去一部分，减少了枝芽数量，使养料集中供给留下的枝芽生长，被剪枝条的生长势增强。同时，修剪改善了树冠的光照和通风条件，提高了叶片的光合效能，使局部枝芽的营养水平有所提高，从而加强了局部的生长势。促进作用的强弱与树龄、树势、修剪程度及剪口芽的质量有关。树龄越小，修剪的局部促进作用越大。同样树势，重剪较轻剪促进作用明显。一般剪口下第一芽生长最旺，第二三个芽的生长势则依次递减。而疏剪只对其剪口下方的枝条有增强生长势的作用，对剪口以上的枝条则产生削弱生长势的作用。剪口下留强芽，可抽粗壮的长枝。剪口留弱芽，其抽枝也较弱。休眠芽经过刺激也可以发枝，衰老树的重剪同样可以实现更新复壮。

（2）整体抑制作用。由于修剪后减少一部分枝条，树冠相对缩小，叶量及叶面积减小，光合作用产物减少，同时修剪留下的伤口愈合也要消耗一定的营养物质，所以修剪使树体总的营养水平下降，园林植物总生长量减少。这种抑制作用的大小与修剪轻重及树龄有关。树龄小，树势较弱，修剪过重，则抑制作用大。另外，修剪对根系生长也有抑制作用，这是由于整个树体营养水平的降低，对根部供给的养分也相应减少，发根量减少，根系生长势削弱。

2. 修剪整形对开花结果的影响

合理的修剪整形，能调节营养生长与生殖生长的平衡关系。修剪后枝芽数量减少，树体营养集中供给留下的枝条，使新梢生长充实，并萌发较多的侧枝开花结果。修剪的轻重程度对花芽分化影响很大。连年重剪，花芽量减少；连年轻剪，花芽量增加。不同生长强度的枝条，应采用不同程度的修剪。一般来说，树冠内膛的弱枝，因光照不足，枝内营养水平差，应行重剪，以促进营养生长转旺；而树冠外围生长旺盛，对于营养水平较高的中、长枝，应轻剪，以促发大量的中、短枝开花。

此外，不同的花灌木枝条的萌芽力和成枝力不同，修剪的强弱也应不同。一般枝芽生长点较多的花灌木比生长点少的植物生长势缓和，花芽分化容易。因此，生产上通常对栀子花、六月雪、月季、棣棠等萌芽力和成枝力强的花卉实行重剪，以促发更多的花枝，增加开花部位。对一些萌芽力或成枝力较弱的植物，不能轻易修剪。

3. 修剪整形对树体内营养物质含量的影响

修剪整形后，枝条生长强度改变，是树体内营养物质含量变化的一种形态表现。短截后的枝条及其抽生的新梢含氮量和含水量增加，碳水化合物含量相对减少。为了减少修剪整形造成的养分损失，应尽量在树体内含养分最少的时期进行修剪。一般冬季修剪应在秋季落叶后，养分回流到根部和枝干上贮藏时和春季萌芽前树液尚未流动时进行为宜，生长季修剪，如抹芽、除萌、曲枝等应越早越好。

修剪后，树体内的激素分布、活性也有所改变。激素产生于植物顶端幼嫩组织中，由上向下运输，短剪除去了枝条的顶端，排除了激素对侧芽（枝）的抑制作用，提高了下部芽的萌芽力和成枝力。激素向下运输，在光照条件下比黑暗时活跃。修剪改变了树冠的透光性，促进了激素的极性运转能力，一定程度上改变了激素的分布，活性增强。

## 三、整形修剪的原则

1. 根据栽培目的

应明确该树木在园林绿化中的目的要求，是作庭荫树还是作片林，是作观赏树还是作绿化篱。不同树木之间、同种树木的不同目的要求不相同，应采用不同的修剪方法。如以观花为主要目的的花木修剪为了增加花量，应从幼苗开始即进行整形，以创造开心形的树冠，使树冠通风，透光；对高大的风景树进行修剪，要使树冠体态丰满美观，高大挺拔，可用强度修剪；对以形成绿篱，树墙为目的的树木修剪时，只要保持一定高度即可。

2. 根据生物学特性

园林树木种类繁多，习性各异，修剪时要区别对待。大多数针叶树，中心主枝较强，整形修剪时要控制中心主枝上端竞争枝的发生，辅助中心主枝加速生长。阔叶树的顶端优势较弱，修剪时应当短截中心主枝顶梢，培养剪口壮芽，以此重新形成优势，代替原来的中心主枝向上生长。例如：悬铃木是大乔木，萌芽性较强，但它不能作绿篱栽培，如违背其生长发育规律，将其修剪成绿篱状，将会事与愿违；白玉兰萌芽力较弱，修剪不当，将会造成树形的破坏。

3. 根据分枝习性

为了不使枝与枝之间互相重叠、纠缠，宜根据观赏花木的分枝习性进行修剪。有些树种顶芽长势强、顶端优势明显，自然生长成尖塔形、圆锥形树冠，如钻天杨、毛白杨、桧柏、银杏等；而有些树种顶芽优势不明显、侧枝生长能力很强，自然生长形成圆球形、半球形、倒伞形树冠，如馒头柳、国槐等。喜阳光的树种，如梅、桃、樱、李等，可采用自然开心形的修剪整形方式，以便使树冠呈开张的伞形。一些园林树木萌芽发枝能力很强、耐剪修，可以剪修成多种形状并可多次修剪，如桧柏、侧柏、悬铃木、大叶黄杨、女贞、小檗等，而另一些萌芽力很弱的树种，只可作轻度修剪。因此要根据不同的习性采用不同的修剪整形措施。

4. 根据树木年龄

不同生长年龄的树木应采取不同的整形修剪措施。幼树，生长势旺盛，宜轻剪各主枝，以求扩大树冠，快速成形，否则会影响树木的生长发育。成年树，以平衡树势为主，要掌握壮枝轻剪，缓和树势；弱枝重剪，增强树势。衰老树，以复壮更新为目的，通常要重剪，刺激其恢复生长势，使保留芽得到更多的营养而萌发壮枝。对于大的枯枝、死枝应及时锯除，以免掉落砸伤行人、砸坏建筑和其他设施。

5. 根据生长势

生长旺盛的树木，修剪量宜轻。如修剪量过重，会造成枝条旺长使冠密闭。衰老枝宜适当重剪，使其逐步恢复树势。

6. 根据生长环境

生长环境的不同，树木生长发育及生长势状况也不相同，尤其是园林土地的条件不如苗圃的条件优越，剪切、整形时要考虑生长环境。同一种树木生长在土地肥沃的地方可修剪促使生成较大的树形，而在干旱瘠薄的地方可修剪成较低的树形，以适应树木的生长。

## 四、整形修剪的时间

1. 春季修剪

春季是植物的生长期或开花期。这时修剪易造成早衰，但能抑制树高生长。主要采用抹芽、除萌、剪去一部分花芽的办法，调节花量，减少过多的萌动芽，减少顶端优势。生长过旺、萌芽力低、成枝率低的树种适宜此时进行修剪。

2. 夏季修剪

夏季是植物生长期，此时修剪对树体抑制作用较大。当枝叶茂盛而影响到树体内部通风和采光时，就需要进行夏季修剪。对于冬春修剪易产生伤流不止，且易引起病害的树种，也应在夏季进行修剪。春末夏初开花的灌木，在花期以后对花枝进行短截，可防止它们徒长，促进新的花芽分化，为翌年开花作准备。夏季修剪量宜轻不宜重，适用于耐修剪的植物。

3. 秋季修剪

秋季为养分贮存期，也是根系的活动期。秋季修剪，剪切口易出现腐烂现象，而且因植株无法进入休眠而导致树体弱小。秋季修剪主要是处理利用不大的大枝、徒长枝，有利于养分向需要的部位转移。秋季修剪适用于幼树、旺树、郁闭的植物。

4. 冬季修剪

冬季修剪，又称为休眠期修剪。植株从秋末停止生长开始到翌年早春顶芽萌发前的修剪称为冬季修剪。冬季修剪不会损伤植物的元气，大多数观赏植物适宜冬季修剪。但春花树种不宜冬季修剪，如榆叶梅、连翘等。

5. 随时修剪

花木、果树，行道树为控制竞争枝，应随时修剪内膛枝、直立枝、细枝、病虫枝，控制徒长的发生和长势，使营养集中供给主要骨干枝而旺盛生长。

6. 花后修剪

春季开花的花木，花芽在上一年枝条上形成的不宜在冬季休眠时修剪，也不宜在早春发芽前修剪，最好在开花后1～2周修剪，促使其萌发新梢，形成翌年的花枝，如梅、桃、迎春等。夏季开花的花木如木槿、木绣球、紫薇等，花后立即进行修剪，否则当年生新枝不能形成花芽，使翌年开花量减少。

7. 不同种类园林植物修剪时间

每年深秋到翌年早春萌芽之前是落叶树的休眠期。早春时，树液开始流动，生育功能即将开始，这时修剪的伤口愈合快，如紫薇、月季、石榴、木芙蓉、扶桑等。冬季修剪对落叶植物的树冠构成、树梢生长、花果枝的形成等有重要影响。修剪要点是：幼树，以整形为主；观叶树，以控制侧枝生长，促进主枝生长旺盛为目的；花果树，则着重于培养骨干枝，促其早日成形，提前开花结果。

从一般常绿树生长规律来看，4～10月份为活动期，枝叶俱全，此时宜进行修剪。尤其是常绿针叶树，宜在6～7月份生长期内进行短截修剪，此时修剪还可获得嫩枝，用于扦插繁殖。而11月份至次年3月份为休眠期，耐寒性差，减去枝叶有冻害的危险。因此一般常绿树应避免冬季修剪。

北方的常绿针叶树，从秋末新梢停止生长开始到翌年春休眠芽萌动之前，为冬季整形修剪的时间。这时修剪，养分损失少，伤口愈合快。南方的常绿树，热带、亚热带地区旱季为休眠期，树木的长势普遍减弱，这是修剪大枝的最佳时期，也是处理病虫枝的最好时期。

**五、整形修剪的方法**

1. 整形修剪的程序

修剪的程序概括地说就是："一知、二看、三剪、四检查、五处理"。

"一知"：修剪人员必须掌握操作规程、技术及其他特别要求。修剪人员只有了解操作要求，才可以避免错误。

"二看"：实施修剪前应对植物进行仔细观察，因树制宜，合理修剪。具体是要了解植物的生长习性、枝芽的发育特点、植株的生长情况、冠形特点及周围环境与园林功能，结合实际进行修剪。

"三剪"：对植物按要求或规定进行修剪。剪时由上而下，由外及里，由粗剪到细剪。

"四检查"：检查修剪是否合理，有无漏剪与错剪，以便修正或重剪。

"五处理"：包括对剪口的处理和对剪下的枝叶、花果进行集中处理等。

2. 整形修剪的形式

树木整形修剪的形式，一般分为如下几种形式：

（1）自然式整形。在园林地中，以自然式整形为多，操作方便，省时省工，而且最易获得良好的观赏效果。按照树种的自然生长特性，采取各种修剪技术，对树枝、芽进行修剪，对树冠形状结构作辅助性调整，形成自然树形，对影响树形的徒长枝、平行枝、重叠枝、枯枝、病虫枝等，均应加以抑制或剪除，注意维护树冠的均匀完整。

（2）人工式整形。由于园林绿化的特殊目的，有时可用较多的人力物力将树木整剪成各种规则的几何形态或非规则的各种选题，如动物、建筑等。

几何形体的整形方法：以几何形体的构成规律作为标准进行修剪整形，如正方形树冠应先确定每边的长度，球形树冠应确定半径，柱形应确定半径和高度等。

雕塑式整形：主要是将萌枝力强、耐修剪的树木密植，然后修剪成动物等形状。如侧柏、榕树的一些树种，由于萌枝力强，耐修剪，可进行雕塑式修剪。

（3）自然与人工混合式整形。对自然树形以人工改造而成的造型。依树体主干有无及中心干形态的不同，主要可分为以下几种类型。

1）中央领导干形。这是较常见的树形，有强大的中央领导干，顶端优势明显或较明显，在其上较均匀的保留较多的主枝，形成高大的树冠。中央领导干形所形成的树形有圆锥形、圆柱形、卵圆形、半圆形等。

圆锥形：大多数主轴分枝形成的自然式树冠，主干上有很多主枝，主枝多在节的地方长出，主枝自下而上逐渐缩短，主枝平伸，形成圆锥形树冠，如雪松、水杉等。

圆柱形：从主干基部开始向四周均匀地发出很多主枝，自下而上主枝的长度差别不大，形成圆柱形的形状，如桧柏等。

卵圆形：主干比较高，分布比较均匀，开展角度较小，形成卵圆形树冠。这类树形比较常见，如大多数杨树。修剪时要注意留够主干的高度。

半圆形：树木高度较小，主枝疏散平直，自下而上逐渐变短，形成半圆形树冠，如元宝枫等。

2）杯状形。不保留中央领导干，在主干一定高度留3个主枝向四面生长，各主枝与垂直方向的上夹角为45°，枝间的角度约为120°。在各主枝上再留两个次级主枝，以此类推，形成杯状树冠。这种树形特点是没有领导枝，树膛内空，形如杯状，如图5-1所示。这种整形方法，适用于轴性较弱的树种，对顶端优势强的树种不用此法。

3）自然开心形。无明显中央领导干，保留3个主枝自主干上向四周伸展，使主枝每年延长生长。主枝上留侧枝，错落分布，形成中心不空，树冠开张的开心形树冠，如图5-2所示。这种树冠能有效地利用立体空间，又利于透光、通风，因而有利于开花结果。一般适于干形弱、枝条开展的喜光树种，其特点是主枝层次不明显，树冠纵向生长弱，树冠小，透光条件好，适合于城市空旷地种植。

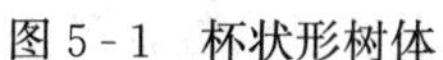

图 5-1　杯状形树体

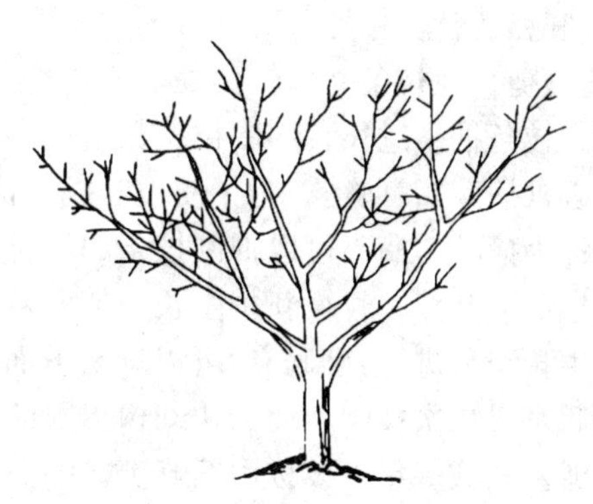

图 5-2　自然开心形树体

4）多领导干形。一些萌发力强的灌木，直接从根颈处培养多个枝干。保留 2～4 个领导干培养成多领导干形，在领导干上分层配置侧生主枝，剪除上边的重叠枝、交叉枝等过密的枝条，形成疏密有序的枝干结构和整齐的冠形，如图 5-3 所示。如金银木、六道木、紫丁香等观花乔木、庭荫树的整形。

多领导干形还可以分为高主干多领导干和矮主干多领导干。矮主干多领导干一般从主干高 80～100cm 处培养多个主干，如紫薇、西府海棠等；高主干多领导干一般从 2m 以上的位置。

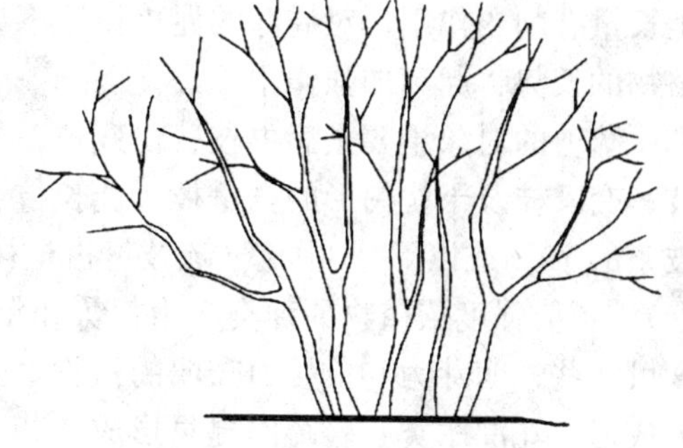

图 5-3　多领导干形树体

5）伞形。多用于一些垂枝形的树木修剪整形，如龙爪槐、垂枝榆、垂枝桃等。保留 3～5 个主枝，一级侧枝布局得当，使以后的各级侧枝下垂并保持枝的相同长度，形成伞形树冠。

6）丛球形。主干较短，一般 60～100cm，留有 4～5 个主枝呈丛状。具有明显的水平层次，树冠形成快、体积大、结果早、寿命长，是短枝结果树木。多用于小乔木及灌木的整形。

7）冠丛形。没有明显主干的丛生灌木，每丛保留 1～3 年主枝 9～12 个。各个年龄的 3～4 个，以后每年将老枝剪除，再留 3～4 个新枝，同时剪除过密的侧枝。适合黄刺玫、玫瑰、鸡麻、小叶女贞等灌木树木。

8）棚架形。包括匍匐形、扇形、浅盘形等，适用于藤本植物。在各种各样的棚架、廊、亭边种植树木，然后按生长习性加以剪、整、引导使藤本植物上架，形成立体绿化效果。

3. 修剪方法

（1）截。将长枝剪短，也可以说是把一年生枝条减去一部分。其目的是为了刺激剪口下的侧芽旺盛生长，使该树枝叶茂盛。根据剪去部分的多少，又有轻剪、中剪、重短剪和极重剪之分。

1）轻剪。将枝条的顶梢剪去，约枝条的 1/5～1/4 处，轻剪易刺激下部多数半饱满芽的萌芽能力，促进产生更多的中短枝，以使形成更多的花芽。此法多用于强壮枝的修剪。

2）中剪。指剪口在枝条中部或中上部，即 1/3～1/2 处的饱满芽上方。因为剪去了一段枝条，而使留芽上的养分相对增加，也使顶端优势转到这些芽上，刺激发枝。

3）重短剪。将枝条的2/3～3/4剪去，刺激作用大。由于剪口下的芽为弱芽，此处除生长出1～2个旺盛的营养枝外，下部可形成短枝。适用于弱树、老树、老弱枝的更新。

4）极重短剪。在枝条基部轮痕处下剪，将枝条几乎全部剪除，或仅留2～3枚芽。常用于枝干光秃、枝条抽生过长、周围枝条数量过多的情况下。

（2）摘心（摘芽）、剪梢。为了使枝叶成长健全，在树枝成长前用工具或手摘去当年新梢的生长点称为摘心。摘心可以抑制枝条的加长生长，防止新梢无限制向前延长，促使枝条木质化，提早形成叶芽，暂缓新梢生长，使营养集中于下部而有助于侧芽生长，增加枝数。摘心一般在生长季节进行，摘心后可以刺激下面1～2枚芽发生二次枝。早着新枝条的腋芽多在立秋前后发成二次枝，从而加快幼树树冠的形成。

（3）缩剪。短截多年生枝称回缩修剪。缩剪可降低顶端优势的位置，改善光照条件，使多年生枝基部更新复壮。回缩短截时往往因伤口而影响下枝长势，需暂时留适当的保护桩；待母枝长粗后，再把桩疏掉。因为母株长粗后的伤口面积相对缩小，不影响下部生根。

（4）疏。疏又称疏剪或疏删，即把枝条从分枝点基部全部剪去。疏剪主要是疏去膛内过密枝，减少树冠内枝条的数量，调节枝条均匀分布，为树冠创造良好的通风透光条件，减少病虫害，增加同化作用产物，使枝叶生长健壮，有利于花芽分化和开花结果。疏剪对植物总生长量有削弱作用，对局部的促进作用不如截，但如果只将植物的弱枝除掉，总的来说，对植物的长势将起到加强作用。

疏剪的对象主要是病虫枝、伤残枝、干枯枝、内膛过密枝、衰老下垂枝、重叠枝、并生枝、交叉枝及干扰树形的竞争枝、徒长枝、根蘖枝等。疏剪强度可分为轻疏（疏枝量占全树枝条的10%或以下）、中疏（疏枝量占全树的10%～20%）、重疏（疏枝量占全树的20%以上）。疏剪强度依植物的种类、生长势和年龄而定。萌芽力和成枝都很强的植物，疏剪的强度可大些；萌芽力和成枝力较弱的植物，少疏枝。幼树一般轻疏或不疏，以促进树冠迅速扩大成形；花灌木类宜轻疏以提早形成花芽开花；成年树生长与开花进入盛期，为调节营养生长与生殖生长的平衡，适当中疏；衰老期的植物，枝条有限，疏剪时要小心，只能疏去必须要疏除的枝条。

（5）伤。用各种方法损伤枝条以缓和树势、削弱受伤枝条的生长势为目的。如环剥、刻伤、扭梢与折梢等。伤主要是在植物的生长季进行，对植株整体的生长影响不大。

1）环剥。在发育期，用刀在开花结果少的枝干或枝条基部适当部位剥去一定宽度的环状树皮，称为环剥。环剥深达木质部，剥皮宽度以一月内剥皮伤口能愈合为限，一般为枝粗的1/10左右。由于环削中断了韧皮部的疏导系统，可在一段时间内阻止枝梢碳水化合物向下输送，有利于环剥上方枝条营养物质的积累和花芽的形成，同时还可以促进剥口下部发枝。但根系因营养物质减少，生长受一定影响。

2）刻伤。用刀在芽的上方横切并深达木质部，称为刻伤。刻伤因位置不同，所起作用不同。在春季植物未萌芽前，在芽上方刻伤，可暂时阻止部分根系贮存的养分向枝顶回流，使位于刻伤口下方的芽获得较多的营养，有利于芽的萌发和抽新枝。刻痕越宽，效果越明显。如果生长盛期在芽的下方刻伤，可阻止碳水化合物向下输送，滞留在伤口芽的附近，同样能起到环剥的效果。对一些大型的名贵花木进行刻伤，可使花、果更加硕大。

3）扭梢与折梢。在生长季内，将生长过旺的枝条，特别是着生在枝背上的旺枝，在中上部将其扭曲下垂，称为扭梢；或只将其折伤但不折断（只折断木质部），称为折梢。扭梢与折梢是伤骨不伤皮，其阻止了水分、养分向生长点输送，削弱枝条生长势，利于短花枝的形成。

(6) 树木的其他整形修剪方法。

1) 截干。将苗木的地上部分在根颈处截掉，促使根颈处萌芽产生新的树干。多用于培养树干通直的苗木，适用于萌芽能力强的树种，如泡桐、国槐等。

2) 除萌。在树木主干、主枝基部或大枝伤后附近常会生长出一些嫩枝，妨碍树形，影响主体树木本身养分的消耗，不利于冠内通风透光。除萌宜在早春进行。

3) 换头。将较弱的中央领导干在分枝部位以上或以下锯掉，促使树冠中下部的侧芽萌发形成丰满的树冠。换头可防止树冠中空，压低开花结果部位，改变树冠外貌，增加观赏价值和结果量。顶端优势不明显的大落叶阔叶树移栽常用此办法，如白蜡、悬铃木、元宝枫等。

4) 拉枝。将开张角度小的枝条用绳拉住，或用树枝撑住，给一定力量使其角度开张，减缓枝条的长势，调节枝的结构。

4. 整形修剪需注意的问题

(1) 剪口与剪口芽。剪口的形状可以是平剪口或斜切口，一般对植物本身影响不大，但剪口应离剪口芽顶尖0.5～1cm。剪口芽的方向与质量对修剪整形影响较大。若为扩张树冠，应留外芽；若为填补树冠内膛，应留内芽；若为改变枝条方向，剪口芽应朝所需空间处；若为控制枝条生长，应留弱芽，反之应留壮芽为剪口芽。

(2) 剪口的保护。剪枝或截干造成剪口创伤面大的应用锋利的刀削平伤口，用硫酸铜溶液消毒，再涂保护剂，以防止伤口由于日晒雨淋、病菌入侵而腐烂。常用的保护剂有保护蜡和豆油铜素剂两种。

(3) 注意安全。上树修剪时，所有用具、机械必须灵活、牢固，防止发生事故。修剪行道树时应注意高压线路，并防止锯落的大枝砸伤行人与车辆。

(4) 修剪工具消毒与病枝处理。修剪工具应锋利，修剪时不能造成树皮撕裂、折枝断枝。修剪病枝的工具，要用硫酸铜消毒后再修剪其他枝条，以防交叉感染。修剪下的枝条应及时收集，有的可作插穗、接穗备用，病虫枝则需堆积烧毁。

## 六、修剪安全要求

(1) 应选有修剪技术经验的工人或经过培训后的人员上岗操作。

(2) 使用电动机械一定认真阅读说明书，严格遵守使用此机械应注意的事项，按要求进行操作。

(3) 在不同的情况下作业，应配有相应的工具。修剪前，需对所使用工具做认真检查，严禁高空修剪机械设备带病作业。高枝剪要绑扎牢固，防止脱落伤人。各种工具必须锋利、安全可靠。

(4) 修剪时一定要注意安全，树梯要制作坚固，不松动。梯子要放稳，支撑牢固后可上树作业。修剪大树时必须配戴安全帽，系牢安全带后方可上树操作。

(5) 患心脏病、高血压或刚喝过酒的人员，一律不允许上树操作。

(6) 5级以上大风时，应立即停止作业。

(7) 修剪行道树时，必须派专人维护施工现场，注意过往车辆及行人安全，以免树枝或修剪工具掉落时砸伤行人或车辆。

（8）在高压线和其他架空线路附近进行修剪作业时，必须遵守有关安全规定，严防触电或损伤线路。

（9）修剪时不准拿着修剪工具随意打逗，以免发生意想不到的事故。

## 七、常见树木的修剪技术

### 1. 庭荫树

庭荫树一般栽植在公园中草地中心、建筑物周围或南侧、园路两侧等场所，具有庞大的树冠、挺秀的树形、健壮的树干，能造成浓荫如盖、凉爽宜人的环境，供游人纳凉避暑、休闲聚会之用。

庭荫树的整形修剪，首先是培养一段高矮适中、挺拔粗壮的树干。树干的高度不仅取决树种的生态习性和生物学特性，主要应与周同的环境相适应。树干定植后，尽早将树干上1.0～1.5m或以下的枝条全部剪除，以后随着树的长大，逐年疏除树冠下部的侧枝。作为遮阳树，树干的高度相应要高些，约1.8～2.0m，为游人提供在树下自由活动的空间；栽植在山坡或花坛中央的观赏树主干可矮些，一般不超过1.0m。

庭荫树一般以自然式树形为宜，在休眠期间，要将过密枝、伤残枝、枯死枝、病虫枝及扰乱树形的枝条疏除，也可根据配置需要进行特殊的造型和修剪。庭荫树的树冠应尽可能大些，以最大可能发挥其遮阳等功能，并可保护一些树皮较薄的树种还有免受烈日灼伤树干、大枝。一般认为，以遮阳为主要目的的庭荫树的树冠大小占树高的比例在2/3以上为佳；如果树冠过小，则会影响树木的生长及健康状况，同时也会影响其功能的发挥。

### 2. 行道树

行道树是城市绿化的骨架，在城市中起到沟通各类分散绿地、组织交通的作用，还能反映一个城市的风貌和特点。

行道树的生长环境复杂，常受到车辆、街道宽窄、建筑物高低、架空线、地下电缆、管道的影响。为了便于车辆通行，行道树一般使用树体高大的乔木树种，必须有一个通直的主干，干高要求2.0～2.5m，以3.0～4.0m为好。城郊公路及街道、巷道的行道树，主干高可达4.0～6.0m或更高。公园内园路两侧的行道树或林荫路上的树木主干高度以不影响游人的行走为原则，一般枝下的高度在2.0m左右。同一街道的行道树其干高与分枝点应基本一致，树冠端正、生长健壮。行道树的基本主干和供选择作主枝的枝条在苗圃阶段培养而成，其树形在定植以后的5～6年内形成，成形后不需大量修剪，只需要经常进行常规性修剪，即可保持理想的树形。

行道树要求枝条伸展，树冠开阔，枝叶浓密。冠形依栽植地点的架空线路及交通状况决定。主干道上及一般干道上采用规则形树冠，修剪整形成杯状形、开心形等立体几何形状。在无机动车辆通行的道路或狭窄的巷道内可采用自然式树冠。

### 3. 成片树林

成片树林的修剪整形，主要是维持树木良好的干性和冠形，解决通风透光条件，因此，修剪比较粗放。对于有主干领导枝的树种要尽量保持中央领导干。出现双干时，只选留一个，如果中央领导枝已枯死，应于中央选一强的侧生嫩枝，扶直培养成新的领导枝，并适时修剪主干下部侧生枝，使枝条能均匀分布在合适的分枝点上。对于一些主干短但树已长大，不能再培养成独干的树木，也可以把分生的主枝当主干培养，呈多干式。

对于松柏类树木的修剪整形，一般采用自然式的整形。在大面积人工林中，常进行人工打枝，即是将处在树冠下方生长衰弱的侧枝剪除，打枝多少，需根据栽培目的及对树木生长的影响而定。

4. 灌木类

灌木类根据观赏部位的不同可分为观花类、观果类、观枝类、观形类、观叶类等。不同类型的灌木植物在剪整上有不同的要求。

（1）观花类。以观花为主要目的的修剪必须考虑植物的开花习性、着花部位及花芽的性质。

1）早春开花种类。绝大多数植物的花芽是在上一年的夏秋季进行分化的。花芽生长在二年生的枝条上，个别的在多年生枝条上。修剪时期以休眠期为主，结合夏季修剪。修剪方法以截、疏为主，综合运用其他的修剪方法。修剪时需注意以下 4 点。

①不断调整和发展原有树形。

②具有顶生花芽的种类，在休眠季修剪时，不能短截着生花芽的枝条；对具有腋生花芽的种类，休眠季修剪时则可以短截枝条；对具有混合芽的种类，剪口芽可以留混合芽（花芽）。具有纯花芽的种类，剪口芽留叶芽。

③在实际操作中，多数树种仅进行常规修剪，即疏去病虫枝、干枯枝、过密枝、交叉枝、徒长枝等，无需特殊造型和修剪。少数种类除常规修剪外，还需要进行造型修剪和花枝组的培养，以提高观赏效果。

④对于先花后叶的种类，在春季花后修剪老枝，保持理想树形。对具有拱形枝条的种类如迎春、连翘等，采用疏剪和回缩的方法，一方面疏去过密枝、枯死枝、徒长枝、干扰枝外；另一方面要回缩老枝，促发强壮新枝，以使树冠饱满，充分发挥其树姿特点。

2）夏秋开花的种类。此类花灌木的花芽在当年春天发出的新梢上形成，夏秋在当年生枝条上开花，如紫薇、木槿、八仙花等。这类灌木的修剪时间通常在早春树液流动前进行，一般不在秋季修剪，以免枝条受到刺激后发生新梢，遭受冻害。修剪方法因树种而异，主要采用短截和疏剪。有的在花后还应去除残花（如珍珠梅、月季等），以集中营养延长花期，并且还可以使一些树木二次开花。此类花木修剪时要特别注意不要在开花前进行重短截，因为其花芽大部分着生在枝条的上部或顶端。

生产实践中还常将一些花灌木修剪整形成小乔木状，以提高其观赏价值。另外，对萌芽力极强的种类或冬季易枯梢的种类，可在冬季自地面割去，如胡枝子、荆条、醉鱼草等，使其来年春天重新萌发新枝。蔷薇、迎春、丁香、榆叶梅等灌木，在定植后的头几年任其自然生长，待株丛过密时再进行疏剪与回缩，否则会因通风透光不良而不能正常开花。

（2）观果类

枸杞、火棘、金橘、佛手、四季橘等花木既可观花又可观果，为观赏花木中受人欢迎的种类。它们的修剪时期和方法与早春开花的种类大致相同，但需特别注意及时疏除过密枝，徒长枝、枯枝，确保通风透光、减少病虫害，促进果实着色，提高观赏效果。为提高其坐果率和促进果实生长发育，往往在夏季采用环剥、绞缢、疏花、疏果等修剪措施。

（3）观枝类

观枝类花木如红瑞木、棣棠等，其观赏作用往往以嫩枝最鲜艳，老干的颜色较暗淡为观赏性。为了延长观赏期，一般冬季不剪，到早春萌芽前重剪，以后轻剪，使其萌发更多枝叶。此外除每年早春重剪外，还应逐步疏除老枝，不断进行更新。

（4）观形类

垂枝梅、龙爪槐、龙爪榆、鸡爪槭等花木，不但可观其花，更多的时间是观其潇洒飘逸的形，修剪方法因树种不同而不同。如垂直梅、龙爪槐短截时不能留下芽，要留上芽；合欢、鸡爪槭等成形后只进行常规修剪，一般不进行短截修剪。

（5）观叶类

这类花木有观早春叶的，如山麻秆等；有观秋叶的，如银杏、元宝枫等；还有全年叶色为紫色或红色的，如紫叶李、红叶小檗、双面红桎木等。其中有些种类花也具有较高的观赏价值，如红桎木。对既观花又观叶的种类，往往按早春开花的种类修剪；其他观叶类一般只作常规修剪。对观叶花木要特别注意做好叶片保护工作，防止因温度突变、肥水过大或病虫害而影响叶片的寿命及观赏价值。

5. 藤本类

藤本类的整形修剪的目的是尽快让其布架占棚，使蔓条均匀分布，不重叠，不空缺。生长期内摘心、抹芽，促使侧枝大量萌发，迅速达到绿化效果。花后及时剪去残花，以节省营养物质。冬季剪去病虫枝、干枯枝及过密枝。衰老藤本类，应适当回缩，更新粗壮。

实际应用中可以根据不同藤本类植物的生长习性修剪成棚架式、凉廊式、篱垣式、阴壁式与直立式。其具体要求和方法如下。

（1）棚架式。卷须类和缠绕类藤本植物常用这种方式。整形时在近地面处先重剪，促使发生数条强壮主蔓，然后垂直引缚主蔓于棚架上，将主蔓上发生的侧蔓均匀分布于棚顶，这样很快便能形成荫棚。

（2）凉廊式。常用于卷须类、缠绕类藤本植物，有时也用于吸附类植物。这类植物不宜过早引于廊顶，否则易形成侧面空虚。

（3）篱垣类。将枝蔓水平诱引至架上，每年对侧枝进行短剪。侧蔓可以为一层，也可为多层，即将第一层侧蔓水平引缚后，主蔓继续向上，形成第二层水平侧蔓，以此类推形成多层，达到篱垣设计的高度。修剪时，要剪除互相缠绕的枝条，使枝条均匀分布在篱架上，形成整齐的篱垣形式。

（4）附壁式。多用于吸附类植物，一般将藤蔓引于墙面，如爬山虎、凌霄、扶芳藤、常春藤等。这类植物能自行依靠吸盘或吸附根逐渐布满墙面，或用支架、铁丝网牵引附壁。蔓一般不剪，除非影响门、窗采光。

（5）直立式。对茎蔓粗壮的藤本，可整形成直立形式，用于路边或草坪中。修剪多行短截，轻重结合。

6. 绿篱

用于绿篱的植物一般都很耐修剪，在合理的修剪下，篱体才紧密、美观。绿篱的修剪形式有自然式修剪和整形式修剪两种，具体采用哪种方式，应根据栽植的目的、位置、植物种类及气候条件来确定。

（1）自然式修剪。一般不进行人工修剪整形，只适当控制高度，并疏剪病虫枝、干枯枝，任枝条自然生长，使枝条紧密相接成片提高阻隔效果。绿墙、高篱采用这种修剪方式较多。常用作防护的枸骨、枳壳、火棘等刺篱和玫瑰、蔷薇、木香、栀子花等花篱，也以自然式修剪为主。

高篱、绿墙栽植成活后，须将顶部剪平，同时将侧枝一律短截，以防止将来下部“脱脚”“光腿”现象，以后每年在生长季均应修剪一次，直到高篱、绿墙形成。

花篱开花后略加修剪促使继续开花，冬季修去枯枝、病虫枝。对萌发力强的花篱树种，盛花后进行重剪，萌发的新枝粗壮、篱体高大美观，如栀子花、蔷薇等。

（2）整形式修剪。整形式修剪，即以人们的意愿和需要不断地修剪成各种规则的形状，用于中篱和矮篱。这类绿篱主要用于草地、花坛镶边或组织人流走向起分隔作用。为了美观和丰富园景，多采用几何图案式的整形修剪。

1）整形式绿篱的断面形状。整形式绿篱的断面形状有梯形、矩形、圆顶形、柱形、杯形、球形等等。如图 5-4 所示。

①梯形：篱体上窄下宽，下面和侧面接受阳光多，有利于基部枝条的生长和发育，枝条生长茂盛，不会产生枯枝和空秃现象。

②矩形：造型比较简单，但显得呆板，在冬季多雪地区易受雪压。

③圆顶形：显得较生动活泼，篱体顶部不易积雪，免受雪压变形。

④柱形：要求选用中央主枝向上直立生长而基部侧枝萌芽力又强的树种。起背景衬托或遮掩隐蔽作用，如绿篱墙和高篱，经适当修剪即成。

⑤杯形：近似于倒梯形，造型美观别致，但会因篱上大下小，下部侧枝常因得不到充足的阳光而生长不良，或枯死。造成基部枝条空秃，老干裸露，失去绿篱的整体美。

⑥球形：美化效果理想，选用萌芽力、成枝力强的常绿树种，单行栽植，株间拉开一定的距离，一株为一球。

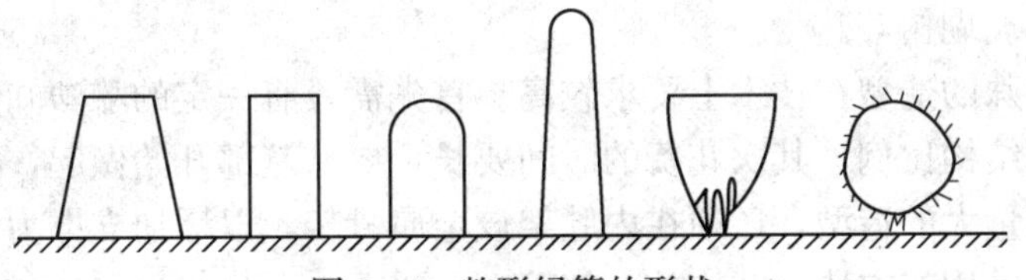

图 5-4 整形绿篱的形状

2）整形式绿篱的修剪方法与时期。

①方法。新栽绿篱从第二年开始，按照预定的高度和宽度进行短截修剪，将超过预定范围的老枝、嫩枝一律剪去。同一条绿篱高度和宽度应统一，使整条绿篱平整、通直。修剪时要依苗木大小，通常分别截去苗高的 1/3～1/2。为使苗木分枝高度尽量降低，多发分枝，提早郁闭，可在生长期 5～10 月份内对所有新梢进行 2～3 次修剪，如此反复 2～3 年，直到绿篱的下部分枝长得匀称、稠密，上部树冠彼此密接成形。

为使绿篱修剪后能平整、通直划一，修剪时可在绿篱的两头各插一根竹竿，再沿绿篱上口和下沿拉直绳子，作为修剪的准绳，以便达到预设的效果。修剪较粗的枝条，剪口应略倾斜，以便雨水能尽快流失，避免剪口积水腐烂。同时注意直径 1cm 以上的粗枝剪口应比篱面低 1～2cm，掩盖在枝叶之下，避免刚修剪后粗剪口暴露而影响美观。从有利于绿篱植物的生长考虑，绿篱的横断面以上小下大为好。

正确的修剪方法是：先剪其两侧，使其侧面成为一个斜平面，两侧剪完再修剪顶面，使整个断面呈梯形。这样可使绿篱植物上下各部分枝条的顶端优势受损，刺激上、下部枝条再长新侧枝，这些侧枝的位置距离主干相对变近，有利于获得足够的养分，同时，上小下大有利于绿篱下部枝条获得充足的阳光，从而使得全篱枝茂叶盛，维持美观外形。横断面呈长方形或倒梯形的绿篱，下部枝条常因受光不良而发黄、脱落、枯死，造成下部光秃裸露。

②时期。绿篱的修剪时期，应根据不同植物类型灵活掌握。常绿针叶树种在春、秋季各有一次萌芽抽梢，因而在春末夏初进行第 1 次修剪，立秋后进行第 2 次修剪。对于阔叶树种，一年中新梢都能加长生长，要进行多次修剪，一般以 3 或 4 次为宜，如小叶女贞。

为了配合节日，实际中常于“五一”“十一”到来前对绿篱进行修剪，以致节日时绿篱规则平整，观赏效果好，以烘托节日的气氛。

3）绿篱的更新修剪。失去观赏价值的衰老绿篱应当及时更新，更新要选择适宜的时期。常绿树种可选在 5 月下旬到 6 月底进行，落叶树种以秋末冬初进行为好。

大部分阔叶树种的萌发和再生能力都很强，可采用平茬的方法更新，即将绿篱从基部平茬，只留 4～5cm 的主干，其余全部剪去，一年之后由于侧枝大量的萌发，重新形成绿篱的雏形，2 年后即可恢复成原来的形状，达到更新的目的；另外，也可以通过间伐老干、逐年更新。

大部分的常绿针叶树种再生能力较弱，不能采用平茬更新的方法，可以通过间伐和加大株距改造成非完全规整式绿篱，否则只能重栽，重新培养。

7. 其他特殊形状的绿篱整形修剪

绿篱的特殊造型也是绿篱修剪整形的一种形式，常见的造型有动物形状和其他物体形状。而进行特殊造型的植物必需枝繁叶茂、叶片细小、萌芽力和成枝力强、自然整枝能力差、枝干易弯曲变形。符合这些条件的植物有罗汉松、圆柏、黄杨、福建茶、六月雪、水蜡树、女贞、榆树、珊瑚树等。

对植物进行特殊的造型在技术上要求较高。首先需具有一定的雕塑知识，能较好地把握造型对象各部分的结构比例，其次花费的时间要长，要从基部开始做起，循序渐进，忌急于求成。另外，对体量大的造型，还须在内膛架设金属骨架，以增加支撑力。最后，对修剪方法要求灵活运用，常用的方法有截、放、变等。

各类特殊形状的绿篱整形修剪方法如下。

（1）图案式绿篱的整形修剪。组字或图案式绿篱，采用矩形的整形方式，要求篱体边缘棱角分明，界线清楚，篱带宽窄一致，每年修剪的次数比一般镶边、防护的绿篱要多，枝条的替换、更新时间应短，不能出现空秃，以始终保持文字和图案的清晰可辨。

（2）绿篱拱门制作与整形修剪。绿篱拱门设置在用绿篱围成的闭锁空间处，为了便于游人入内，常在绿篱的适当位置断开绿篱，制作一个绿色的拱门，与绿篱连为一体。制作的方法是：在断开的绿篱两侧各种一株枝条柔软的小乔木，两树之间保持较小间距，约 1.5～2.0m，然后将树梢向内弯曲并绑扎而成。也可用藤本植物制作。藤本植物离心生长旺盛，很快两株植物就能绑扎在一起，由于枝条柔软、造型自然，又能把整个骨架遮挡起来。

绿色拱门必须经常修剪，防止新枝横生下垂，影响游人通行，并通过反复修剪，能始终保持较窄的厚度，这样树木内膛通风透光好，不会产生空秃。

（3）造型植物的整形修剪。用各种侧枝茂密、枝条柔软、叶片细小且极耐修剪的植物，通过扭曲、盘扎、修剪等手段将植物整形成亭台、牌楼、鸟兽等各种主体造型，以点缀和丰富园景。如图 5-5 所示。

造型植物的整形修剪，首先要培养主枝和大侧枝以形成骨架，然后将细小的侧枝进行牵

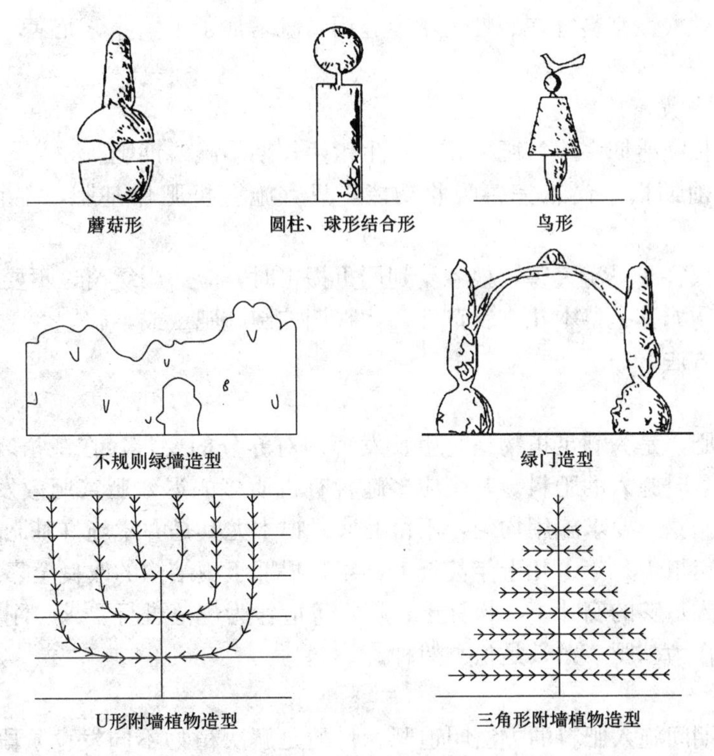


图 5-5　几种常见造型示意图

引、绑扎，使它们紧密抱合在一起；或者直接按照伪造的物体进行多年细致的修剪，而形成各种雕塑形象。为了保持造型的逼真，对扰乱形状的枝条要及时修剪，对植株表面要进行反复短截，以促发大量的密集侧枝，最终使得各种造型丰满逼真，栩栩如生。造型培育中，绝不允许发生缺棵和空秃现象，一旦空秃则难以挽回。

## 第三节　园林树木的施肥

### 一、合理施肥的原则

1. 有机肥、无机肥配合施用

化肥可根据不同树种需求有针对性地用于追肥，适时给予补充。有机肥所含必需元素全面，又可改良土壤结构，可作底肥，肥效稳定持久。有机肥还可以创造土壤局部酸性环境，避免碱性土壤对速效磷、铁素的固定，有利于提高树木对磷肥的利用率。

2. 不同树木施不同的肥料

落叶树、速生树应侧重多施氮肥。针叶树、花灌木应当减少氮肥比例，增加磷钾素肥料。刺槐一类的豆科树种以磷肥为主。对一些外引的边缘树种，为提高其抗寒能力应控制其氮素施肥量，增加磷钾素肥料。松、杉类树种对土壤盐分反应敏感，为避免土壤局部盐渍化而对松类树木造成危害，应少施或不施化肥，侧重施有机肥。

3. 不同土壤施不同肥料

根据土壤的物理性质、化学性质和肥料的特点有选择地施肥。碱性肥料宜施用于酸性土壤中，酸性或生理酸性肥料宜在碱性土壤中施用，既增加了土壤养分元素，又达到了调节土壤酸碱度的目的。

4. 看花木生长发育需求施肥

（1）营养生长旺盛期多施氮肥。花果、生殖生长期多施磷钾肥。

（2）移植苗前期根系尚未完善吸收功能，只宜施有机肥作基肥，不宜过早追施速效化肥。

（3）遭遇病虫害或旱涝灾害，根系受到严重损害时，应适当缓苗，不要急于施重肥。

（4）园林植物尤其是草本花卉、草坪，休眠期控制施肥量或不施。

**二、施肥的方法**

1. 基肥

基肥又称底肥，是为满足植物整个生长发育期对养分的要求，在栽植之前，结合整地、定植或上盆、换盆时施入的肥料。基肥应多施含有机质多的迟效肥（肥效发挥得缓慢），一般以有机肥为主。基肥要求施用均匀，不留粪底。树木尤其是乔木施好基肥至关重要，因为树木栽植后需要定植十几年、几十年甚至上百年，根部土壤结构的改良全靠有机肥的基肥来解决。坑穴中施入足够的腐叶土、松针土、草炭等应作为规范进行要求。刚定植的树木不要施入过量的化肥作为基肥，尤其是松类树种。

2. 追肥

在植物生长期间施入肥料的方法叫追肥。目的是解决植物不同发育阶段对养分的要求，补充土壤对植物养分的供应不足部分。应以施速效性肥料化肥为主。

在原定植时基肥的外围进行土壤改良，施肥仍以有机肥为主、化肥为辅。深度20～30cm左右，以不伤及根为限。可采取以下方法进行。

（1）放射状沟施：以树干为中心，向外挖4～6条渐远渐深的沟，将肥料施入后覆土、踏实。如图5-6（a）所示。

（2）撒施：按额定施肥量，把肥料均匀地撒在苗床表面，浅耙混土后灌水。

（3）条施、穴施法：在苗木行间或行列附近开沟，肥料施入后覆土。在树冠投影边缘，挖掘单个洞穴，施肥后覆土。如图5-6（b）（c）所示。

（4）环沟施肥：沿树冠投影线外缘，挖30～40cm宽环状沟，施入肥料后覆土踏实。如图5-6（d）所示。

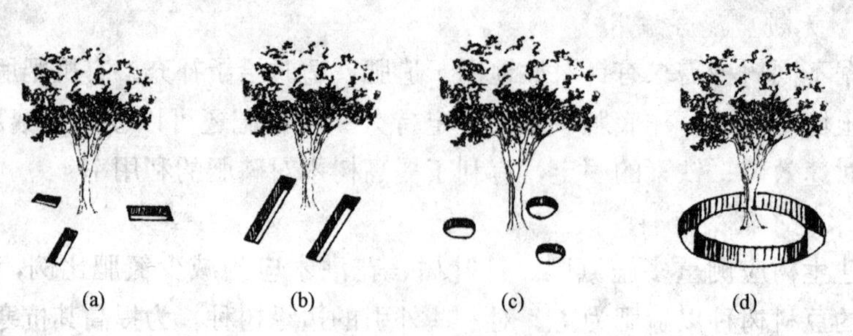


图5-6 施肥方法

（a）放射状施肥；（b）条沟施肥；（c）洞穴施肥；（d）环状施肥

### 三、无机肥料的合理施用

和农业施肥追求增加作物产量不同，园林绿化施化肥是为了树木的适度生长，提高其抗性，保证青枝绿叶及开花结实的观赏性。施化肥不能不问土壤、不问植物需求、不问肥料种类、不问肥料养分含量，不能盲目下指标，如某些资料中规定施用量（每平方米多少克）。盲目地滥施化肥，不仅造成浪费，反而会引起植物徒长，或易受病虫侵害影响生长发育，并造成环境的二次污染。合理施用化肥应注意以下几点。

1. 测土施肥

必须测定绿地土壤有效养分含量。针对栽植花木对养分的需求量，参考合理施肥土壤养分指标，确定施肥量。土壤主要养分指标如下。

(1) 土壤硝态氮含量大于 $20\times10^{-6}$时，证明土壤有效氮水平高；含量为 $10\times10^{-6}\sim20\times10^{-6}$时，有效氮水平中等，施氮肥有效果；含量小于 $10\times10^{-6}$时，有效氮水平低，施氮肥效果明显。

(2) 土壤含速效磷（以 $P_2O_5$表示）大于 $30\times10^{-6}$时为丰富；含 $10\times10^{-6}\sim30\times10^{-6}$时为中等；含量小于 $10\times10^{-6}$时为缺乏磷。

(3) 土壤中含速效钾（以 $K_2O$ 表示）大于 $150\times10^{-6}$时，说明土壤含钾丰富；含速效钾 $100\times10^{-6}\sim150\times10^{-6}$时为高水平；含量为 $50\times10^{-6}\sim100\times10^{-6}$时为中等；含速效钾 $25\times10^{-6}\sim50\times10^{-6}$时为低等；含速效钾小于 $25\times10^{-6}$时为缺钾，这种土壤施钾肥效果明显。

2. 养分合理配比施肥

不能单纯施用一种营养元素肥料，如氮、磷、钾应按比例施用。不同植物、不同土壤需求和供给矛盾很复杂。通俗客观地讲，就是扭转单一施用氮肥的习惯，最好施用复合肥。无土栽培应用的营养元素配方可以参考，但实际土壤养分管理中应用的某类植物营养元素配方很少见。市场上所能见到的只有“草坪专用肥”或某果树、蔬菜专用肥等。

3. 在植物营养最大效率期加强施肥

化肥的有效性是指肥料溶解于水后经根吸收进入植物体内才能有效发挥作用。一般植物营养最大效率期常常出现在植物生长即营养生长、生殖生长的旺盛时期。树木小苗培养及花卉、草坪对化肥很敏感。在花木休眠期、大树及土壤养分基本不缺乏的条件下，没必要追施化肥。

## 第四节 园林树木的灌溉与排水

### 一、园林树木的灌溉

多数园林树木需要灌溉，以补充土壤供水的不足，甚至在湿润或多雨地区也会发生干旱，需要灌溉，以维持其生命。在半干旱和干旱地区，灌溉更是园林绿地管理中需要经常注意的重要问题。

1. 园林树木灌溉的时期

树木是否需要灌溉要从土壤水分状况和树木对水分的反应情况来判断。幼树可在树木发芽前后或速生期之前进行，使林木进入生长期有充分的水分供应，落叶后是否冬灌可根据土壤干湿状况决定。也可从树木外部形态判断树木是否需要灌水。例如，早晨看树叶是上翘还是下垂，中午看叶片是否萎蔫及其程度轻重，傍晚看萎蔫后恢复的快慢等，都可作为露地树木是否需要灌溉的参考。名贵树木或抗旱性比较差的树木如鸡爪槭、变叶木、杜鹃等，略现萎蔫或叶尖焦干时就应立即灌水或对树冠喷水，否则就会产生旱害，即使较长时间内不灌溉也不至于死亡，但会严重影响生长发育和观赏效果。

用测定土壤含水量的方法确定具体灌水日期，是较可靠的方法。土壤能保持的最大水量称为土壤持水量。当土壤含水量达到最大田间持水量的60%～80%时，土壤中的水分与空气状况，最符合树木生长结实的需要。在一般情况下，当根系分布的土壤含水量低至最大田间持水量的50%时，就需要补充水分。

2. 主要物候期的灌水

(1) 休眠期灌水。

是在秋冬和早春进行的。在中国的东北、西北、华北等地，降水量较少，冬春严寒干旱，休眠期灌水十分必要。秋末冬初灌水（北京为11月上中旬），一般称为灌“冻水”或“封冻水”。冬季结冻可放出潜热，可提高树木的越冬安全性。并可防止早春干旱，因此北方地区的这次灌水不可缺少，特别是边缘或越冬困难的树种，以及幼年树木等，灌冻水更为必要。早春灌水不但有利于新梢和叶片的生长，而且有利于开花与座果，同时还可促进树木健壮生长，是花繁果茂的关键措施之一。

(2) 生长期灌水。分为花前灌水、花后灌水和花芽分化期灌水。

1) 花前灌水：花前及时灌水补充土壤水分的不足，是促进树木萌芽、开花、新梢生长和提高座果率的有效措施；同时还可防止春寒、晚霜的危害。盐碱地区早春灌水后进行中耕，还可起到压碱的作用。花前灌水可在萌芽后结合花前追肥进行。花前灌水的具体时间，则因地、因树而异。

2) 花后灌水：多数树木在花谢后进入新梢速生期，如果水分不足，会抑制新梢生长。而观果树此时如果缺少水分也会引起大量落果，尤其北方各地，春天多风，地面蒸发量大，适当灌水可保持土壤的适宜湿度。前期灌水可促进新梢和叶片生长，扩大同化面积，增强光合作用，提高座果率和增大果实，同时对后期的花芽分化有良好作用。没有灌水条件的地区，也应积极采取盖草、盖沙等保摘措施。

3) 花芽分化期灌水：这次灌水对观花、观果树木非常重要。因为树木一般是在新梢生长缓慢或停止生长时开始花芽的形态分化，如果水分不足会影响果实生长和花芽分化。因此，在新梢停止生长前及时而适量的灌水，可以促进春梢生长，抑制秋梢生长，有利于花芽分化及果实发育。

3. 灌水方法

灌水方法是树木灌水的一个重要环节。随着科学技术和工业生产的发展，灌水方法不断得到改进，特别是向机械化方向发展，使灌水效率和效果大幅度提高。园林树木的灌水方法主要有以下几种：

(1) 盘灌（围堰灌水）。以干基为圆心，在树冠投影以内的地面筑埂围堰，形似圆盘，在盘内灌水。盘深15～30cm，以树冠滴水线为准，但实际工作中则视具体操作难度而定。灌水前应先在盘内松土，便于水分渗透，待水渗完以后，铲平围埂，松土保底，如能覆盖则效果更好。

盘灌用水较经济，但浸湿土壤的范围较小，由于树木根系通常可比冠幅大1.5～2.0倍。因此离干基较远的根系，难以得到水分供应，同时还有破坏土壤结构，使表土板结的缺点。

（2）穴灌。在树冠投影外侧挖穴，将水灌入穴中，以灌满为度。穴的数量依树冠大小而定，一般为8～12个，直径30cm左右，穴深以不伤粗根为准，灌后将土还原。干旱期穴灌，也可长期保留灌水穴而暂不覆土。现代先进的穴灌技术是在离干基一定距离，垂直埋置2～4个直径10～15cm，长80～100cm的羊毛蕊管或瓦管等永久性灌水（或施肥）设施。若为瓦管，管壁布满许多渗水小孔，埋好后内装碎石或炭末等填充物，有条件时还可在地下埋置相应的环管并与竖管相连。灌溉时从竖管上口注水，灌足以后将顶盖关闭，必要时再打开。这种方法用于地面铺装的街道、广场等，十分方便。

穴灌用水经济，浸湿根系范围的土壤较宽而均匀，不会引起土壤板结，特别适用于水源缺乏的地区。

（3）沟灌（侧方灌溉）。成片栽植的树木，可每隔100～150cm开一条深约20～25cm的长沟，在沟内灌水，慢慢向沟底和沟壁渗透，达到灌溉的目的。灌溉完毕将沟填平。

沟灌能够比较均匀地浸湿土壤，水分的蒸发与流失量较少，可以做到经济用水，防止土壤结构的破坏，有利于土壤微生物的活动；还可减少平整土地的工作量及便于机械化耕作等。因此沟灌是地面灌溉的一种较合理的方法。

（4）喷灌。

它是利用专门设备把水加压，使灌溉水通过设备喷射到空中形成细小的雨点，像降雨一样湿润土壤的一种方法，有以下优点：节约用水，增加灌溉面积，比地面灌溉省水30%～50%；水滴直径和喷灌强度可根据土壤质地和透水性大小进行调整，能达到不破坏土壤的团粒结构，保持土壤的疏松状态，不产生土壤冲刷，使水分都渗入土层内，避免水土流失的目的；可以腾出占总面积3%～7%的沟渠占地，提高土地利用率；节省劳动力；适应性强，不受地形坡度和土壤透水性的限制。

（5）微灌。

1）滴灌：是利用滴头（滴灌带）将压力水以水滴状或连续细流状湿润土壤进行灌溉的方法。

2）雾灌：雾灌技术是一种节水灌溉技术，集喷灌、滴灌技术之长，因低压运行，且大多是局部灌溉，故比喷灌更为节水、节能；雾化喷头孔径较滴灌滴头孔径大，比滴灌抗堵塞，供水快。

3）渗灌：是利用一种特制的渗灌毛管埋入地表以下30～40cm，压力水通过渗水毛管管壁的毛细孔以渗流形式湿润周围土壤的一种灌溉方法。

4）小管出流灌溉：是利用直径4mm的塑料管作为灌水器，以细流状湿润土壤进行灌溉的方法。主要用于果树的节水灌溉。

5）微喷灌：是利用微喷头将压力水以喷洒状湿润土壤的一种灌溉方法。主要用在果树、花卉、园林、草地、保护地栽培中。

（6）地下灌溉（或鼠道灌溉）。它是利用埋在地下的多孔管道输水，水从管道的孔眼中渗出，浸润管道周围的土壤。用此法灌水不致流失或引起土壤板结，便于耕作，节约用水，较地面灌水优越，但要求设备条件较高，在碱性土壤中须注意避免“泛碱”。

### 二、园林树木的排水

土壤中的水分与空气含量是相互消长的。排水的作用是减少土壤中过多的水分，增加土壤中的空气含量，促进土壤空气与大气的交流，提高土壤温度，激发好气性土壤微生物的活动，促进有机质的分解，改善林地的营养状况，使林地的土壤结构、理化性质、营养状况得到综合改善。

1. 必须设置排水系统的绿地

(1) 树木生长地段低洼，降雨强度大时径流汇集多，且不能及时外泄，形成季节性过湿地或水涝地。

(2) 土壤渗水性不良，表土以下有不透水层，阻止水分下渗，形成过高的假地下水位。

(3) 树木临近江河湖海，地下水位高或雨期易淹涝，形成周期性的土壤过湿。

(4) 山地与丘陵地，雨期易产生大量地表径流，需要通过排水系统将积水排出树木生长地。

(5) 在地势平坦、低洼积水或地下排水管线设置较浅以及土壤通透性较差的地方，树木容易发生根腐，甚至死亡，应该注意及时排水。

2. 排水的主要方法

(1) 明沟排水。在树旁纵横开浅沟，排除积水。这是园林中一般采用的排水方法。如果是成片栽植，则应全面安排排水系统。

(2) 暗道排水。在地下铺设暗管或用砖石砌沟，排除积水。其优点是不占地面，但设备费用较高，一般较少应用。

(3) 地面排水。目前大部分绿地是采用地面排水至道路边沟的办法。这种方法最经济，但需要精心安排。多雨期节或一次降雨过大造成林地积水成涝，应挖明沟排水；在河滩地或低洼地，雨期时地下水位高于林木根系分布层，则必须设法排水。可在林地开挖深沟排水；土壤黏重、渗水性差或在根系分布区下有不透水层，由于黏土土壤空隙小，透水性差，易积涝成灾，必须搞好排水设施；盐碱地下层土壤含盐高，会随水的上升而到达地表层，若经常积水，会造成土壤次生盐渍化，必须利用灌水淋溶。我国幅员辽阔，南北雨量差异很大，雨量分布集中时期亦各不相同，因而需要排水的情况各异。一般来说，南方较北方排水时间多而频繁，尤以梅雨季节应进行多次排水。北方 7、8 月多涝，是排水的主要季节。

## 第五节 园林树木对自然灾害的防治

### 一、低温对园林植物的伤害及防范措施

1. 低温伤害主要生理原因

(1) 寒害。主要发生在南方，热带、亚热带地区，即在 0℃以上、10℃以下低温对植物产生的伤害。

(2) 冻害。环境温度降到摄氏零度以下，细胞间隙的水出现结冰现象，导致细胞结构受损。

(3) 生理干旱。北方常发生在暖冬或小气候好的特殊环境，其特点是环境气温高、开始代谢活动，而根部地温低、甚至处于冻土层，完全没有供水能力，导致枝叶严重失水现象发生。

2. 常用的防寒技术措施

近几年气候转暖，有些缓解，但仍应采取必要措施。一是尽可能从设计开始将植物栽植在小气候好的环境中。二是从水肥管理上入手，控水、少施氮肥，增强其抗性。三是尽量选

大苗栽植，如落叶及常绿乔木应栽植胸径5～6cm以上规格的，花灌木栽植3年以上的，抗寒性更强些。四是小苗、新植苗木是防寒重点，最少连续2～3年进行防寒。具体做法如下。

（1）灌冻水防寒：树木浇灌冻水有两个作用：一是可以增加土壤湿度，使树苗在过冬前吸足水分，可相对增加抗风、抗干旱能力，减少萧条的可能性；二是增加土壤的热容量，提高地温，保护根系不受冻害，尤其对倒春寒造成的冻害作用显著。应掌握浇灌冻水的时机，过早、过晚效果都不好，即夜冻昼化阶段灌足一次冻水。

（2）覆土防寒：主要用于灌木小苗、宿根花卉，封冻前，将树身压倒覆30～40cm的细土，拍实。

（3）根部培土防寒：冻水灌完后，结合封堰在树根部起直径50～80cm、高30～40cm的土堆。

（4）扣筐、扣盆防寒：一些植株比较矮小的露地花木，如牡丹、月季等，可以采用扣筐、扣盆的方法。

（5）架风障：在上风方向架设风障。风障要超过树高。

（6）石硫合剂涂白防寒：涂白就是在苗木的树干涂上熟石灰，形成一种保护膜层。膜层可以起到抗风保湿、保温作用，减少树干皮部水分蒸腾。白色涂剂在日间光照下，可以反射光线，减少昼夜温差。华北地区对一些抗寒性稍差和苗干怕日灼的苗木，如香椿、柿树、合欢、悬铃木、七叶树等常用此法。涂白剂浓度不可太黏稠，应加入适量黏着剂，防止涂剂脱落。涂白剂配方为：石灰5kg∶硫磺0.5kg∶水20kg。

（7）护干防寒：新植落乔和小灌木用草绳或用稻草包干或包冠。

（8）树冠防寒：北方引种的阔叶常绿的火棘、枸骨、蚊母、石楠，可在冬季冰冻期来临前，用保暖材料将树冠束缚后包好，待气温回升后再拆除。

（9）小棚保护地防寒：北方对新植的大叶黄杨球、绿篱等常用架设小棚方法进行保护，注意所用棚布应是带颜色（绿色）的无纺布，避免棚内过分增温引发生理干旱。

（10）地面覆盖物防寒：覆盖物防寒的作用是提高地温，保持土壤的湿度，减少冻层的厚度，从而起到保护树苗安全越冬的目的。对新移植的竹子、雪松等在加风障的同时，在根部铺撒马粪、树叶、锯末、秋秸等物，可使土壤晚封冻早解冻，利于苗木越冬。

## 二、高温燥热对园林植物的伤害及防范措施

### 1. 热害的生理原因

高温对植物的伤害，称为热害。南方比北方突出。许多原属高海拔地区或冷凉地区生长的树种，其生态习性决定了其在高温、干燥的环境中很难适应，必然导致生长发育不良。高温增加了植株的蒸腾作用强度，超出了其能忍耐的极限，给植物造成伤害，高温可造成物理伤害，如焦叶、皮烧等。高温使植物体代谢失调，致使养分制造（光合作用）和丢失（呼吸作用）不利于其生长发育，造成很多北方树种、高寒树种在南方生长不良，存活困难，如杨树类、桃、苹果等引种到华南会生长不良、不能正常开花结实。对草本植物影响，如冷地型禾草不如暖地型禾草耐热是典型例子。

华北地区盛夏，当气温达到35℃以上时，许多树种即表现出受害状，如七叶树、赤杨、花楸、白桦等叶缘枯焦；大花水亚木、北五味子、天女木兰、华北落叶松等如不在遮阳条件下较难度过盛夏；又如紫杉在北京，当气温达到40℃时，叶面大部分受日灼伤害产生突起；华中地区抗高温能力较差的植物品种有杨梅、厚朴、羽毛枫、八角金盘、洒金珊瑚、茶

梅等。

2. 防暑降温的常用措施

(1) 种植环境改造：将易日灼的苗木间种在大树行间，可减轻日灼危害，促进苗木生长。如各公园的椴树种植在大树丛中，很少出现焦叶。

(2) 搭荫棚：花灌木常用苇帘、遮阳网等进行防晒降温处理。

(3) 在江南地区，则常采取增加环境湿度、喷雾、喷水降温措施。

**三、防雪及冰凌**

北方和南方的早春及秋冬雨雪往往产生雪压和冰凌，使树枝弯垂甚至折断或劈裂。尤其是枝叶茂密的常绿树，如竹子、针叶、阔叶常绿树、雪松、香樟等，应将树冠上的积雪及时打掉，防雪压折断树枝。对生长旺盛的竹林，进入秋季可进行削梢修剪。

**四、园林树木的防风**

1. 江南、岭南地区夏季防台风、暴雨

江南、岭南地区夏季防台风、暴雨、风灾的后果轻者影响树木生长，重者还会造成人员死亡和其他事故。因此，抗台风是园林养护工作中的一项极其重要的内容。在台风季节来临之际，首先必须做好防台风抗台风紧急预案，随时掌握台风的移动路线和方向，在可能受到台风袭击的地区采取以下预防措施。

(1) 加固支撑保护：对于树冠浓密的大树、特别是新栽植的大树，要加强对台风迎风面的支撑，支撑材料宜采用杉原木和钢管。

(2) 树冠疏稀修剪：对枝条较脆的树种和建筑、供电线路附近的大树，要采取临时修剪的措施，将树冠适当清空，以减小受风面积。

(3) 综合防范措施：台风往往对沿海城市的绿化破坏最大，因此，沿海城市应加强防台风抗台风绿化工作实践经验的总结，以及对各绿化品种受台风影响的调查和研究，按地区特征和台风的强度，选择深根性、硬材质的乡土树种，设置具有针对性的防护林带，通过正确的种植方法和有效的养护管理以提高植物的抗台风能力，将台风对绿化造成的损失降低到最低限度。

(4) 加强防范的组织管理：落实抗台风小组值班制，随时掌握台风对园林绿化的影响程度和应采取的抢救措施。

2. 北方地区园林绿地防风的管理措施

一年中，春季、雨期和冬季多风，特别是雨期，土壤湿润松软，树冠枝叶茂密，常造成树木倒伏的事故。轻者影响树木生长，重者造成树木死亡，甚至造成人身伤亡和其他破坏事故。故雨期之前应采取防风措施。

(1) 修剪：树冠过于密浓高大者（如杨树）或浅根性的易倒伏树种（如洋槐）等在6月上中旬进行适当疏剪，利于通风，减少风的阻力。

(2) 培土：对根系浅的树种或者栽植覆土较浅的树根加厚根部培土。

(3) 支撑：对一些珍贵树木或树冠大又在风口地方的乔木，必要时在迎风方向设立支撑物。尤其是新植大树，根系尚未发育完好，必须做好防风支架。支撑物与树皮之间用软物隔开，防止磨破树皮。

**五、园林树木的防火**

北方地区防火主要在晚秋及冬春季节的落叶休眠期，重点防范区在风景区。江南地区秋冬季节气候干燥，常绿树种较多，枝叶繁茂，很容易酿成绿地火灾。因此，在秋冬季节进入植物休眠阶段期间，是预防火灾的重点时期。

1. 做好防火宣传

要在各景区进山入林路口和旅游景区设置森林防火宣传警示牌、张贴标语、悬挂横幅等，提醒广大游客进山游玩勿忘防火。

2. 加强对游人的防火管理

严禁携带火种和易燃物品进山入林，严禁在林内从事野炊、吸烟等行为。

3. 加强看管巡查

各旅游景点、林区等重点区域要确定专人，划区包干。

(1) 特别是在每年冬至，南方大部分地区都有祭奠先人的习俗，在此时段，更需加强流动检查管理，严禁林区用火。

(2) 在秋末冬初，可在林区每隔一段距离，清除枯叶，割去杂草，设置防火隔离带，并备好消防器具及消防设施，以备不时之需。

(3) 在容易引起火灾的配电房、烧烤场等地段，可成排种植珊瑚树、油茶、木荷等有防火隔离作用的植物品种，以减缓火灾发生时火的蔓延速度，减小火灾损失。

(4) 在火灾高危等级期间，要严格执行 24 小时防火值班制度，准确报告火情动态，及时核查、反馈信息，确保信息畅通。林区消防专业队伍要随时处于临战状态，一旦发现火情，能够做到迅速出击，集中力量打歼灭战，坚持杜绝过夜火；明火扑灭后，要彻底清理余火，防止死灰复燃。

## 第六节 园林树木病虫害的防治方法

### 一、园林树木病虫害的种类

园林树木受生物或非生物病原侵染后，表现出来的不正常状态，称为症状。症状是病状和病症的总称。寄主植物感病后树木本身所表现出来的不正常变化，称为病状。树木病害都有病状，如花叶、斑点、腐烂等。病原物侵染寄主后，在寄主感病部位产生的各种结构特征，称为病症，如锈状物、煤污等，它构成症状的一部分。有些树木病害的症状，病症部分特别突出，寄主本身无明显变化，如白粉病。而有些病害不表现病症，如非侵染性病害和病毒病害等。

树木病害是一个发展的过程，因此树木的症状在病害的不同发育阶段也会有差异。有些树木病害的初期症状和后期症状常常差异较大。但一般而言，一种病害的症状常有它固定的特点，有一定的典型性，但在不同的植株或器官上，会有特殊性。在观察树木病害的症状时，要注意不同时期症状的变化。

每一种树木病害的症状常是由几种现象综合而成，一般根据其主要症状加以区别。主要的树木病害症状有以下一些类型：

1. 坏死

植物受病原物危害后出现细胞或组织消解或死亡的现象，称为坏死。这种症状在植物的各个部分均可发生，但受害部位不同，症状表现有差异。在叶部主要表现为形状、颜色、大小不同的斑点；在植物的其他部位如根及幼嫩多汁的组织，表现为腐烂；在树干皮层表现为溃疡等，如杨树腐烂病。

2. 枯萎或萎蔫

典型的枯萎或萎蔫指园林植物根部或干部维管束组织感病后表现失水状态或枝叶萎蔫下垂现象。主要原因在于植物的水分疏导系统受阻，如果是根部或主茎的维管束组织被破坏，则表现为全株性萎蔫，侧枝受害则表现为局部萎蔫。

3. 变色

变色主要有 3 种类型，褪绿、黄化和花叶。园林植物感病后，叶绿素的形成受到抑制或被破坏而减少，其他色素形成过多，使叶片出现不正常的颜色。病毒、支原体及营养元素缺乏等均可引起园林植物出现此症状。

4. 畸形

畸形是由细胞或组织过度生长或发育不足引起的。常见的有植物的根、干或枝条局部细胞生而形成瘘瘤，如月季根癌病；植物的主枝或侧枝顶芽生长受抑制，腋芽或不定芽大量发生而形成丛枝，如泡桐丛枝病；感病植物器官失去原来的形状，如花变叶、菊花绿瓣病。

5. 流胶或流脂

植物感病后细胞分解为树脂或树胶流出。

6. 粉霉

植物感病部位出现白色、黑色或其他颜色的霉层或粉状物，着生菌体或孢子，如芍药白粉病和玫瑰锈病等。

**二、园林树木病虫害的防治措施**

园林树木病虫害的防治措施一般分为以下 3 种。

1. 耕作防治法

(1) 选用抗病的优良品种。利用抗病虫害的种质资源，选择或培育适于当地栽培的抗病虫品种，是防治花卉病虫害最经济有效的重要途径。

(2) 培育和选用无病健康苗。在育苗上应注意种子消毒、育苗地选择、土壤或营养土消毒、培育和选择无病状、强壮的苗，或用组织培养的方法大量繁殖无病苗。

(3) 轮作。木本花卉中不少害虫和病原苗在土壤或带病残株上越冬，如果连年在同一块地上种植同一种树种或花卉，则易发生严重的病虫害。实行轮作可使病原菌和害虫得不到合适的寄主，使病虫害显著减少。

(4) 贯彻适地适树原则，合理进行植物配置。尤其是公园和风景区大片林种植时，提倡多个树种合理的混交配置，有利于预防病虫害的蔓延和爆发。

(5) 改变栽种时期。病虫害发生与环境条件如温度、湿度有密切关系，因此可把播种栽种期提早或推迟，避开病虫害发生的旺季，以减少病虫害的发生。

(6) 肥水管理。改善植株的营养条件，增施磷、钾肥，使植株生长健壮，提高抗病虫能力，可减少病虫害的发生。水分过分潮湿，不但对植物根系生长不利，而且容易使根部腐烂或发生一些根部病害。合理的灌溉对地下害虫具有驱除和杀灭作用，排水对喜湿性根病具有显著的防治效果。

(7) 中耕除草。中耕除草可以为树木创造良好的生长条件，增加抵抗能力，也可以消灭地下害虫。冬季中耕可以使潜伏土中的害虫病菌冻死，除草可以清除或破坏病菌害虫的潜伏场所。

2. 物理机械防治法

(1) 人工或机械的防治方法。利用人工或简单的工具捕杀害虫和清除发病部分，如人工捕杀小地老虎幼虫，人工摘除病叶、剪除病枝等。

(2) 诱杀。很多夜间活动的昆虫具有趋光性，可利用灯光诱杀，如黑光灯可诱杀夜蛾类、螟蛾类、毒蛾类等700种昆虫。有的昆虫对某种色彩敏感，可用该昆虫喜欢的色彩胶带吊挂在栽培场所进行诱杀。

(3) 热力处理法。不适宜的温度会影响病虫的代谢，从而抑制它们的活动和繁殖。因此可通过调节温度进行病虫害防治，如温水（40～60℃）浸种、浸苗、浸球根等可杀死附着在种苗、花卉球根外部及潜伏在内部的病原菌害虫，温室大棚内短期升温，可大大减少粉虱的数量。

此外，还可以通过超声波、紫外线、红外线、晒种、熏土、高温或变温土壤消毒等物理方法防治病虫害。

3. 生物防治法

是利用生物来控制病虫害的方法，其效果持久、经济、安全，是一种很有发展前途的防治方法。

(1) 以菌治病。就是利用有益微生物和病原菌间的撷抗作用，或者某些微生物的代谢产物来达到抑制病原菌的生长发育甚至使病菌死亡的方法，加“5406”菌肥（一种抗菌素）能防治某些真菌病、细菌病及花叶型病毒病。

(2) 以菌治虫。利用害虫的病原微生物使害虫感病致死的一种防治方法。害虫的病原微生物主要有细菌、真菌、病毒等，如青虫菌能有效防治柑橘凤蝶、刺蛾等，白僵菌可以防治鳞翅目、鞘翅目等昆虫。

(3) 以虫治虫和以鸟治虫。是指利用捕食性或寄生性天敌昆虫和益鸟防治害虫的方法。如利用草蛉捕食蚜虫，利用红点唇瓢虫捕食紫薇绒蚧、日本龟蜡蚧，利用伞裙追寄蝇寄生大袋蛾、红蜡蚧，利用扁角跳小蜂寄生红蜡蚧等。

(4) 生物工程。生物工程防治病虫害是防治领域一个新的研究方向，近年来已取得一定的进展。如将一种能使夜盗蛾产生致命毒素的基因导入到植物根系附近生长的一些细菌内，夜盗蛾吃根系的同时也将带有该基因的细菌吃下，从而产生毒素致死。

## 第七节 古树、名木的养护

### 一、古树衰老的原因

古树衰老的原因是多方面的，主要包括自然灾害、病虫危害和人为活动的影响。

1. 自然灾害

(1) 大风。7级以上的大风，主要是台风、龙卷风和另外一些短时风暴，可吹折枝干或撕裂大枝，严重者可将树干拦腰折断。而不少古树因蛀干害虫的危害，枝干中空，腐朽或有树洞，更容易受到风折的危害。枝干的损害直接造成叶面积减少，还易引发病虫害，使本来生长势弱的树木更加衰弱，严重时导致古树死亡。

(2) 雷电。古树高大，易遭雷电袭击，导致树头枯焦、干皮开裂或大枝劈断，使树势明显衰弱。

（3）干旱。持久的干旱，使得古树发芽推迟，枝叶生长量减小，枝的节间变短，叶片因失水而发生卷曲，严重时可使古树落叶，小枝枯死，易遭病虫侵袭，从而导致古树的进一步衰老。

（4）雪压。树冠雪压是造成古树名木折枝毁冠的主要自然灾害之一，特别是在大雪发生时，若不及时进行清除，常会发生毁树事件。

（5）雨凇（冰挂）、冰雹。雨凇（冰挂）、冰雹是空气中的水蒸气遇冷凝结成冰的自然现象，一般发生在4～7月份，这种灾害虽然发生几率较少，但灾害发生时大量的冰凌、冰雹压断或砸断小枝、大枝，对树体也会造成不同程度的损伤，削弱树势。

（6）地震。地震虽然不是经常发生，但是一旦发生5级以上的强烈地震，对于腐朽、空洞、干皮开裂、树势倾斜的古树来说，往往会造成树体倾倒或干皮进一步开裂。

2. 病虫危害

古树的病虫害与一般树木相比发生的概率要小得多，而且致命的病虫更少，但高龄的古树大多已开始或者已经步入了衰老至死亡的生命阶段，树势衰弱已是必然，若日常养护管理不善，人为和自然因素对古树造成损伤时有发生，则为病虫的侵入提供了条件。对已遭到病虫危害的古树，若得不到及时而有效的防治，其树势衰弱的速度将会进一步加快，衰弱的程度也会因此而进一步增强。因此在古树保护工作中，及时有效地控制主要病虫害的危害是一项极其重要的措施。

3. 人为活动的影响

（1）生长条件。

1）生长空间不足：有些古树栽在殿基土上，植树时只在树坑中换了好土，树木长大后，根系很难向坚土中生长，由于根系的活动范围受到限制，营养缺乏，致使树木衰老。古树名木周围常有高大建筑物，严重影响树体的通风和光照条件，迫使枝干生长发生改向，造成树体偏冠，且随着树龄增大，偏冠现象就越发严重。这种树冠的畸形生长，不仅影响了树体的美观，更为严重的是造成树体重心发生偏移，枝条分布不均衡，如遇雪压、雨凇、大风等异常天气，在自然灾害的外力作用下，极易造成枝折树倒，尤以阵发性大风对偏冠的高大古树的破坏性更大。

2）土壤密实度过高：城市公园里游人密集，地面受到大量践踏，土壤板结，密实度高，透气性降低，机械阻抗增加，对树木的生长十分不利。

3）树干周围铺装面过大：由于游人增多，为方便观赏，多在树干周围用水泥砖或其他硬质材料进行大面积铺装，仅留下较小的树池。铺装地面不仅加大了地面抗压强度，造成土壤通透性能的下降，也形成了大量的地面径流，大大减少了土壤水分的积蓄，致使古树经常处于透气、营养及水分极差的环境中，使其生长衰弱。

（2）环境污染。大气污染对古树名木的影响和危害：主要症状表现为叶片卷曲、变小、出现病斑，春季发叶迟，秋季落叶早，节间变短，开花、结果少等。

污染物对古树根系的直接伤害：土壤的污染对树木造成直接或间接的伤害，有毒物质对树木的伤害，一方面表现为对根系的直接伤害，如根系发黑、畸形生长，侧根萎缩、细短而稀疏，根尖坏死等；另一方面表现为对根系的间接伤害，如抑制光合作用和蒸腾作用的正常进行，使树木生长量减少，物候期异常，生长势衰弱等，促使或加速其衰老，易遭受病虫危害。

（3）直接损害。指遭到人为的直接损害，如在树下摆摊设点；在树干周围乱堆杂物，如水泥、沙子、石灰等建筑材料（特别是石灰，遇水产生高温常致树干灼伤，严重者可致其死亡）。在旅游景点，个别游客会在古树名木的树干上乱刻乱画；在城市街道，会有人在树干上乱钉钉子；在农村，古树成为拴牲畜的桩，树皮遭受啃食的现象时有发生；更为甚者，对妨碍其建筑或车辆通行等原因的古树名木不惜砍枝伤根，致其死亡。

## 二、古树名木的一般养护

1. 树体加固

古树由于年代久远，主干或有中空，主枝常有死亡，造成树冠失去均衡，树体容易倾斜；又因树体衰老，枝条容易下垂，因而需用他物支撑。如北京故宫御花园的龙爪槐，皇极门内的古松均用钢管呈棚架式支撑，钢管下端用混凝土基加固，干裂的树干用扁钢箍起，收效良好。

2. 树干疗伤

古树名木进入衰老年龄后，对各种伤害的恢复能力减弱，更应注意及时处理。

3. 树洞修补

若古树名木的伤口长久不愈合，长期外露的木质部受雨水浸渍，逐渐腐烂，形成树洞，既影响树木生长，又影响观赏效果，长期下去还有可能造成古树名木倒伏和死亡。

4. 设避雷针

高大的古树应加避雷针，如果遭受雷击应立即将伤口刮平，涂上保护剂。

5. 灌水、松土、施肥

春、夏干旱季节灌水防旱，秋、冬季浇水防冻，灌水后应松土，一方面保墒，另一方面也增加土壤的通透性。古树施肥要慎重，一般在树冠投影部分开沟（深0.3m、宽0.7m、长2m或深0.7m、宽1m、长2m），沟内施腐殖土加稀粪，或适量施化肥等增加土壤的肥力，但要严格控制肥料的用量，绝不能造成古树生长过旺，特别是原来树势衰弱的树木，如果在短时间内生长过盛会加重根系的负担，造成树冠与树干及根系的平衡失调，后果适得其反。

6. 树体喷水

由于城市空气浮尘污染，古树的树体截留灰尘极多，特别是在枝叶部位，不仅影响观赏效果，而且由于减少了叶片对光照的吸收而影响光合作用。可采用喷水方法加以清洗，此法费工费水，一般只在重点区采用。

7. 整形修剪

一般情况下，以基本保持原有树形为原则，尽量减少修剪量，避免增加伤口数。对病虫枝、枯弱枝、交叉重叠枝进行修剪时，应注意修剪手法，以疏剪为主，以利通风透光，减少病虫害滋生。必须进行更新、复壮修剪时，可适当短截，促发新枝。

8. 防治病虫害

古树衰老，容易招虫致病，加速死亡。应更加注意对病虫害的防治。

9. 设围栏、堆土、筑台

在人为活动频繁的立地环境中的古树，要设围栏进行保护。围栏一般要距树干3～4m，或在树冠的投影范围之外，在人流密度大的地方，树木根系延伸较长者，对围栏外的地面也要作透气性的铺装处理；在古树干基堆土或筑台可起保护作用，也有防涝效果，砌台比堆土收效更佳，应在台边留孔排水，切忌围栏造成根部积水。

10. 立标示牌

安装标志，标明树种、树龄、等级、编号，明确养护管理负责单位，设立宣传牌，介绍古树名木的重大意义与现状，可起到宣传教育、发动群众保护古树名木的作用。

**三、古树名木的树洞处理**

古树树洞主要发生在大枝分叉处、干基和根部。干基的空洞都是由于机械损伤、动物啃食、和根茎病害引起的；大枝分叉处的空洞多源于劈裂和回缩修剪；根部空洞源于机械损伤，动物、真菌和昆虫的侵袭。

修补前，应进行诊断，确定修补内容；修补后，树体应保持坚固、安全、美观，并与环境相协调。

树洞修补应包括堵洞修补和洞壁修补。对洞内腐朽物质湿度大、不通风、水分不易排出的树木应进行堵洞修补；对树体多洞或树洞开裂、干燥、通风良好的树木应进行洞壁修补。

1. 堵洞修补

(1) 洞内清除。腐烂物应清除至洞壁硬层；树洞过深时，应在洞底处打洞，洞孔规格应有利于将树洞腐烂物清除；清理后，应使洞壁达到自然干燥状态，用杀虫剂和杀菌剂对洞壁进行处理，并应喷防腐剂，风干后，涂抹熟桐油 2～3 遍。洞边要使用已消毒的刀和凿进行腐朽物清理、修整至活组织，然后涂伤口愈合剂。

(2) 洞内架设龙骨。龙骨架应选用干燥的硬木或钢筋等硬质材料；龙骨架材料应涂防腐剂；按洞内形状大小制作安装龙骨架，其下端应与洞壁接牢，上端高度应接触洞口壁内层与洞口平接；洞内支撑材料与洞壁之间应选用树脂胶粘牢固定，其他空间作为通气孔道。

树洞封口及造型应用铁丝网、无纺布封堵洞口。无纺布上应涂一层防水胶，选用干燥硬质木料制作成原树干外形，与无纺布粘牢。粘接时应为封缝和树皮仿真预留一定空间。

封缝时应在形成层下方切除木质部深和宽各为 10～20mm，洞口周边修成凹槽型，并应在槽内涂生物胶，使木质部与造型洞壁材料密封。

(3) 树皮仿真。将水泥、硅胶和颜料按一定比例混合后与树皮颜色相近似，然后涂于洞口表层，其上仿造树皮刻画纹理；可利用硅胶制成模具复制树皮贴拼；可取同种树皮用有机硅胶粘牢。

2. 洞壁修补

洞壁清理时，应去除残渣，若局部凹陷积水应留有孔，然后涂抹杀菌剂和防腐剂；洞壁干燥后，其表面应刷 2～3 遍熟桐油，使其表面均匀自然；树洞开裂木质腐烂到地表以下时应将腐烂物清除，在洞壁涂防腐剂，然后在地表以下应填土压实，高出地面 100mm；树壁不稳固时，应采取内外加固措施；对于严重影响景观洞壁修补的树木应按照上述要求进行修补。

树洞修补后的检查应每年检查；对通气孔进行检查，防止堵塞；洞边封缝处一旦发现裂缝应进行修补；仿真树皮有开裂现象应及时进行修整。

**四、古树复壮**

古树名木的共同特点是树龄较高、树势衰老，自体生理机能下降，根系吸收水分、养分的能力和新根再生的能力下降，树冠枝叶的生长速率也较缓慢，如遇外部环境的不适或剧烈变化，极易导致树体生长衰弱或死亡。所谓更新复壮，就是运用科学合理的养护管理技术，使原本衰弱的树体重新恢复正常生长，延缓其衰老进程。必须指出的是，古树名木更新复壮的运用是有前提的，它只对那些虽说年老体衰，但仍在其生命极限之内的树体有效。

古树复壮主要措施，具体内容如下：

1. 土壤改良

土壤改良应包括对密实土壤、硬质铺装土壤、污染土壤和坡地土壤的改良。

（1）密实土壤改良。密实土壤改良采用土壤沟或坑改土和根系表土层改土的方式。

1）土壤沟或坑改土又可分为挖沟或坑、沟内安装通气管、添加改土物质等步骤。

①土壤挖沟或坑。在多数吸收根系分布区布置沟或坑，沟或坑的位置应探根后确定，并在树木营养面积大的地方宜挖沟，营养面积狭小的地方挖坑。沟和坑的布局、数量、规格应依据多数吸收根系分布实际情况确定，土壤改良面积应为多数吸收根系分布面积的一半。

②沟内安装通气管。通气管宜选用直径为100～150mm带有壁孔的PVC管，外罩无纺布；安装通气管应横竖相连，横管铺沟底，两端各设一竖管，上端加带孔不锈钢盖。土壤改土后易积水时，应设排水沟。

③沟和坑内添加的改土物质：包括细沙、粗有机质和腐殖质、有机无机复合颗粒肥、微量元素、生物活性有机肥和微生物菌肥等。

a. 掺入细沙后，改良土壤容重应达到1.1～1.3g/cm$^3$；

b. 掺入粗有机质和腐殖质，改良土壤有机质含量应大于20.0～30.0g/kg；

c. 掺入有机无机复合颗粒肥后、土壤氮磷钾的水解性氮应达到90～120mg/kg，速效磷应达到10～20mg/kg，速效钾应达到85～120mg/kg；

d. 微量元素的施用量应为氮磷钾用量的2%～5%；

e. 生物活性有机肥和微生物菌肥施用量应按产品说明使用。

④改土物质应与土壤混匀后填入沟坑内至地面，然后压实、整平、围堰并及时浇水。

2）根系表土层改土。在密实土壤改土范围内，在沟和坑改土以外的区域应进行根系表土层改土；表土层刨松后掺入细沙、有机质、有机无机复合颗粒肥、微量元素、生物活性有机肥和微生物菌肥等，其用量应符合上述a. b. c. d. e. 的规定。掺入物质与土壤混匀，压实、整平地面后及时浇水。

（2）硬质铺装土壤改良。包括铺设透气砖、木栈道和铁箅子。

1）透气砖改土。

拆除古树名木植株改土区内地面硬质铺装时，将下垫面的水泥砂浆层去除后再回填细沙和腐殖质，做到混匀、铺平、夯实。在多数吸收根范围内布置品字形孔位。孔距宜为1000～1500mm，直径宜为120～150mm，深宜为600～800mm。孔内应放入罩有无纺布的壁孔管材。管孔内依次放入深200mm的陶粒，其上混匀的有机无机复合颗粒肥、微量元素、生物活性有机肥和微生物菌肥，各种肥料用量应符合上述a. b. c. d. e. 的规定。肥料混匀后应整平地面。浇透水。在改土层上铺设透水砖，与孔管平齐，管口加带孔的不锈钢盖。

若地面无荷载要求，应种植耐旱地被植物进行覆盖。

2）木栈道和铁箅子改土。

在人流活动频繁的区域采用木栈道或铁箅子改土。拆除改土区内地面硬质铺装后，可采用挖沟的方式进行改土。当沟内土壤积水时，应设排水沟。木栈道或铁箅子应铺设在龙骨支架上，架设龙骨宜采用钢筋、混凝土等材料，铺设后添加改土物质。

(3) 污染土壤改良。包括渗滤液土壤、盐碱土壤和酸碱土壤。

1) 渗滤液土壤改良，应及时挖深沟并用大水冲洗，排出土壤内浓度过大的有机滤液。

2) 盐碱土壤改良的要求。表层土壤被融雪盐等污染时，其含盐量大于3g/kg时，应及时更换土壤；当盐水已渗入到土壤深层时，应立即灌大水洗盐，土壤含盐量应控制在0.1%～0.2%范围。

3) 酸碱土壤改良的要求如下：

①pH值小于5的土壤应施用生石灰进行中和。

②pH值大于8的土壤应施用硫酸亚铁或硫磺粉进行中和。

③土壤pH值应调整到5～8范围内。对pH值有特殊要求的树木另行确定。

4) 换土时应保护根系，对直径大于5mm的根系应用湿麻袋片包裹，然后用干净的土壤回填。

(4) 坡地土壤改良。土壤改良宜在春季植株萌动前进行。在干旱的北方地区，应在树冠垂直投影下的下水方向，用石砌成半圆状鱼鳞坑；若山势陡或处南方多雨地区，在多数吸收根范围内，砌砖石围堰。深翻坑内土壤，去除石砾，放入腐烂枯枝落叶和有机无机复合颗粒肥、微量元素、生物活性有机肥、微生物菌肥，其用量应符合上述a.b.c.d.e.的规定，必要时宜加入保水剂。

2. 树体损伤处理

树体损伤处理。树体损伤处理应包括活组织处理和死组织处理，对损伤的根系、枝干应及时进行处理，活组织处理应达到伤口愈合、功能恢复，死组织处理应预防腐烂、提高景观效果。

(1) 活组织处理。活组织处理包括木皮、根系活组织和树体倒伏的损伤处理。

木皮损伤处理应先清理伤口、消毒，然后涂抹伤口愈合剂，最后用消毒麻袋片包扎伤口。

根系活组织损伤处理时：应修剪伤根、劈根、腐烂根，做到切口平整，并及时喷生根剂和杀菌剂；调节土壤水、肥、气、温度及pH值，增加有益菌，促进伤口愈合及新根萌发。

树体倒伏的树木先进行诊断，能成活的树木要按下列步骤进行处理：

1) 先将受伤枝干锯成斜断面，然后对断面进行消毒，涂抹伤口愈合剂。

2) 倒伏树体宜根据损伤恢复情况分2～3次扶正。

活组织损伤处经处理后，应每年进行检查，出现问题应按原技术进行处理，直至伤口全部愈合为止。

(2) 对受损伤的正常或轻弱株可进行树干输液。根据树木生长势、胸径，应选择树体输导组织正常的部位确定孔位及数量，孔位应上下错开，在孔位处向斜下方打孔，角度宜与树干呈45°，孔径适宜针头进入，深度至活木质部。针头插入后，针孔周围应涂伤口愈合剂。树干输液应选用含有多糖、氨基酸、氮磷钾、微量元素、生物酶、植物激素等成分的营养液。输液次数应以达到叶片恢复基本正常为宜。输液结束后及时拔出针管，对针孔进行消毒并用相同树种锥形木塞堵上，缝隙用伤口愈合剂封严。

(3) 术皮损伤、凹陷、裂缝等死组织损伤的处理。应清理损伤处表面的残渣、腐烂物，并应防腐消毒；表面若有凹陷、裂缝等易存水或渗水处应用胶填充修补；若表面色差较大，应采取措施调成与木质相似的颜色；表面风干后，应用桐油刷2遍以上形成保护层。

树体受伤倒伏不能抢救的，应及时按有关规定处理。树体损伤处理后应每年对树体进行检查，发现问题及时处理。

3. 树体加固

根据树体主干和主枝倾斜程度、隐蔽树洞情况制定树体加固方案。树体加固应包括硬支撑、软支撑、活体支撑、铁箍加固和螺纹杆加固。

主干或主枝倾斜度大，有发生倒伏的倾向时，应采取硬支撑；当主干或主枝倾斜度小，附近有附着物的情况应采用软支撑；条件满足时可采用同一树种进行活体支撑，主干或主枝破损、劈裂、有断裂倾向的树木，应采用铁箍或螺纹杆加固。

树体加固后应每年对橡胶垫圈、支柱、拉绳、铁箍、螺纹杆等进行检查。当出现问题时，应及时进行安装和维修。

（1）硬支撑。硬支撑材料应包括镀锌管或铁管、钢板、胶垫等；支柱宜选用直径为100～150mm的镀锌管或铁管支撑，铁管表面应涂一层颜色与周围环境相协调的防腐漆；支柱上端应与被支撑主干或主枝之间安装涂有防腐漆的矩形曲面钢质托板，其内层应加软垫；支撑点应选在树体或主枝平衡点以上适宜位置，支柱与被支撑主干、主枝夹角宜不小于30°；支柱接地点宜选在支撑点的重力线接地点和压力线接地点之间，支柱下端宜埋入地下水泥浇筑的基座，确保稳固安全；每年应定期检查支撑设施，当树木生长造成托板挤压树皮时应适当调节托板。

（2）软支撑。软支撑材料应包括钢丝绳、铝合金板、胶垫等；牵引点应选在被支撑树平衡点以上部位，而另一牵引点可设在本树或邻树以及其他物体上，两点牵引线与牵引物夹角应接近90°；牵引的钢丝绳直径宜为8～12mm；在被拉树体牵引点处应用铝合金板制成内加橡胶垫的托袋，系上钢丝绳固定，并应安装紧线器与另一端附着体套上；随着树体直径的生长，应适当调节托袋大小和钢丝绳松紧度。

（3）活体支撑。应提前培养分叉部位与被支撑点的高度平齐的青壮年树作为活体支柱；活体支柱与被支撑树体的夹角宜为90°。支撑按下列步骤进行：

1）先把两树接触部位的皮层剥开。

2）两树接触部位的形成层应及时进行靠接。

3）在靠接处用塑料薄膜包扎绑缚。

4）待形成层完全愈合后应去除包扎。

（4）铁箍加固。铁箍安装位置及数量应根据树体劈裂长度和有利于加固要求来确定；应选用扁铁制作圆形铁箍内加胶垫。

加固按下列步骤进行：

1）在规定位置完成安装铁箍后应用螺丝钉拧紧。

2）应在铁箍表层涂防腐漆。

3）在劈裂处应用生物胶封严，并用已消毒麻袋片对劈裂处包扎捆紧。

（5）螺纹杆加固。根据树体劈裂程度设计安装螺纹杆的位置和数量；螺纹杆孔位应错开，螺纹杆间距宜为0.5～0.8m，螺纹杆直径宜为1～2mm。

加固按下列步骤进行：

1）先在孔位打比螺纹杆径大10mm的孔径，再将螺纹杆穿过孔洞。

2）用消毒的利刀削掉两端孔位树皮和韧皮部。

3）在两头安装螺母和胶垫拧紧至木质部。

4）在上下杆之间树体裂缝处活组织用伤口愈合剂封缝。

4. 埋条促根

在古树根系范围内，填埋适量的树枝、熟土等有机材料，以改善土壤的通气性以及肥力条件，主要有放射沟埋条法和长沟埋条法。

具体做法：在树冠投影外侧挖放射状沟4～12条，每条沟长120cm左右，宽为40～70cm，深80cm。沟内先垫放10cm厚的松土，再把截成长40cm枝段的苹果、海棠、紫穗槐等树枝缚成捆，平铺一层，每捆直径20cm左右，撒上少量松土，每沟施麻酱渣1kg、尿素50kg。为了补充磷肥可放少量动物骨头和贝壳等，覆土10cm后放第2层树枝捆，最后覆土踏平。如果树体相距较远，可采用长沟埋条，沟宽70～80cm，深80cm，长200cm左右，然后分层埋树条施肥、覆盖踏平。

5. 病虫防治

（1）浇灌法：利用内吸剂通过根系吸收、经过输导组织至全树而达到杀虫、杀螨等作用的原理，解决古树病虫害防治经常遇到的分散、高大、立地条件复杂等情况而造成的喷药难以杀伤天敌、污染空气等问题。

具体做法：在树冠垂直投影边缘的根系分布区内挖3～5个深20cm、宽5cm、长60cm的弧形沟，然后将药剂浇入沟内，待药液渗完后封土。

（2）埋施法：利用固体的内吸杀虫、杀螨剂埋施根部的方法，以达到杀虫、杀螨和长时间保持药效的目的。方法与浇灌法相同，将固体颗粒均匀撒在沟内，然后覆土浇足水。

（3）注射法：对于周围环境复杂、障碍物较多，而且吸收根区很难寻找的古树，利用其他方法很难解决防治问题时，可以通过向树体内注射内吸杀虫、杀螨药剂，经过树木的输导组织至树木全身，以达到杀虫、杀螨的目的。

6. 化学药剂疏花疏果

当植物在缺乏营养或生长衰退时，常出现多花多果的现象，这是植物生长发育的自我调节，但大量结果能造成植物营养失调，古树发生这种现象时后果更为严重。采用药剂疏花疏果，则可降低古树的生殖生长，扩大营养生长，恢复树势而达到复壮的效果。疏花疏果的关键是疏花，喷药时间以秋末、冬季或早春为好。

7. 喷施或灌施生物混合制剂

采用生物混合制剂对古圆柏、古侧柏实施叶面喷施和灌根处理，可促进古柏枝、叶与根系的生长，增加枝叶中叶绿素及磷的含量，并可增强耐旱力。

8. 修剪、立支撑

（1）修剪：古树由于年代久远，主干或有中空，主枝常有死亡，造成树冠失去均衡，树体倾斜，有些枝条感染了病虫害，有些无用枝过多耗费了营养，需进行合理修剪，达到保护古树的目的。古树结合修剪进行疏花果处理，减少营养的不必要浪费。

（2）支撑：树体衰老，枝条容易下垂，需要进行支撑。

复壮时，修去过密枝条，有利于通风，加强同化作用，且能保持良好树形，对生长势特别衰弱的古树一定要控制树势，减轻重量，台风过后及时检查，修剪断枝，对已弯斜的或有明显危险的树干要立支撑保护，固定绑扎时要放垫料，以免发生缢束，以后酌情松绑。

## 五、古树名木常见主要病虫种类的防治措施

古树名木常见主要病虫种类的防治措施，见表5-1。

**表 5-1　古树名木常见主要病虫种类及防治措施**

| 病虫危害类型 | 常见主要种类 | 防治措施 |
| --- | --- | --- |
| 叶、花、果害虫 | 刺蛾类、袋蛾类、大蚕蛾类、天蛾类、尺蛾类、毒蛾类、夜蛾类、巢蛾类、枯叶蛾类、螟蛾类、灯蛾类、卷蛾类、叶蜂类、舟蛾类、叶甲类 | (1) 2.5%溴氰菊酯乳油 5000～8000 倍液、25%灭幼脲Ⅲ号 1500～2000 倍液、20%除虫脲悬浮剂 5000～7000 倍液喷洒防治。<br>(2) 苏云金杆菌(Bt)可湿性粉剂(8000IU/毫克)500～800 倍液喷洒防治。<br>(3) 白僵菌 100 亿孢子/克 50～100 倍液喷雾;1.2%苦参碱。烟碱乳油 800～1500 倍液喷洒防治。<br>(4) 灯光诱杀成虫 |
| | 蝉类、蚜虫类、木虱类、粉虱类、蚧虫类、蝽类、蓟马类、叶螨等 | (1) 释放瓢虫、食蚜蝇、草蛉、蚜小蜂、蚜茧蜂等天敌昆虫进行防治;用黄色粘虫板诱杀粉虱及有翅蚜。<br>(2) 20%吡虫啉可溶性液 5000 倍液、2.5%溴氰菊酯 3000 倍液、3%高渗苯氧威乳油 3000 倍液喷洒防治;蚧虫及叶螨类在冬季树木落叶后喷 3～5 波美度的石硫合剂进行防治 |
| 枝干害虫 | 天牛类、小蠹虫类、吉丁虫类、象甲类、木蠹蛾类、螟蛾类、透翅蛾类、茎蜂类、树蜂类、白蚁类等 | (1) 释放管氏肿腿蜂、花绒寄里等天敌昆虫进行防治。<br>(2) 磷化铝片按每虫孔 1/4 片堵蛀孔后用湿泥封孔(操作时必须确保安全),成虫期用 8%氯氰菊酯微胶囊悬浮剂 1:(200～400)倍液喷干;在被害部位包塑料布,内投 3～5 片磷化铝片密闭熏杀;清除带虫被害枝干。<br>(3) 白蚁类用甘蔗渣、按树皮作引诱材料,加入 0.5%～1%菊酯类药物或用灭幼脲Ⅲ号、抑太保诱杀;树干涂白 |
| 根部害虫 | 金针虫类、象甲类、蝼蛄、金龟子幼虫(蛴螬)、白蚁 | (1) 50%辛硫磷乳油 500 毫升/亩加水稀释均匀喷洒于土壤表层,随即浅翻土壤、灌水使土壤浸湿到虫体活动层。<br>(2) 人工捕杀成虫,清除受害根部 |
| 叶、花、果病害 | 锈病、白粉病、炭疽病、煤污病、叶斑病等 | 查找侵染来源并切断传播途径;清除染病的叶花、果;刮除病斑并集中销毁;用多菌灵、粉锈宁、代森锌等杀菌剂喷洒防治 |
| 枝干病害 | 溃疡病、丛枝病、烂皮病、炭疽病、腐烂病、枯梢病等 | 入冬前枝干涂抹石硫合剂或喷施波尔多液预防病害发生;人工剪除病枝或刮除枝干病害物并集中销毁;枝干注药、根部注药 |
| 根部病害 | 枯萎病、黄萎病、根腐病、茎基腐烂病、根癌病、根结线虫病以及紫纹羽病等 | 清除病残体,剪除侵染源;用立枯灵、多菌灵、K-84、E-26 等杀菌剂灌根、消毒;改良土壤理化性状,提高根部抗病能力 |

# 第六章 草 坪 养 护

## 第一节 草坪的灌溉

### 一、灌溉原则

（1）草坪灌水遵循以喷灌为主，尽量避免地面大水漫灌原则，这样省水效率高又不破坏土壤结构，利于草坪草的生长。

（2）在草坪草缺水时灌溉，应遵循一次浇透原则，成熟草坪，应干至一定程度再灌水，以便带入新鲜空气，并刺激根向床土深层的扩展。

（3）喷灌时应遵循大量、少次的原则，以有利于草坪草的根系生长并向土壤深层扩展。单位时间浇水量应小于土壤的渗透速度，防止径流和土壤板结。控制总浇水量不应大于土壤田间持水量，防止坪床内积水，一般使土壤湿润深度达到10～15cm即可。

（4）浇水因土壤质地而宜，沙土保水性能差，因遵循小水量多次勤浇原则，黏土与壤土要遵循多量少次原则，每次浇透，干透再浇。

草坪灌溉因草种、质量、季节、土壤质地不同遵循不同的灌水原则，同时灌溉还应与其他养护管理措施相配合。

### 二、灌水方法

1. 漫灌

地面漫灌是最简单的方法，其优点是简单易行，缺点是耗水量大，水量不够均匀，坡度大的草坪不能使用。采用这种灌溉方法的草坪表面应相当平整且具有一定的坡度，理想的坡度是0.5%～1.5%。

2. 喷灌

使用喷灌设备令水像雨水一样淋到草坪上。其优点是能在地形起伏变化大的地方或斜坡使用，灌水量容易控制，用水经济，便于自动化作业。缺点是建造成本高，但此法仍为目前国内外采用最多的草坪灌水方法。

3. 地下灌溉

靠毛细管作用从根系层下面设的管道中的水由下向上供水。这种方法可以避免土壤紧实，并使蒸发量及地面流失量减到最低程度。节水是此法最突出的优点，然而由于设备投资大，维修困难，使用此法灌水的草坪甚少。

### 三、灌水时间

在生长季节，根据不同时期的降水量及不同的草种适时灌水是极为重要的，一般可分为三个时期。

1. 返青到雨期前

这一阶段气温高，蒸腾量大，需水量大，是一年中最关键的灌水时期，根据土壤保水性能的强弱及雨期来临的时期可灌水2～4次。

2. 雨期

基本停止灌水，这一时期空气湿度较大，草的蒸腾量下降，而土壤含水量已提高到足以满足草坪生长需要的水平。

3. 雨期后至枯黄前

雨期后至枯黄前这一时期降水量少，蒸发量较大，而草坪仍处于生命活动较旺盛阶段，与前两个时期相比，这一阶段草坪需水量显著提高，如不能及时灌水，不但影响草坪生长，还会引起提前枯黄进入休眠，这一阶段，可根据情况灌水 4～5 次。

另外，在返青时灌返青水，在北方封冻前灌封冻水也都是必要的。草种不同，对水分的要求不同，不同地区的降水量也有差异。所以，必须根据气候条件与草坪植物的种类来确定灌水时期。

一天中灌溉的时间应根据季节与气温决定。夏秋高温季节，不宜在晴天的中午喷灌或洒灌，宜在 12:00 之前或 16:00 之后避开高温时段进行；冬季气温较低，需灌溉时，宜在9:00 之后或 16:00 之前进行，并应防止结冰影响行人通行。

### 四、灌水量

每次灌水量应根据土质、生长期、草种等因素而确定，以湿透根系层、不发生地面径流为原则。

灌水量的确定及影响的因素：

草坪草种或品种、草坪养护水平、土壤质地以及气候条件是影响灌水量的因素。每周的灌溉量应使水层深度达到 30～40mm，湿润土层达到 10～15cm，以保持草坪鲜绿；在炎热而干旱的地区，每周灌溉量在 6mm 以上为宜，最好是每周大灌水一两次。北方冬灌湿润土层深度则增加到 20～25cm，适宜在刚刚要结冰时进行。灌冬水提高了土壤热容量和导热性，延长绿期，确保草坪越冬安全。

## 第二节 草坪的修剪

### 一、修剪原则

（1）正确掌握草坪的修剪时间。草坪生长娇嫩、细弱时少修剪；冷季型草坪在夏季休眠时应少修剪。

（2）草坪修剪标准。由于草坪用途不同，各类草坪的修剪标准和留草高度也不一样。常用的修剪标准和留草高度简要介绍见表 6-1。

**表 6-1 各类草坪修剪标准和留草高度**

| 草坪种类 | 剪草标准（生长高度/cm） | 留草高度/cm |
|---|---|---|
| 观赏草坪 | 6～8 | 2～3 |
| 休息活动草坪 | 8～10 | 2～3 |
| 草皮球场 | 6～7 | 2～3 |
| 护坡草坪 | 12 | 1～3 |

### 二、修剪作用

（1）修剪的草坪显得均一、平整而更加美观，提高了草坪的观赏性。若不修剪，草坪草容易出现生长参差不齐，会降低其观赏价值。

（2）在一定的条件下，修剪可以维持草坪草在一定的高度下生长，增加分蘖，促进横向匍匐茎和根茎的发育，增加草坪密度。

（3）修剪可抑制草坪草的生殖生长，提高草坪的观赏性与运动功能。

（4）修剪可以使草坪草叶片变窄，提高草坪草的质地，使草坪更加美观。

（5）修剪能够抑制杂草的入侵，减少杂草种源。

（6）正确的修剪还可以增加草坪抵抗病虫害的能力。修剪有利于改善草坪的通风状况，降低草坪冠层温度和湿度，从而减少病虫害发生的机会。

## 三、修剪高度

草坪实际修剪高度是指修剪后的植株茎叶高度。草坪修剪必须遵守“1/3 原则”，即每次修剪时，剪掉部分的高度不能超过草坪草茎叶自然高度的 1/3。每一种草坪草都有其特定的耐修剪高度范围，这个范围常常受草坪草种及品种生长特性、草坪质量要求、环境条件、发育阶段、草坪利用强度等诸多因素的影响，根据这些因素可以大致确定某一草种的耐修剪高度范围。多数情况下，在这个范围内可以获得令人满意的草坪质量。草坪修剪的适宜高度，见表 6 - 2。

**表 6 - 2　草坪修剪的适宜高度（个别品种除外）**

| 草种 | 全光照剪留高度/mm | 树荫下剪留高度/mm |
|---|---|---|
| 野牛草 | 40～60 | — |
| 结缕草 | 30～50 | 60～70 |
| 高羊茅 | 50～70 | 80～100 |
| 黑麦草 | 40～60 | 70～90 |
| 匍匐剪股颖 | 30～50 | 80～100 |
| 草地早熟禾 | 40～50（3、4、5、9、10、11 月）<br>80～100（6、7、8 月） | 80～100 |

## 四、修剪频率

修剪频率是指在一定的时期内草坪修剪的次数，修剪频率主要取决于草坪草的生长速率和对草坪的质量要求。冷季型庭院草坪在温度适宜和保证水分的春、秋两季，草坪草生长旺盛，每周可能需要修剪两次，而在高温胁迫的夏季生长受到抑制，每两周修剪一次即可；相反，暖季型草坪草在夏季生长旺盛，需要经常修剪，在温度较低、不适宜生长的其他季节则需要减少修剪频率。另外，对草坪的质量要求越高，养护水平越高，修剪频率也越高。一般的草坪一年最少修剪 4～5 次，国外高尔夫球场内精细管理的草坪一年要经过上百次的修剪。

修剪的次数和修剪的高度是两个相互关联的因素。修剪时的高度要求越低，修剪次数就越多，这是进行养护草坪所需要的。草的叶片密度与覆盖度也随修剪次数的增加而增加。北京地区野牛草草坪每年修剪 3～5 次较为合适，而上海地区的结缕草草坪每年修剪 8～12 次较为合适。据国外报道，多数栽培型草坪全年共需修剪 30～50 次，正常情况下 1 周 1 次，4～6 月常需 1 周剪轧两次。应注意草的剪留高度进行有规律的修剪，当草达到规定高度的

1.5 倍时就要修剪，最高不得越过规定高度的 2 倍。草坪修剪的频率见表 6-3。

**表 6-3　　草坪修剪的频率**

| 应用场所 | 草坪草种类 | 修剪频率/（次/月） | | | 年修剪次数 |
|---|---|---|---|---|---|
| | | 4～6 月 | 7～8 月 | 9～11 月 | |
| 庭院 | 细叶结缕草 | 1 | 2～3 | 1 | 5～6 |
| | 翦股颖 | 2～3 | 8～9 | 2～3 | 15～20 |
| 公园 | 细叶结缕草 | 1 | 2～3 | 1 | 10～15 |
| | 翦股颖 | 2～3 | 8～9 | 2～3 | 20～30 |
| 竞技场、校园 | 细叶结缕草、狗牙根 | 2～3 | 8～9 | 2～3 | 20～30 |
| 高尔夫球场发球台 | 细叶结缕草 | 1 | 16～18 | 13 | 30～35 |
| 高尔夫球场果岭区 | 细叶结缕草 | 38 | 34～43 | 38 | 110～120 |
| | 翦股颖 | 51～64 | 25 | 51～64 | 120～150 |

## 五、修剪方式

修剪方式主要有机械修剪、化学修剪和生物修剪三大类。

1. 机械修剪

是指利用修剪机械对草坪修剪的方法，草坪修剪主要以修剪机修剪为主。随着社会的发展，科学技术的进步，草坪修剪机械也在不断地更新和改进，目前已有几十种适应不同场合的先进的、有效的、方便操作的修剪机械。大面积的修剪，特别是高水平养护的草坪，以机动滚刀式修剪机修剪为好，修剪出的草坪低矮、平整、美观；而小面积的修剪则可以用旋刀式修剪机修剪，但修剪出的草坪平整性、均一性较差。

机械修剪要避免同一块草坪，在同一地点、同一方向多次修剪，因为如果每次修剪总朝一个方向，容易促使草坪草向剪草方向倾斜的定向生长，草坪趋于瘦弱，易于形成“斑纹”或“纹理”现象（草叶趋于同一方向的定向生长所致），降低草坪的质量，引起草坪退化。

此外，要注意草坪修剪时严禁带露水修剪，保持刀片锋利，对草坪病斑处要单独修剪，防止交叉感染，修剪后对刀片进行消毒，病害多发季节可适当提高修剪高度。

2. 化学修剪

也称药剂修剪，主要是指通过喷施植物生长抑制剂（如多效唑、烯效唑等）来延缓草坪枝条的生长，从而降低养护管理成本。一般用于低保养的草坪，如路边草坪等，这使高速公路绿化带、陡坡、河岸等地的草坪修剪简单、安全、易操作，因此具有广阔的应用前景。随着草坪面积的扩大，草坪化学修剪也得到了重视，并取得了一些进展。但研究表明，药剂修剪会使草坪草的抵抗能力下降，容易感染病虫害，对杂草的竞争力降低，最终使草坪的品质下降。

3. 生物修剪

是利用草食动物的放牧啃食，达到草坪修剪的目的的方式，该修剪主要适宜森林公园、护坡草坪等。

另外还有草屑处理问题。通过剪草机剪下的坪草枝条组织称为草屑或修剪物。当剪下的草过多时应及时清除出去，否则形成草堆引起下面草坪的死亡或害虫在此产卵，利于病害的滋生。修剪时一般是将草叶收集在附带在剪草机上的收集器或袋内。如果绿地草坪剪下的叶片较短，又没发生病害，就可直接将其留在草坪内进行分解，既可增加有机质，又能将大量营养元素归还到土壤中循环利用。如果剪下的草叶太长或草坪发生病害，剪下的草屑要收集带出草坪或进行焚烧处理。对于运动场草坪，比如高尔夫球场果领区不宜遗留草屑（影响美观和击球质量）。

## 六、修剪操作

（1）一般先绕目标草坪外围修剪1～2圈，这有利于在修剪中间部分时机器的调头，防止机器与边缘硬质砖块、水泥路等碰撞损坏机器，以及防止操作人员意外摔倒。

（2）剪草机工作时，不要移动集草袋（斗）或侧排口。集草袋长时间使用会由于草屑汁液和尘土混合，导致通风不畅影响草屑收集效果。因此，要定期清理集草袋，不要等集草袋太满，才倾倒草屑，否则也会影响草屑收集效果或遗漏草屑于草坪上。

（3）在坡度较小的斜坡上剪草时，手推式剪草机要横向行走，坐骑式剪草机则要顺着坡度上下行走，坡度过大时要应用气垫式剪草机。

（4）在工作途中需要暂时离开剪草机时，务必要关闭发动机。

（5）具有刀离合装置的剪草机，在开关刀离合时，动作要迅速，这有利于延长传动带或齿轮的寿命。对于具有刀离合装置的手推式剪草机，如果已经将目标草坪外缘修剪1～2周，由于机身小则在每次调头时，尽量不要关闭刀离合，以延长其使用寿命，但要时刻注意安全。

（6）剪草时操作人员要保持头脑清醒，时刻注意前方是否有遗漏的杂物，以免损坏机器。长时间操作剪草机要注意休息，切忌心不在焉。剪草机工作时间也不应过长，尤其是在炎热的夏季要防止机体过热，影响其使用寿命。

（7）旋刀式剪草机在刀片锋利、自走速度适中、操作规范的情况下仍然出现“拉毛”现象，可能是由于发动机转速不够，可由专业维修人员调节转速以达到理想的修剪效果。

（8）剪草机的行走速度过快，滚刀式剪草机会形成“波浪”现象，旋刀式剪草机会出现“圆环”状，从而严重影响草坪外观与修剪质量。

（9）对于甩绳式剪草机，操作人员要熟练掌握操作技巧，否则容易损伤树木和旁边的花灌木以及出现“剪秃”的现象，而且转速要控制适中，否则容易出现“拉毛”现象或硬物飞溅伤人事故。不要长时间使油门处于满负荷状态，以免其过早磨损。

（10）手推式剪草机一般向前推，尤其在使用自走时切忌向后拉，否则，有可能伤到操作人员的脚。

## 七、修剪后的注意事项

（1）草坪修剪完毕，要将剪草机置于平整地面，拔掉火花塞进行清理。

（2）放倒剪草机时要从空气滤清器的另一侧抬起，确保放倒后空气滤清器置于发动机的最高处，防止油倒灌淹灭火花，造成无法启动。

（3）清除发动机散热片和起动盘上的杂草、废渣和灰尘。但不要用高压水雾冲洗发动机，可用真空气泵吹洗。

（4）清理刀片和机罩上的污物，清理甩绳式剪草机的发动机和工作头。

（5）每次清理要及时彻底，为以后清理打下良好的基础。清理完毕后，检查剪草机的起动状况，一切正常后入库存放于干净、干燥、通风、温度适宜的地方。

## 第三节 草坪的施肥

### 一、草坪生长所需要的营养元素

在草坪草的生长发育过程中必需的营养元素有碳（C）、氢（H）、氧（O）、氮（N）、磷（P）、钾（K）、钙（Ca）、镁（Mg）、硫（S）、铁（Fe）、锰（Mn）、铜（Cu）、锌（Zn）、硼（B）、钼（Mo）、氯（Cl）等16种。草坪草的生长对每一种元素的需求量有较大差异，通常按植物对每种元素需求量的多少，将营养元素分为三组，即大量元素、中量元素和微量元素，参见表6-4。

表6-4 草坪生长所需要的营养元素

| 分 类 | 元素名称 | 化学符号 | 有效形态 |
|---|---|---|---|
| 大量元素 | 氮 | N | $NH_4^+$，$NO_3^-$ |
| | 磷 | P | $HPO_4^{2-}$，$H_2PO_4^-$ |
| | 钾 | K | $K^+$ |
| 中量元素 | 钙 | Ca | $Ca^{2+}$ |
| | 镁 | Mg | $Mg^{2+}$ |
| | 硫 | S | $SO_4^{2-}$ |
| 微量元素 | 铁 | Fe | $Fe^{2+}$，$Fe^{3+}$ |
| | 锰 | Mn | $Mn^{2+}$ |
| | 铜 | Cu | $Cu^{2+}$ |
| | 锌 | Zn | $Zn^{2+}$ |
| | 钼 | Mo | $MoO_4^{2-}$ |
| | 氯 | Cl | $Cl^-$ |
| | 硼 | B | $H_2BO_3^-$ |

无论是大量、中量还是微量营养元素，只有在适宜的含量和适宜的比例时才能保证草坪草的正常生长发育。根据草坪草的生长发育特性，进行科学的、合理的养分供应，即按需施肥，才能保证草坪各种功能的。正常发挥。

### 二、施肥

草坪植物需要足够的土壤营养，城市土壤多数肥力较差，难以长期满足需要，需每年冬季施经粉碎的有机质肥；生长季节施用以氮肥为主，磷、钾肥相配合的速效肥，氮、磷、钾比例一般以5∶4∶3为宜。一般可喷施（根外追肥），也可撒施。前者是将化肥按比例加水稀释，喷洒于叶面；后者是将化肥加少量细土混匀后撒于草坪上，撒施后喷水使肥料渗入土中，水量不要过多，以免肥料流失。

1. 施肥时间

当温度和水分状况均适宜草坪草生长的初期或期间是最佳的施肥时间，而当有环境胁迫或病害胁迫时应减少或避免施肥。

（1）对于暖季型草坪草来说，在打破春季休眠之后，以晚春和仲夏时节施肥较为适宜。

（2）第一次施肥可选用速效肥，但夏末秋初施肥要小心，以防止草坪草受到冻害。

（3）对于冷季型草坪草而言，春、秋季施肥较为适宜，仲夏应少施肥或不施。晚春施用速效肥应十分小心，这时速效氮肥虽促进了草坪草快速生长，但有时会导致草坪抗性下降而不利于越夏。此时，如选用适宜释放速度的缓释肥，可能会帮助草坪草经受住夏季高温高湿的胁迫。

2. 施肥量

施肥量的确定应考虑下列因素：

（1）草种类型和所要求的质量水平。

（2）气候状况（温度、降雨等）。

（3）生长季长短。

（4）土壤特性（质地、结构、紧实度、pH 有效养分等）。

（5）灌水量。

（6）碎草是否移出。

（7）草坪用途等。

气候条件和草坪生长季节的长短也会影响草坪需肥量的多少。在我国南方和北方地区气候条件差异较大，温度、降雨、草坪草生长季节的长短都存在很大不同，甚至栽培的草种也完全不同。因此，施肥量计划的制订必须依据其具体条件加以调整。

3. 施肥次数

（1）根据草坪养护管理水平。草坪施肥的次数或频率常取决于草坪养护管理水平，并应考虑以下因素：

1）对于每年只施用一次肥料的低养护管理草坪，冷季型草坪草每年秋季施用，暖季型草坪草在初夏施用。

2）对于中等养护管理的草坪，冷季型草坪草在春季与秋季各施肥一次，暖季型草坪草在春季、仲夏、秋初各施用一次即可。

3）对于高养护管理的草坪，在草坪草快速生长的季节，无论是冷季型草坪草还是暖季型草坪草至少每月施肥一次。

4）当施用缓效肥时，施肥次数可根据肥料缓效程度及草坪反应作适当调整。

（2）少量多次施肥方法。少量多次的施肥方法在那些草坪草生长基质为砂性土壤、降水丰沛、易发生氮渗漏的种植地区或季节非常实用。少量多次施肥方法特别适宜在下列情况下采用：

1）在保肥能力较弱的砂质土壤上或雨量丰沛的季节。

2）以砂为基质的高尔夫球场和运动场。

3）夏季有持续高温胁迫的冷季型草坪草种植区。

4）降水丰沛或湿润时间长的气候区。

5）采用灌溉施肥的地区。

**三、水分管理**

新植草坪除雨期外，每周浇水 2～3 次，水量充足湿透表土 10cm 以上。夏季炎热，不在烈日当头的中午浇水，以免影响草坪植物的正常生长。生长季节若遇干旱要多浇水。另外，草坪内也不能长时间积水，雨期一定要及时排除积水。

## 第四节 草坪杂草的控制

植前杂草清除和地下病虫害的防治在草坪建植和养护管理过程中是一项长期而艰巨的任务。草坪建植前，利用灭生性除草剂（环保型）彻底消灭或控制土壤中的杂草，能显著减少前期草坪内杂草。

### 一、物理防除

常用人工和机械方法清除杂草的方法，翻耕、深耕、耙地，反复多次，有效清除多年生杂草和杀除已萌发的杂草。既防除了杂草，又有助于土壤风化与土壤地力提升。

### 二、化学防除

主要利用非选择性的除莠剂除草，通常应用高效、低毒、残效期短、土壤残留少的灭生性或广谱性除草剂，如熏杀剂（溴甲烷、棉隆、威百亩）和非选择性内吸除草剂（草甘膦、茅草枯），还可在播种前灌水，提供杂草萌发的条件，让其出苗，待杂草出苗后，喷施灭生性除草剂将其杀灭。

### 三、生物防除

利用种植绿肥、先锋草种（如黑麦草、高羊茅等）生长迅速、后期易于清除的特点，能快速形成地面覆盖层，起到遮阴、抑制杂草生长的作用，而草坪草有一定的耐荫性，它能为前期萌芽慢的草种起到保护作用而成为优势草类。这种在混播配方中，加入一定比例的能快速出苗、生长的草种，抑制杂草生长的方式称为保护播种。

### 四、土壤消毒

目前，主要采用熏蒸法防治地下病虫害，常用的熏蒸剂有溴甲烷、氯化苦（三氯硝基甲烷）、西马津、扑草净，敌草隆类等，主要是对土壤起封闭作用。当药液均匀分布于土表后，犹如在地表上罩上了一张毒网，可抑制杂草的萌生或杀死萌生的杂草幼苗。

防治禾本科草坪杂草除草剂见表6-5。

**表6-5 防治禾本科草坪杂草除草剂**

| 除草剂 | 除草时间 | 适用的草坪 | 防除的杂草种类 |
|---|---|---|---|
| 莠去津 | 芽前 | 草、狗牙根 | 马唐、稗草、狗尾草、藜、苋、苍耳、马齿苋、蓼 |
| 氟草胺 | 芽前 | 禾、高羊茅、黑麦草、狗牙根、结缕草、钝叶草、地毯草、细羊茅 | 马唐、稗草、狗尾草、牛筋草、一年生早熟禾、蒺藜草、扁蓄、马齿苋、藜、苋 |
| 地散磷 | 芽前 | 禾、翦股颖、细羊茅、高羊茅、黑麦草、狗牙根、结缕草、钝叶草、假俭草、地毯草、小糠草 | 马唐、狗尾草、稗草、一年生早熟禾、荠草、宝盖草、藜 |
| 敌草索 | 芽前 | 早熟禾、高羊茅、黑麦草、狗牙根、结缕草、钝叶草、假俭草、地毯草 | 马唐、一年生早熟禾、狗尾草、大戟、牛筋草 |
| 灭草灵 | 芽后 | 多年生黑麦草 | 一年生早熟禾、马唐、繁缕、稗、狗尾草、马齿苋 |
| 恶草灵 | 芽前 | 高羊茅、狗牙根、结缕草 | 牛筋草、马唐、一年生早熟禾、稗、碎米荠、马齿苋、荠菜、婆婆纳、酢酱草 |

续表

| 除草剂 | 除草时间 | 适用的草坪 | 防除的杂草种类 |
| --- | --- | --- | --- |
| 施田补 | 芽前 | 草地早熟禾、多年生黑麦草、羊茅、狗牙根、地毯草、钝叶草、结缕草 | 马唐、稗、一年生早熟禾、酢酱草、车轴草、狗尾草、宝盖草 |
| 环草隆 | 芽前 | 草地早熟禾、高羊茅、细羊茅、多年生黑麦草 | 马唐、稗、看麦娘 |
| 西马津 | 芽前 | 狗牙根、结缕草、野生草、地毯草 | 阔叶杂草、一年生早熟禾、马唐、宝盖草、稗、胸尾草 |
| 骠马 | 芽后 | 草地早熟禾、高羊茅、细羊茅、黑麦草 | 马唐、牛筋草、稗草、胸尾草、藜 |
| 大惠利 | 芽前 | 多年生禾本科草坪 | 稗草、马唐、狗尾草、看麦娘、雀稗、藜、繁缕、马齿苋、荁荚菜 |
| 地乐胺 | 芽前 | 多年生禾本科草坪 | 稗草、牛筋草、马唐、狗尾草、藜、马齿苋 |
| 麦草畏 | 芽后 | 草地早熟禾、高羊茅、黑麦草、狗牙根、结缕草、假俭草、地毯草 | 蒲公英、蓟、繁缕、菊苣、委酸菜、车轴菜、春白菊、酸模、宝盖草、扁蓄、藜、苋 |
| 2，4-D | 芽后 | 草地早熟禾、高羊茅、黑麦草、狗牙根，结缕草、假俭草 | 马齿苋、酢酱草、菊苣、委陵菜、蒲公英、酸模、藜、苋、车前、马齿苋、蓟 |
| 二甲四氯 | 芽后 | 草地早熟禾、高羊茅、黑麦草、狗牙根、结蝙草、假俭草 | 繁蝼、菊苣、委陵菜、车轴菜、春白菊、宝盖草、扁蓄、藜、苋、荠菜、蓟、酢酱草、马齿苋、蒲公英 |
| 绿草定 | 芽后 | 草地早熟禾、高羊茅、黑麦草 | 阔叶杂草 |
| 使它隆 | 芽后 | 草地早熟禾、高羊茅、黑麦草、狗牙根、地毯草 | 猪殃殃、卷茎蓼、马齿苋、龙葵、繁缕、田旋花、蓼、苋 |
| 克阔乐 | 芽后 | 草地早熟禾、高羊茅、黑麦草、结缕草 | 飞蓬、藜、苋、酸模、蓟、蓼 |
| 苯达松 | 芽后 | 草地早熟禾、高羊茅，黑麦草、结缕草、狗牙根、地毯草 | 龙葵、野菊、苋、蓟、马齿苋、苍耳、鸭跖草、莎草、藜、繁缕 |
| 溴苯氰 | 芽后 | 草地早熟禾、高羊茅、黑麦草、结缕草、狗牙根、地毯草、假俭草、紫羊茅 | 蓼、藜、龙葵、苍耳、田旋花、蓟、蒲公英、鸭跖草 |

## 第五节　常见草坪病害的防治措施

### 一、草坪褐斑病

1. 症状

在高温高湿的炎热夏秋季节，首先观察到叶片先变成黄绿色，然后萎蔫变成淡褐色斑点，进而死亡。初始时期病斑形状为长条形或纺锤形，不规则，长 1～4 厘米，后侵入茎杆。当出现小型枯草斑块时，预示病害即将大面积发展；其典型特征为草坪出现粗略圆形的淡褐色斑区，直径 0.1～1.5m，边缘呈现褐色圆环。

2. 防治措施

加强草坪管理，清除病残体，平衡使用氮、磷、钾肥。避免炎热高湿时施肥、剪草。改善通风条件，板结践踏严重的区域应适当打孔，避免草坪积水。在5月上旬至8月下旬，夜间温度达到19～21℃时，就应对草坪进行药剂菌杀喷洒以预防褐斑病。结合使用树先生生根粉、灌根宝营养植株，促发根系，健壮植株，提高草坪抗逆性。

**二、草坪腐霉枯萎病**

1. 症状

发病初期叶片呈水渍状和黑色粘滑状，后变成褐色或白色；早晨可在受侵染的植株上观察到絮状的灰色或白色的菌丝体；病斑呈2～5厘米圆形状，若未能及时防治，小病斑会连接融合成大而不规则的病斑。

2. 发病条件

高温（26～35℃）、潮湿气候易发病，土壤排水不良，草坪氮肥施肥量过多也会引发此病。

3. 防治措施

少施氮肥，增施磷肥。并改善草坪的立地条件，加强修剪，增强通风透光性。避免清晨和傍晚灌水。前期预防可喷施菌杀，杀死病菌，病害发生严重期喷施菌杀+破千菌，效果更迅速。

**三、草坪镰刀枯萎病**

1. 症状

发病草坪出现淡绿色圆形或不规则形2～30cm的斑。湿度高时，病部可出现白色至粉红色的菌丝体和大量的分生孢子团。三年生以上的草坪可出现直径达1米左右、呈条形、新月形或近圆形的枯草斑。由于枯草斑中央为正常植株，整个枯草斑呈蛙眼状。

2. 防治措施

应及时清理枯草层使其厚度不超过2cm。剪草高度不宜过低，一般保持在5～8cm。科学施肥，增施有机肥和磷肥、钾肥，控制氮肥用量。夏季草坪病害发生多，危害大，可在病害发生前打药预防，即4、5、6月开始喷杀菌剂菌杀（夏季草坪长势弱，若忽视病害存在，以肥代药这样会加重一些病害的蔓延）。

**四、草坪夏季斑枯病**

1. 症状

初期叶部、根冠部、根状茎部呈黑褐色，后期维管束变成褐色；草坪出现环形、瘦弱、生长较慢的小斑块、草株变成枯黄色、多呈圆形斑块，斑块大多不超过40cm。

2. 发病条件

多发生在炎热多雨天气后的高温天气，空气温度高，气温在23～35℃；其与褐斑病的最大区别是斑圈为枯圈；病原菌一般沿根冠部和茎组织蔓延。

3. 防治措施

科学养护促进根系生长是防治的基础，因为夏季斑是一种根部病害，凡能促进根部生长的措施都可以减轻病害。避免低修剪，特别是在高温季节。最好使用缓释氮肥，深灌水，减少灌溉次数。打孔、梳草、通风、改善排水条件，减轻土壤紧实等均有利于控制病害。成坪草坪茎叶喷雾或灌根的首次施药，最好选择在春末或夏初，选择的药剂有：菌杀、根病全除、杀毒矾、灭霉灵、代森锰锌、甲基托布津、乙磷铝等。

**五、草坪币斑病**

1. 症状

子囊菌亚门核盘菌，草地上可观察到细小、环形、凹陷、漂白或稻草色小斑块；斑块直径较小，一般不超过 6cm；清晨可观察到白色，棉絮状或蜘蛛网状菌丝体；叶片开始为水浸状绿斑，逐渐变成枯黄色，有深褐色或紫红色边缘，病斑常呈漏斗状，有白色小斑点。

2. 防治措施

科学施肥，以复合的肥料为主，并配以适量的微量稀有元素，以提高草坪的健康指数。合理灌溉，避免在傍晚浇水或长时间浇水，致使土壤湿度大，易感染病菌。通过打孔覆沙等作业降低枯草层厚度，缓解土壤紧实状况，促进草坪表层通风，减少遮阴，提高修剪高度等措施有利于减少币斑病的发生。在发现并确诊币斑病害后，首要的策略是喷施杀菌剂菌杀进行控制，三唑类（如丙环唑、三唑酮）、甲托、异菌脲对币斑病均有较好的治疗效果。严重情况下复配使用破千菌，效果显著。温暖而潮湿的天气、形成重露凉爽的夜温，土壤干旱瘠薄、氮素缺乏等因素都可以加重病虫害的流行。

**六、草坪叶枯病**

1. 离孺孢叶枯病

危害叶、叶鞘、根和根颈等部位，造成严重叶枯、根腐、颈腐，导致植株死亡、草坪稀疏、早衰，形成枯草斑或枯草区。典型症状是叶片上出现不同形状的病斑，中心浅棕褐色，外缘有黄色晕。潮湿条件下有黑色霉状物。温度超过 30℃时，病斑消失，整个叶片变干并呈稻草色。

2. 弯孢霉叶枯病

主要引起多种草坪草的叶斑和叶枯。在营养不良、生长较弱的草坪上尤其容易发病。其危害严重，在高温高湿的环境条件下病情很难控制，易造成草坪衰弱、稀疏、形成不规则形枯草斑，严重影响草坪景观。发病草坪衰弱、稀薄，有不规则形枯草斑，枯草斑内草株矮小，呈灰白色枯死。

3. 德氏霉叶枯病

这是一类引起多种草坪禾草发生叶斑、叶枯、根腐和茎基腐的重要病害。可侵染多种草坪禾草。引起的病害种类很多，由于寄主与病原菌之间的转化性，症状表现不同。

**七、草坪炭疽病**

症状：引起根、茎基部腐烂，发病初期病斑水渍状，颜色变深，并逐渐发展成圆形褐色大斑。草坪上会出现直径几厘米到几米不规则的枯草斑。

斑块呈红褐色－黄色－黄褐色－褐色的变化。

**八、草坪锈病**

1. 症状

锈病发生初期在叶和茎上出现浅黄色斑点，随着病害的发展，病斑数目增多，叶、茎表皮破裂，散发出黄色、橙色、棕黄色或粉红色的夏孢子堆。用手捋一下病叶，手上会有一层锈色的粉状物。草坪草受锈病害后，会生长不良，叶片和茎变成不正常的颜色，生长矮小，光合作用下降，严重时导致草坪死亡。

2. 防治措施

加强科学的养护管理不可过量施入氮肥，保持正常的磷、钾肥比例。合理浇水，避免草地湿度过大或过于干燥，要见干见湿，避免傍晚浇水。保证草坪通风透光，以便抑制锈菌的萌发和侵入。前期预防可喷施菌杀，杀死病菌，病害发生严重期喷施粉锈唑＋破千菌，效果更迅速。

## 第六节 特殊草坪的养护

### 一、荫蔽部分的草坪

几乎所有的庭院和公园都有一些草坪难以生长的区域，其原因是阳光的直接照射受到了限制。即使是最耐荫的植物，为了健康生长和生存也必须每日有一定直射光照。每天上午8:00到下午6:00，如果没有至少2h的直射光照，部分荫蔽区的草坪就不可能有良好的覆盖。在完全荫蔽的地方最好引种其他类型的植物，如常春藤、长春花、板凳果以及其他耐荫性植物。

1. 树的荫蔽

树的荫蔽有两种类型：落叶树和常绿树产生的荫蔽。一些落叶树种，如桉树、榆树、大槭树和橡树等可以让大量的阳光通过叶冠以满足地表耐阴草坪的最小需要。其他树种，如挪威枫树，则因其致密的叶冠而完全荫蔽了地表。在荫蔽度大的地方可通过一些好的改良措施，如每年修剪生长旺盛的树木，砍去较低的树枝，使其保持在18～30cm的高度，以及削薄树冠层，从而使阳光照射到地表。修剪对常绿树更重要，合理的修剪既不伤害树木又能美化树木或使其健康生长。

修剪并非对任何重叠生长都是适合且正确的方法。在新育林区，砍掉过多的小树较为普遍，但当树木长大后，管理者则明显地不愿砍掉一些树木。要想有树又有草，实际上最基本的是砍掉过多的树枝以满足耐阴草坪草对光照的需要，没有其他方法能替代合适的光照。很明显，改变光的不足对拥有高密度树冠的常绿树和落叶树木较其他稀疏树冠的树木要困难得多。

2. 树根的竞争

树和草在上层土壤中对土壤水分和营养物质的激烈竞争是部分荫蔽区草坪问题的一部分。对树施肥应在树冠下50cm深的地下以钻孔和打穴的方式进行，这个深度在草根层以下，因为树的营养靠深层根系供给，砍除地表的树根，从而减少了对草坪草的干扰。其草坪的施肥则同普通草坪一样。

在较老又较大的树下，毋庸置疑，每年必须撒施过筛的土壤到地表以保持土表的相对平坦。大量的树根，即使在一定的密度下，也会向上隆起而影响美观，这就是必须加入过筛土壤的原因。

3. 荫蔽区草坪的更新

在没修剪的树下和没特殊培育的草坪中，退化草坪及其裸露区的改良总是可能的，检查是否要进行树木修剪，是否要改变不合理的地表排水及土表平整状况和土壤的过高酸度。特别是在常绿树下，当这些不良条件改变后，则可用耐荫的草坪草种重新建植。在另类的落叶树下，补播重建应计划在夏末或秋初的无叶期间进行。在北方常绿树下，初春是补播或种植草坪的较好季节。在暖季草坪草生长的温暖地区，则在春季草坪草开始生长后不久进行。使用耐荫草坪草是必要的。温凉地区，以草地早熟禾和紫羊茅为优势种。温暖地区可选用草地早熟禾、地毯草、假俭草、结缕草等。坪床的准备作业中，使用松土机械松土壤和混施一定量的石灰和肥料是必需的。较为理想的做法是为确保一个良好的坪床而在表层铺上一层薄的筛过的土壤，因为生草土不可能很深，而仅依赖于上层5～10cm的土层。

在坪床准备好后，按普通方式播种和植入草皮。在草坪建植好前，用细雾状喷头浇水，使草坪内保持适宜湿度。防止土壤侵蚀和过多水分的蒸发，有必要轻轻盖上一层覆盖物。

4. 秋季落叶的清除

秋季落叶树的落叶应周期性地清除，以免覆盖草坪而拦截光照。在清除叶片时要注意尽量避免伤害草坪草的幼苗。除修剪留茬应高一些外，蔽荫区草坪的管理和其他草坪相似。一般而言，修剪不应低于4cm。由于光照的减弱，草坪草大多直立生长，因此，低的修剪对荫蔽区的草坪草较充分光照下草坪草的伤害更大。

### 二、坡地草坪

虽然在坡地建植健康的草坪比一般地区要困难得多，但也有克服这种困难的许多方法。陡峭坡地上草坪的成功建植取决于种植前土壤的适当准备、适宜草种的选用、种植的合适季节和注意大雨对新建区的冲刷。对较陡坡地，无论是其适用的价值还是总体作用，移植块状草皮可能是建植这一类型草坪的最佳方式。

1. 坡地干旱性

因为雨水和灌溉水常常流失，干旱是坡地的显著特征。修剪这类草坪时，留茬应较平地高。要特别注意，施入适量的肥料和石灰以形成致密的草坪要比矮小稀疏的草坪地有更少的流失。潮湿区内施入石灰保持草坪上水的渗透有很重要的作用。

2. 坡地草坪的补播

用好的草皮植入坡地的最好季节在北方是初秋，而南方则在初夏。最好选用深根系和耐干旱的草坪草。紫羊茅最适合在北方与早熟禾混播，而南方则与狗芽根混播。播种后应覆盖特殊的网眼状粗麻布或结实的无纺布，以减少雨水冲刷侵蚀和防止地表水分的蒸发。这些覆盖物应用短桩以一定间隔永久固定。草坪草幼苗能通过网眼毫无困难地生长，这些留下来的纤维物品腐烂后，即变成土壤腐殖质的一部分。当草坪草生长到开始修剪的高度时，桩就应移走。

3. 坡地草坪的管理

对大坡地草坪，其草坪草的经常性养护管理较平坦地区应付出更多的力量。需要更经常地浇水，而且水应缓慢灌入，以便有渗透的时间，使水不流失。调整喷水设施，让水以同一速度被草坪草吸收，当水湿润土壤达15cm深时就得停止浇水。应特别注意斜坡的上面，因为它是遭受干旱最严重的地区。坡地草坪修剪高度应大于平地，一般为4.5cm或更高，但草坪高度高于7.5cm，则是不理想的，这将导致草坪稀疏而不能持久。

## 第七节　退化草坪的修复与更新

### 一、草坪退化的原因与修复

草坪经过一段时间的使用后，会出现斑秃、色泽变淡、质地粗糙、密度降低、枯草层变厚，甚至整块草坪退化荒芜。造成这种现象的原因多种多样，如草种选择不当，草皮致密，过度践踏，阳光不足，土壤酸度或碱度过大，管理不当造成秃斑及凹凸不平，杂草的侵害以及草坪已到衰退期等等。因此，不仅要改善草坪土壤基础设施，加强水肥管理，防除杂草和病虫害外，还要对局部草坪进行修补和更新。

1. 草种选择不当

这种现象多发生在新建植的草坪上，盲目引种造成草坪草不适应当地的气候、土壤条件和施用要求，不能安全越夏、越冬。选用的草种生长特点、生态习性与使用功能不一致，致使草坪生长不良，会造成草坪稀疏、成片死亡，出现秃斑，严重影响草坪景观效果。

2. 草皮致密

形成的絮状草皮，致使草坪长势衰弱，引起退化，对此一般先应清除掉草坪上的枯草、杂物，然后进行切根疏草，刺激草坪草萌发新枝。

3. 过度践踏

土壤板结，通气透水不良，影响草坪正常呼吸和生命活动，该种情况采用打孔、垂直修剪、划切、穿刺、梳草以疏松土壤，改善土壤通气状况，然后施入适量的肥料，立即灌水，以促使草坪快速生长，及时恢复再生。

4. 阳光不足

由于建筑物、高大乔木或致密灌木的遮阴，使部分区域的草坪因得不到充足阳光而影响草坪草的光合作用，光合产物少使草难以生存。园林绿地中，乔木、灌木、草坪种植，遮阴非常普遍，不同草种以及同一草种不同品种之间的耐阴性都有一定差异。

(1) 选择耐阴草种，如暖地型草种中，结缕草最耐阴，狗牙根最差，在冷地型草坪草中，紫羊茅最耐阴，其次是粗茎早熟禾。

(2) 修剪树冠枝条，间伐、疏伐促通风，降低湿度。一般而言，单株树木不会造成严重的遮阳问题，如果将 3m 以下低垂枝条剪去，早晨或下午的斜射光线就基本能满足草坪草生长的最低要求。

(3) 草坪修剪高度应尽可能高一些，要保留足够的叶面积以便最大限度地利用有限的光能，促进根系尽量向深层发展，保持草坪的高密度和高弹性。

(4) 灌水要遵循“少餐多量”的原则（叶卷变成蓝灰色时灌溉），每次应多浇水以促进深层根系的发育，避免用“多餐少量”的浇水方法，以免浅根化和发生病害。

(5) 氮肥不能太多，以免枝条生长过快而根系生长相对较慢，使碳水化合物贮量不足，同时施氮肥过多，草坪草多汁嫩弱，更易感病，耐磨、耐践踏能力下降。

5. 土壤酸度或碱度过大

对此则应施入石灰或硫黄粉，以稳定土壤的 pH 值。石灰用量以调整到适于草坪生长的范围为度，一般是每平方米施 0.1kg，配合加入适量过筛的有机质，则效果更好。

6. 管理不当造成秃斑及凹凸不平

病虫草害的侵入会使草坪形成较多秃斑、裸斑，为此可采取播种法，如补播草籽或用营养繁殖法如蔓植、塞植和铺植草皮对裸秃斑进行修复。

具体做法：首先把裸露地面的草株沿斑块边缘切取下来，施入厚度要稍高于（6mm 左右）周围草坪土层的肥沃土壤，然后整平土面；其次铺草皮块或播种，所播草种必须与原来草种一致，然后拍压地面，使其平整并使播种材料与土壤紧密结合；最后植草后浇足水分，保持湿润，加强修复草坪的精心养护，使之尽快与周围草坪外观质量一致。凹凸不平草坪中小的坑洼，可用表施土壤填细土的方法调整（每次填土厚度不要太厚，不超过0.5cm，可分多次进行）；突起或明显坑洼处，首先用铁铲或切边器将草皮十字形切开，分别向四周剥离掀起草皮，然后除去突起的土壤或填入土壤到凹陷处，整平压实后再把草皮放回铺平，浇水管理即可。

7. 杂草的侵害

草坪建植前没有预先充分除草，建植后养护措施粗放，不当施肥和灌溉等，都易引起杂草侵害，最好进行人工除草，无或少的必要时进行化学除草。

## 二、草坪退化更新方法

如果草坪严重退化，或严重受到损害，盖度不足50%时，则需要采取更新措施。园林绿地草坪草、运动场草坪如高尔夫球场等更新复壮有以下几种方法。

1. 退化严重草坪的更新

主要采用熏蒸法防治地下病虫害，常用的熏蒸剂有溴甲烷、氯化苦（三氯硝基甲烷）、西马津、扑草净，敌草隆类等，主要是对土壤起封闭作用。当药液均匀分布于土表后，犹如在地表上罩上了一张毒网，可抑制杂草的萌生或杀死萌生的杂草幼苗。

退化严重草坪的更新方法有两种：

第一种是逐渐更新法。适用于遮阴树下退化草坪的更新，可采用补播草籽的方法进行。

第二种是彻底更新法。适用于因病虫草害或其他原因严重退化的草坪。

通常是由于土壤表层质地不均一，枯草层过厚，表层3～5cm土壤严重板结，草坪根层出现严重絮结以及草坪被大部分多年生杂草、禾草侵入等现象引起的草坪退化。针对这类退化草坪，进行更新前，首先调查先前草坪失败的原因，测定土壤物理性状、肥力状况和pH值，检查灌溉排水设施，然后制订切实可行的方案，用人工或取草皮机清除场地内的所有植物，进行草坪土壤基础设施改善。坪床准备好以后进行草种选择，再确定种子直播还是铺草皮种植等一系列的建植措施，最后要吸取教训，加强草坪常规管理，如加强水肥管理、打孔通气、清除枯草层等。

2. 带状更新法

对具有匍匐茎、根状茎分节生根的草坪草，如野牛草、结缕草、狗牙根等，长到一定年限后，草根密集絮结老化，蔓延能力退化，可每隔50cm挖走50cm宽的一条，增施泥炭土、腐叶土或厩肥、堆肥泥土等，结合翻耕改良平整空条土地，过一两年就可长满坪草，然后再挖走留下的50cm，这样循环往复，4年就可全面更新一次。

3. 断根更新法

由于土壤板结，引起草坪退化，可以定期在建成的草坪上，用打孔机将草坪地面扎成许多洞孔，孔的深度约8～10cm，洞孔内撒施肥料后立即喷水，促进新根生长。另外，也可用齿长为3～4cm的钉筒滚压划切，也能起到疏松土壤、切断老根的作用，然后在草坪上撒施肥土，促进新芽萌发，从而达到更新复壮的目的。针对一些枯草层较厚、草坪草稀密不均、年限较长的地块，可采取旋耕断根更新措施，即用旋耕机普旋一遍，然后施肥浇水，既达到了切断老根的效果，又能促使草坪草分生出许多新枝条而更新。

4. 补植草皮

对于轻微的枯秃或局部杂草侵占，将杂草除掉后及时进行异地采苗补植。移植草皮前要进行修剪，补植后要踩实，使草皮与土壤结合紧密，促进生根，恢复。

总之，造成草坪功能减弱或丧失的原因很多，归纳起来主要包括草种选择不当、养护管理不善、草坪已到衰退期和过度使用等方面，是草坪草内在因素和影响草坪正常生长的外界条件两方面原因综合作用的结果。

# 第七章　花　卉　养　护

## 第一节　花卉花期的控制方法

花期控制是人工改变植物自然花期的技术。利用花期控制可使各种花卉在四季均衡开花，在节日供应各种不时之花，使不同花期的花卉在同一时期开放，或使某些一年开花一次的变为一年两次或多次开放，还可使花期不遇的杂交亲本同时开花，对于提高花卉的观赏、展览功能和植物育种工作，都有重要意义。花期控制的方法主要有以下 6 种。

**一、生长期控制法**

在花卉栽培中可以通过控制播种期、种植期、萌芽期、上盆期等来控制花期。一般早播种、早栽种的花卉植物开花早。如四季秋海棠播种后 12～14 周即可开花；风信子、水仙的花芽分化完成后，冬季水养的时间先后就决定其开花时间的先后。根据这一原则，通常采取分批种植、分批播种来达到分批开花、分期应用的目的。如万寿菊春播可用于“五一”布置花坛；夏播可在“十一”期间应用。唐菖蒲 3 月栽种可 6 月开花，7 月栽种 10 月开花，正因为这样，唐菖蒲、百合等一年四季都有花上市。

**二、光照处理法**

1. 短日照处理

在长日照季节里，要想使长日照花卉延迟开花则需遮光，使短日照花卉提前开花也需遮光。根据需要遮光时间的长短，用黑布或黑色塑料膜，于日落前开始遮光，直到次日日出后一段时间为止。在花芽分化及花蕾形成过程中，人工控制植物所需的日照时数，或者减少植物花芽分化所需的日照时数。因为遮光处理一般在夏季高温时期，短日照植物开花被高温抑制得较多，在高温条件下花的品质较差，所以，在短日照处理时，需要控制暗室内的温度。遮光处理花卉植物所需要的天数因植物不同而有所差异，如菊花和一品红在下午 5：00 至次日上午 8：00 置于黑暗中，菊花经处理 50～70 天后能开花，一品红经处理 40 多天后才能开花。采用短日照处理的花卉植株要生长健壮，营养生长充分，处理前应停施氮肥，增施磷、钾肥。

在日照反应上，不同植物对光强弱的感受程度存在差异，通常植物能感应 10Lx 以上的光强，并且幼叶比老叶敏感，因此，遮光时上部漏光要比下部漏光对花芽的发育影响大。短日照处理时，光照的时间一般控制在 11h 左右为宜。

2. 长日照处理

短日照季节要使长日照花卉提前开花，就需增加人工辅助照明；要使短日照花卉延迟开花，也需采取人工辅助光照。长日照处理的方法一般可分为 3 种。

(1) 暗期中断照明。在夜里用人工辅助灯光照 12h，以便中断暗期长度，实现调控花期的目标。

(2) 明期延长法。在日出前或者日出后开始补光，延长光照 5～6h。

(3) 终夜照明法，即整夜都照明。

人工辅助灯的光强需 100Lx 以上，才能完全阻止花芽的分化。秋菊是对光照时间比较敏感的短日照花卉植物，9 月上旬用辅助灯给予光照，在 11 月上旬停止辅助光照，春节前菊花即可开放。利用增加或减少光照时间，可使菊花一年之中任何季节都能开花，满足人们全年对菊花的需求。

3. 颠倒昼夜处理

有些花卉植物在夜晚开花，以致给人们观赏带来不便。例如昙花在夜间开放，花期最多 3～4h，所以称为昙花一现，只有少数人能观赏到昙花的美丽。为了让更多的人能欣赏到昙花的开放，可采用颠倒昼夜的处理方法。当花蕾已长至 6～9cm 时，白天把植株放在暗室中遮光，19:00 至次日 6:00 用 100W 的强光给予充足的光照，经过 4～7d 的昼夜颠倒处理后，就可改变昙花夜间开花的习性，使之白天开花，并且可延长开花时间。

4. 遮光延长开花时间

有些花卉不耐受强烈的太阳光照，尤其是在含苞待放之前，使用遮阴网等遮光材料进行适当遮光，或移到光线较弱的地方，均可延长开花时间。月季花、康乃馨、牡丹等适应较强光照的花卉，如果在开花期适当遮光，也可以使每朵花的花期延长 1～3d。

**三、温度调控法**

1. 提升温度

主要用于促进提前开花，持续提供花卉生长发育的适宜温度，可实现提前开花。特别是在冬春季节，气温较低，大部分花卉生长缓慢，在 5℃以下大部分花卉生长停止，进入休眠状态，部分热带花卉会受到冻害。因此，增加温度能阻止花卉进入休眠，也可防止热带花卉受冻害，升温是提前开花的主要措施。如金边瑞香、绣球花、杜鹃、牡丹、瓜叶菊等经过加温处理后都能提前花期。为了牡丹提前在春节开放，主要是采用升温的方法。先经过低温处理打破休眠的牡丹，然后在高温下至少栽培 2 个月即可在春节开花。

2. 降低温度

一些秋植球根花卉的种球，在完成球根发育和营养生长过程中，花芽分化也逐渐完成，之后把球根从土壤里挖出晾干。如不经低温处理，则这些种球不开花，即使开花质量也较差，无法达到经过低温处理的球根开花的标准。秋植球根花卉，除了少数可以不用低温处理能够正常开花外，绝大多数种类必须经低温处理才能开花。这种低温处理种球的方法又称为冷藏处理。在进行低温处理时，需要根据球根花卉处理目的和种类，选择最适宜低温。确定处理温度之后，除了在冷藏期间注意保持同一温度外，还要注意放入和取出时逐渐降低和升高温度。如果在 4℃低温条件下处理了 2 个月的种球，取出后立即放置于 25℃的环境中，或立即种到高温地里。因为温度在短时间内变化剧烈，会引起种球内部生理紊乱，最终严重影响开花质量和花期，所以低温处理时，一般要经过 4～7d 逐渐降温的过程（1d 降低 3～4℃），直至降到所需低温；同样，在把完成低温处理的种球取出之后，也需要经过 4～7d 的逐渐升温过程，才能保证低温处理种球的开花质量。

一些二年生或多年生草本花卉，需要进行低温春化才能形成花芽。花芽的发育也需要在低温环境中完成，然后在常温下开花。这些植物进冷库之前需要经过选择，已达到需要接受春化作用阶段、生长健壮、没有病虫危害的植株再进行低温处理，否则难以达到预期目的。在冷库处理花卉植株时，需要每隔几天检查一次湿度，发现干燥时要适当浇水。由于花卉在冷库中长时间没有光照，无法进行光合作用，最终会影响植株的生长发育，因此冷库中必须加装照明设备，每天进行几小时的光照，能减少长期黑暗对花卉的不良影响。

刚从冷库取出时，要将植株放在避光、避风、凉爽处，适当喷水加湿，使植株有一个过渡期，然后再逐步加强光照，适时浇水，精心管理，直至开花。

3. 利用高海拔山地

除了用冷藏方法处理球根类花卉的种球外，在高温地区，在高海拔 800～1200m 以上建立花卉生产基地，利用高海拔山区的冷凉环境进行花期调控是一种易操作、低成本、大规模进行花期调控的理想之选。由于大多数花卉在适宜温度下，生长发育要求昼夜温差大，在这样的温度条件下花卉生长迅速，病虫危害发生相对较少，有利于花芽的分化和发育以及打破休眠，使花期调控能减少大量能源消耗，降低了生产成本，从而大幅增强了花卉商品的竞争力。

4. 低温诱导休眠

延缓生长，利用低温能诱导球根花卉休眠的特性，一般通过 2～4℃的低温处理，多数球根花卉的种球可长期贮藏，推迟花期，在需要开花前可取出进行促成栽培，即可达到目的。在低温条件下花卉生长变缓，使发育期和花芽成熟过程延长，进而延迟了花期。

**四、水肥控制法**

对于具有经常开花习性的花卉来说，若在开花末期及时剪除残花败叶，并施肥给水，就可延缓衰老，促进再度开花，从而延长观赏期，如高山积雪、凤仙花、一串红等。但一定要注意所施用肥料配比适宜。

对于某些球根花卉，在干燥条件下，休眠分化完善后的花芽仍停留在球根中，直至供水时才生长开花。因此可通过调节供水时间来控制开花迟早。某些花木在春夏之交花芽已分化，此时如人为造成干旱条件，促使提早落叶或剥叶，然后喷雾供水，常可于当年第 2 次开花。

**五、栽培措施控制法**

调节播种期，在花卉花期调控措施中，播种期除了包括种子的播撒时间外，还包括球根花卉种植时间和部分花卉扦插的繁殖时间。一二年生草本花卉多数以播种繁殖为主，通过调控播种时间来控制开花时间是较易掌握的技术。知道从播种至开花需要的天数，在预期开花时间之前，提前播种即可。如一串红从播种到开花大约需要 100～110d，如果希望一串红在春节前（2 月中旬）开花，那么，在 9 月中旬开始播种，即可按时开花。球根花卉的种球一般是冷藏贮存，冷藏时间达到花芽完全成熟或需要打破休眠时，取出种球后放到高温环境中进行促成栽培。经过较短时间的冷藏处理就可开花的有唐菖蒲、百合、风信子、郁金香等。有些草本花卉是以扦插繁殖为主要繁殖方式。如菊花、四季海棠、一串红等。

在花卉栽培中也常用摘心、打顶、摘蕾、摘叶、抹芽、修剪、环割、嫁接等措施来控制花株生长速度，对花期也能在一定程度上起到调节作用。如一串红、万寿菊、大丽花、孔雀草、矮牵牛等，在栽培中常用摘心或摘除嫩茎等机械处理方式来延缓开花，也有利于提高开花品质。

**六、植物生长调节物质处理法**

这是一种新型的花期调节手段。在花卉栽培中应用较多、效果较好的是赤霉素（GA3 等）、矮壮素（CCC）、乙烯利等。植物生长调节物质处理法的使用如下。

1. 根际施用

如用8000μL/L的矮壮素浇灌唐菖蒲，分别于种植初、种植后第28d、开花前25d进行，可使花量增多，准时开放。

2. 叶面喷施

用丁酰肼喷石楠的叶面，能使幼龄植株分化花芽。

3. 局部顶施

例如，用100μL/L的赤雾素喷施花梗部位，能促进花梗伸长，从而促进开花。用乙烯利滴于凤梨叶腋处或在叶面喷施，植株很快就能分化花。

使用植物生长调节物质要注意配制方法和使用注意事项，否则会影响使用效果，甚至对花卉造成伤害。例如配制常用的赤霉素溶液，应先用95%的酒精溶解，稀释成20%的酒精溶液，然后再配成所需的浓度的水溶液。植物生长调节物质在生产上应用广泛。

## 第二节　常见的各类球根花卉种球规格等级与检验方法

### 一、常见的各类球根花卉种球规格等级

1. 常见的鳞茎类种球规格等级标准

常见的鳞茎类种球规格等级标准应符合表7-1的要求。

表7-1　常见的鳞茎类种球规格等级标准　(cm)

| 中文名 | 科属 | 圆周长规格 | | | 备注 |
|---|---|---|---|---|---|
| | | 1级 | 2级 | 3级 | |
| 东方百合 | 百合科百合属 | >18.0 | 16.0～18.0 | 14.0～16.0 | |
| 亚洲百合（包括虎皮百合系列） | 百合科百合属 | >16.0 | 14.0～16.0 | 12.0～14.0 | 卷瓣组的原种或变种（如川百合、卷丹、兰州百合等）参考该标准 |
| 郁金香 | 百合科郁金香属 | >14.0 | 12.0～14.0 | 11.0～12.0 | |
| 风信子 | 百合科/天门冬科风信子属 | >17.0 | 16.0～17.0 | 15.0～16.0 | |
| 大花葱 | 百合科葱属 | >22.0 | 20.0～22.0 | 18.0～20.0 | |
| 皇冠贝母 | 百合科贝母属 | >24.0 | 22.0～24.0 | 20.0～22.0 | |
| 大百合 | 百合科大百合属 | >27.0 | 23.0～27.0 | 21.0～23.0 | |
| 葡萄风信子 | 百合科葡萄风信子属 | >9.0 | 8.0～9.0 | 7.0～8.0 | |
| 中国石蒜 | 石蒜科石蒜属 | >13.0 | 10.0～13.0 | 7.0～10.0 | 短茎完整，有皮鳞茎 |
| 忽地笑 | 石蒜科石蒜属 | >18.0 | 14.0～18.0 | 10.0～14.0 | 短茎完整，有皮鳞茎 |
| 蜘蛛兰 | 石蒜科蜘蛛兰属 | >30.0 | 24.0～30.0 | 18.0～24.0 | 有皮鳞茎 |
| 水仙 | 石蒜科水仙属 | >25.0 | 23.0～25.0 | 21.0～23.0 | 侧鳞茎数>1雕刻球 |
| | | >23.5 | 20.5～23.5 | 17.5～20.5 | 一般商品球 |

续表

| 中文名 | 科属 | 圆周长规格 | | | 备注 |
|---|---|---|---|---|---|
| | | 1级 | 2级 | 3级 | |
| 喇叭水仙 | 石蒜科水仙属 | ＞14.0 | 12.0～14.0 | 10.0～12.0 | 有皮鳞茎 |
| 红口水仙 | 石蒜科水仙属 | ＞13.0 | 11.0～13.0 | 9.0～11.0 | 有皮鳞茎 |
| 西班牙鸢尾 | 鸢尾科鸢尾属 | ＞14.0 | 11.0～14.0 | 8.0～11.0 | 有皮鳞茎 |
| 荷兰鸢尾 | 鸢尾科鸢尾属 | ＞14.0 | 11.0～14.0 | 8.0～11.0 | 有皮鳞茎 |

注：表中植物分类参照 *Flora of China*（《中国植物志》英文修订版），表3～表5同。

2. 常见的根茎类种球规格等级标准

常见的根茎类种球规格等级标准应符合表7-2的要求。

**表7-2　常见的根茎类种球规格等级标准**　（cm）

| 中文名 | 科属 | 根茎规格 | | | 备注 |
|---|---|---|---|---|---|
| | | 1级 | 2级 | 3级 | |
| 荷花 | 莲科莲属 | 具顶芽和侧芽，节间数≥3，尾端有节 | 具顶芽，2个节间，尾端有节 | 具顶芽，1个节间，尾端有节 | |
| 大花美人蕉 | 美人蕉科美人蕉属 | 顶芽＞5个 | 顶芽4个～5个 | 顶芽2个～3个 | |
| 姜荷花 | 姜科姜黄属 | 圆周长＞6；贮藏根数＞3 | 圆周长4.5～6.0；贮藏根数＞3 | 圆周长3.0～4.5；贮藏根数＜3 | |
| 莪术 | 姜科姜黄属 | 圆周长＞14.0 | 圆周长9.0～14.0 | 圆周长6.0～9.0 | |
| 郁金 | 姜科姜黄属 | 圆周长＞14 | 圆周长10.0～14.0 | 圆周长7.5～10.0 | |

3. 常见的球茎类种球规格等级标准

常见的球茎类种球规格等级标准应符合表7-3的要求。

**表7-3　常见的球茎类种球规格等级标准**　（cm）

| 中文名 | 科属 | 圆周长规格 | | | 备注 |
|---|---|---|---|---|---|
| | | 1级 | 2级 | 3级 | |
| 唐菖蒲 | 鸢尾科唐菖蒲属 | ＞12.0 | 10.0～12.0 | 8.0～10.0 | |
| 香雪兰 | 鸢尾科香雪兰属 | ＞7.0 | 5.0～7.0 | 3.0～5.0 | |
| 番红花 | 鸢尾科番红花属 | ＞9.0 | 8.0～9.0 | 7.0～8.0 | |
| 慈姑 | 泽泻科慈姑属 | ＞15.0 | 12.0～15.0 | 9.0～12.0 | 有皮球茎 |

4. 常见的块茎类、块根类种球规格等级标准

常见的块茎类、块根类种球规格等级标准应符合表7-4的要求。

**表7-4　常见的块茎类、块根类种球规格等级标准**　（cm）

| 编号 | 中文名 | 科属 | 圆周长规格 | | | 备注 |
|---|---|---|---|---|---|---|
| | | | 1级 | 2级 | 3级 | |
| 1 | 花毛茛 | 毛茛科毛茛属 | ＞8 | 5.0～8.0 | 3.0～5.0 | |

续表

| 编号 | 中文名 | 科属 | 圆周长规格 | | | 备注 |
|---|---|---|---|---|---|---|
| | | | 1级 | 2级 | 3级 | |
| 2 | 马蹄莲 | 天南星科马蹄莲属 | >18 | 15.0～18.0 | 12.0～15.0 | |
| 3 | 花叶芋 | 天南星科五彩芋属 | >16 | 13.0～16.0 | 10.0～13.0 | |
| 4 | 球根秋海棠 | 秋海棠科秋海棠属 | >16 | 13.0～16.0 | 10.0～13.0 | |
| 5 | 大丽花 | 菊科大丽花属 | >18 | 14.0～18.0 | 10.0～14.0 | |
| 6 | 晚香玉 | 石蒜科晚香玉属 | >12 | 10.0～12.0 | 8.0～10.0 | |

## 二、检验方法

1. 圆周长测定

（1）测量种球圆周长应用软尺，读数应精确到0.1cm。

（2）测量鳞茎类种球规格，可自制环形网筛，网筛上应有不同规格的网眼，并应以此筛分种球和划分等级；水仙类鳞茎应按照中央主球周长手工测量分级。

（3）测量球茎类、根茎类种球的圆周长和直径，应在种球风干后，垂直于种球茎轴测其最大数值。

（4）测量块茎类和块根类种球的圆周长和直径，应测其最大值和最小值，再求平均值。

2. 外观检测

（1）目测种球应饱满充实、无腐烂现象、无机械损伤、无病斑和虫体危害等污染状况，皮膜、根盘等应完好。

（2）目测芽眼或芽体应无损伤。

3. 种球检疫

种球检疫可分为三种，分别是现场检疫、实验室检疫与隔离检疫。

（1）现场检疫。待检货物应在检验检疫部门指定的地点存放。需要卸离运输工具和容器的货物应在检验检疫部门认可的仓库或冷库隔离存放。核对品名、品种、产地、批号、数量、唛头等是否与申报相符。检查运输工具、包装、铺垫材料、集装箱有无粘附土壤、害虫及杂草籽等；如有木包装要按木包装检疫操作规程进行。检查鳞球茎花卉是否带有土壤、腐烂、开裂、疱斑、肿块、芽肿、畸形、害虫、虫蚀洞和杂草籽等，检查根部有无病根，烂根及线虫根结。核实栽培介质是否与申报的种类相符，检查栽培介质是否带有土壤、害虫，植物病残体等。

（2）实验室检验。对鳞球茎花卉及其他植物及其产品、生态环境造成危害的所有昆虫、病原物（包括真菌、细菌，病毒和线虫等），植原体和杂草等。

（3）隔离检疫。对鳞球茎花卉的风险分级、国家隔离苗圃和专业隔离苗圃的考核要求等参照有关风险分析报告和相关法律法规的要求执行：

1）属于高风险的鳞球茎花卉应在国家隔离检疫圃隔离检疫。

2）属于中、低风险的鳞球茎可在专业隔离检疫圃或在所在地直属出入境检验检疫部门指定的隔离检疫场所（圃）或经注册登记备案的基地进行种植，并接受检疫监督管理。

## 第三节　花坛与花境的养护

### 一、花坛的养护

1. 肥水管理

(1) 施肥。草花所需要的肥料主要依靠整地时所施入的基肥。在定植的生长过程中，也可根据需要，进行几次追肥。追肥时，千万注意不要污染花、叶，施肥后应及时浇水。不可使用未经充分腐熟的有机肥料，以免产生烧根现象。

(2) 浇水。花苗栽好后，在生长过程中要不断浇水，以补充土中水分的不足。浇水的时间、次数、灌水量则应根据气候条件及季节的变化灵活掌握。如有条件还应喷水，特别是对于模纹花坛、立体花坛，要经常进行叶面喷水。

喷水时还要注意：一般应在上午10时前或下午4时以后浇水，如果一天只浇一次，则应安排傍晚前后为宜；浇水量要适度，若浇水量过大，土壤经常过湿，会造成花根腐烂；浇水时应不可太急，避免冲刷土壤。

2. 花坛的更换

由于各种花卉都有一定的花期，要使花坛一年四季有花，就必须按照季节和花期，经常进行更换，尤其是设置在重点园林绿化地区的花坛。每次更换都要根据绿化施工养护中的要求进行。现将花坛更换的常用花卉介绍如下。

(1) 春季花坛。春季开花的草本植物，大部分都必须在上年的8月下旬至9月上旬播种育苗，在阳畦内越冬。阳畦还必须设有风障，加盖芦席，晴天打开，让其接受阳光照射，下午再盖上，使它安全越冬。

春季花坛主栽培的花卉有金盏花、三色堇、春菊、桂竹香、紫罗兰、中华石竹、须苞石竹、小白菊、金鱼草、天竺葵、花葵、锦葵、高雪轮、矮雪轮、牵牛花、一串红、矢车菊、飞燕草、勿忘我、诸葛菜、鸢尾、金盏菊、佛甲草等。

春季花坛以4～6月开花的一、二年生草花为主，再配合一些盆花。常用的种类有：三色堇、金盏菊、雏菊、桂竹香、矮一串红、月季、瓜叶菊、旱金莲、大花天竺葵、天竺葵等。

(2) 夏季花坛。夏季开花的草本植物，大部分都应在3～4月播种，在平畦内进行培养，五月中旬栽培。这个时期开花的植物有凤仙花、百日草、万寿菊、草茉莉、夜来香、半支莲、滨菊、一串红、金莲花、中心菊、孔雀草、马利筋、千花葵、麦秆菊、矮牵牛、千日红、百日菊等。

夏季花坛以7～9月开花的春播草花为主，配以部分盆花。常用的种类有：石竹、百日草、半枝莲、一串红、矢车菊、美女樱、凤仙、大丽花、翠菊、万寿菊、高山积雪、地肤、鸡冠花、扶桑、五色梅、宿根福禄考等。夏季花坛根据需要可更换一两次，也可随时调换花期过了的部分种类。

(3) 秋季花坛。秋季开花的草本植物，大部分都应在6月中下旬播种，在平畦内进行幼苗培育，7月末便可进行花坛栽培。这个时期开花的植物，主要有鸡冠花、翠菊、百日草、一串红、小朵大丽花、福禄考、半枝莲、槭葵、藿香蓟等。

秋季花坛以9～10月开花的春季播种的草花并配以盆花。常用种类有：早菊、一串红、荷兰菊、滨菊、翠菊、日本小菊、大丽花及经短日照处理的菊花等。配置模纹花坛可用五色草、半枝莲、香雪球、彩叶草、石莲花等。

(4) 冬季花坛

长江流域一带常用红叶甜菜及羽衣甘蓝作为花坛布置露地越冬。

3. 花坛的修剪

一般草花花坛，在开花时期每周剪除残花 2～3 次，模纹花坛更应经常修剪，保持图案明显、整齐。对花坛中的球根类花卉，开花后应及时剪去花梗，消除枯枝残叶，这样可促使子球发育良好。

**二、花境的养护**

花境中各种花卉的配置比较粗放，也不要求花期一致。但要考虑到同一季节中各种花卉的色彩、姿态、体形及数量的协调和对比，整体构图严整，还要注意一年中的四季变化，使一年四季都有花卉。对植物高矮要求不严，只注意开花时不被其他植株遮挡即可。花境养护管理比较粗放。

1. 施肥管理

每年植株休眠期必须适当耕翻表土层，并施入腐熟的有机肥（1.0～1.5kg/$m^2$），并进行补植工作。结合中耕施肥，更换部分植株，或播种一、二年生花卉。生长季节根据花卉生长发育养分的需要，实行叶面施肥。

2. 修剪、整枝

修剪与整枝要及时，在花后及植株休眠期，重要的花境内残花枯枝不得大于 10%，其他的花境不得大于 15%。

3. 其他日常管理

生长季节注意经常中耕、除虫、除草、施肥和浇水等，做到花境无杂草垃圾，花境防护设施经常保持清洁完好无损。对于枝条柔软或易倒伏的种类，要及时搭架，捆绑固定。还要注意有些植物种类需要掘起放入室内越冬，有些需要在苗床采取防寒措施越冬的，都要及时采取措施进行处理。

# 第八章 其他植物养护

## 第一节 攀缘植物的养护

### 一、肥水管理

1. 施肥

(1) 施肥时间。施肥的时间要根据施肥的种类来决定。施用基肥应在秋季植株落叶后或春季发芽前进行；施用追肥，应在春季萌芽后至当年秋季进行，在生长季节和雨水较多的地区要注意及时补充肥力。

(2) 施肥方法。基肥应使用有机肥，施用量宜为每延长米0.5～1.0kg。追肥分为根部追肥和叶面追肥。根部追肥可分为密施和沟施，每2周1次，每次施混合肥每延长米100g左右，施化肥每延长米50 g。叶面施肥时，对以观叶为主的攀缘植物可以喷浓度为5%的氮肥尿素，对以观花为主的攀缘植物喷浓度为1%的磷酸二氢钾。叶面喷肥宜每半月1次，一般每年喷4～5次。

施用的有机肥必须经过腐熟，施用化肥必须粉碎、施匀；施用有机肥不应浅于40cm，施用化肥不应浅于10cm。施肥后应及时浇水。叶面喷肥宜在早晨或傍晚进行，也可结合喷药一起喷施。

2. 浇水

对新植和近期移植的各类攀缘植物应连续浇水，直至植株不浇水也能正常生长为止，特别要注意植物生长关键时期的浇水量。做好冬初冻水的浇灌，以利于防寒越冬。

由于攀缘植物根系浅、占地面积少，因此，在土壤保水力差或气候干燥季节应适当增加浇水次数和浇水量。

### 二、修剪

对攀缘植物修剪可以在植株秋季落叶后和春季发芽前进行。为了整齐美观，也可在任何季节随时修剪，但对于观花类的攀缘植物来说，修剪要在落花之后进行。

修剪的对象主要是多余枝条，以减轻植株下垂的重量。对于有些生长过旺的枝条也应适当短截，控制其生长速度，使其他生长较慢的植株能够得到快速生长，同时也可以促进经过修剪的分枝的生长。另外，对于已经种植多年的攀缘植物还应进行适当的间移，其目的是使植株正常生长，减少修剪量，充分发挥植株的作用。间移应在休眠期进行。

### 三、病虫害防治方法

攀缘植物的主要病虫害有蚜虫、螨类、叶蝉、天蛾、虎夜蛾、斑衣蜡蝉、白粉病等。在防治上应贯彻“预防为主，综合防治”的方针。

在栽植时，应选择无病虫害的健壮苗，栽植不应过密，应保持植株通风透光，以防止或减少病虫害的发生。栽植后应加强攀缘植物的肥水管理，促使植株生长健壮，以增强植株抗病虫的能力。及时清理病虫落叶、杂草等，消灭病源、虫源，防止病虫扩散、蔓延。

加强病虫情况检查，发现主要病虫害时应及时进行防治。在防治方法上要因地、因树、因虫制宜，采用人工防治、物理机械防治、生物防治、化学防治等各种有效方法。在化学防治时，要根据不同病虫害对症下药。喷洒药剂应均匀周到，应选用对天敌较安全、对环境污染较小的农药，既要控制住主要病虫害，又要注意保护天敌和环境。

## 第二节 竹类植物的养护

### 一、幼林的养护

竹子栽植成活后尚未成林的阶段称为幼林，幼林是成林的基础，健壮生长的幼林是培育良好的成林的先决条件。幼林养护管理的主要目的是提高栽植成活率，加速成林速度，尽快起到绿化、观赏的作用。

幼林养护管理采用的主要措施有：适时灌溉，保证竹子生长对水分的需要；应用地面覆盖或间种其他绿肥植物，减少地面蒸发；除草松土；适时施肥；防治病虫害及其他伤害。

### 二、成林的养护

竹子幼林经过大量发笋长竹后，即进入成林阶段。竹子成林后养护管理的措施主要包括改善竹林生长条件和调整竹林群体结构两个方面。

1. 散生竹的养护

(1) 改善竹林生长条件。

1) 松土施肥：成林后的竹园每 5 年左右应进行 1 次全面松土，除去林内老鞭、杂草、石块等，并适时施肥。肥料以有机肥为主，夏秋季可施菜籽饼或将锄下的嫩草埋入土中；春夏季可施化肥，如尿素等，每年 1～3 次，每次 150～225kg/$hm^2$；最好能在竹林内种植地被或耐阴的绿肥。

2) 挖除竹蔸：散生竹砍伐后，残留的竹蔸一般要 10 年左右才能全部腐烂，没有腐烂的竹蔸埋在土中如同石块一样，阻碍竹鞭行进和生长，所以要及时挖除竹林内的竹蔸和老鞭，以便竹园（林）的更新、复壮。挖除竹蔸时还应给竹林松土，使之利于新鞭新笋生长。

3) 合理排灌：竹类大都喜湿忌积水，故在旱季要注意适时灌溉，而在雨期则要注意排涝，否则竹林生长就会受到影响。

(2) 调整竹林群体结构。

1) 一般说来竹林结构包括 8 项因子：种类组成、个体数量、年龄结构、个体大小、整齐度、竹林分布均匀度、叶面积指数、产量结构等。

2) 优良竹林结构的基本要求是：立杆要密、平均胸径要大、大小要整齐、叶面积指数要高、平均年龄要低、竹林分布要均匀。

3) 调整竹林群体结构的措施：

①疏笋育竹和护笋养竹。疏竹就是合理地挖除弱笋、小笋。竹林中的弱笋、小笋是不可避免的，因为每年出土的竹笋必然有大有小，有强有弱。竹林每年出土的竹笋只有 10%～40%成竹，而有 60%～90%的退笋。因此，在实践中应选留粗壮的竹笋育竹，将细弱竹笋挖除，这样做既符合自然规律，又可提高观赏效果。对选留疏除的竹笋，用锄头扒开茎部泥土，从笋与鞭相连处切断，千万注意不要损伤竹鞭，取出竹笋后，用泥土覆盖笋穴。对保留的竹笋要加以保护，防止人和畜的危害，禁止挖掘竹笋。

②“大小年”改“花年”。从理论和实践中都证明花年竹林可以提高立竹度，增加叶面积指数，充分利用太阳光能制造有机物质，从而促使竹尽快生长，尽早起到观赏的作用。

③控制钩梢。钩梢是指对出笋长出的新竹，用快刀钩去竹竿上的枝梢。其作用是为了减轻冬季与早春雪压之害，使竹竿通区。在没有雪压和风倒危害的地方，不提倡钩梢。在有风雪的地方，也要注意控制钩梢的强度，要求每株立竹保留 15 盘以上枝条。

④定向培育。竹类的生长一般都具有向光趋肥的特性，因此，可采取一定的措施引导竹鞭伸展和竹林扩大的方向，使竹株合理分布，充分利用林地空间。引导出笋方向的方法：一是通过采伐阻止竹子向不适宜的方向伸展出笋；二是通过松土、施肥，引导竹林竹鞭向适宜的方向发展出笋。

⑤合理采伐。合理采伐包括掌握适宜的采伐时间、竹龄（在采伐中有“存三去四不留七”的说法）、强度和方法，采伐时间一般在冬季较好。采伐时要掌握去弱留强、去老留幼、去密留疏、去内留外的原则。

2. 丛生竹的养护

丛生竹的养护管理在具体情况下应结合丛生竹的生长发育特点进行。

(1) 幼林抚育。麻竹定植后，如遇春旱则每隔 3～4d 可灌水 1 次；开始发芽展叶后，每隔半个月追施薄肥 1 次，但在秋后不宜施肥，平时还应注意除草松土。栽植的当年 4～5 月份有 50%左右的母竹萌发新笋，其他要保持到第 2 年发笋，若第 2 年再不发笋，说明母竹的笋芽受损，应在第 3 年春挖除，重新补植新母竹。

(2) 割笋与留母竹更新。麻竹出笋期为 5～10 月份，一般分为早期、盛期和晚期。5～6 月份为早期，出笋量占总量的 26%左右；7～8 月份为盛期，出笋量占总量的 52%左右；9～10 月份为晚期，出笋量占总量的 22%左右。最好在出笋盛期选取强壮的、方位适宜的壮笋作为母竹。

每一根麻竹母竹可维持寿命 4～6 年，4～6 年后由于笋头及其基部的笋芽不断增加，母竹的营养负担逐渐加重，如不增加母竹，则竹林逐渐衰败，所以每隔 4～6 年必须进行留母竹更新。

(3) 扒竹。每年 2 月中、下旬（雨水前后）在竹丛周围用锄头自外而内的把土扒开，让竹蔸上的笋芽见阳光。目的是提高土温，刺激笋芽提早萌发，同时也便于施肥。

(4) 施肥。麻竹出笋量高，消耗养分也多，每年要施肥 2～3 次，第 1 次在扒土后 10d 左右进行，用入粪尿、厩肥、垃圾肥、塘泥、饼肥皆可，每丛施入粪尿 25～50kg 或腐熟饼肥 5～10kg 或塘泥、垃圾肥 150～200kg。待小笋芽达到 6～7cm 时，应进行培土，将原扒开的土重新盖在原处。第 2、3 次是追肥，在出笋的早期和盛期进行，每次每丛施入粪尿 10～15kg 或尿素 0.5kg，在竹丛附近开沟，肥料用水冲稀后浇入。但应注意防止嫩笋接触过浓的肥水，以免引起萎缩死亡。

## 第三节 棕榈类植物的养护

### 一、施肥管理

定植时要下足基肥，小苗每隔 1～2 个月追施 1 次有机肥或复合肥。大苗常在苗木移植成活后于生长季内（5～10 月份）每季度追施 1 次，各种有机肥或复合肥均可，中秋气温降低时，少施氮肥。温度低于15℃，应停止施肥，以免使生长的新叶遇低温受寒害。

棕榈植物缺氮，极易出现植株生长缓慢，叶色变黄，叶片变小，甚至畸形；缺磷植株生长矮小，叶色变成橄榄绿或带青色，有时甚至是黄色，植株失去光泽，且根系不发达；缺钾最早表现为下部叶片边缘坏死，或叶面出现坏死斑点或斑块，后逐渐向上部叶片扩展，变得越来越严重，缺钾多见于沙地，尤其是春夏两季雨水较多的地方。因此，只有氮磷钾平衡供应，植株才能健康地生长。

### 二、水分管理

棕榈植物在幼株时或刚移栽未成活之前需要较细心的管理与照顾，成熟后可逐渐转为粗放管理。一般在苗木移栽时应浇足定根水，在苗木生长发育过程中应经常保持场地土壤湿润，干旱时每天浇水1次。浇水量因物种不同而异。

### 三、补光

若光照经常不足，植物生长也会变得缓慢，并逐渐衰萎。尤其是丛生种，侧芽的分蘖需要光线充足，即萌发侧芽的季节性要注意透光补光。少数较耐阴的品种，如棕竹、竹节椰子、袖珍椰子、裂叶玲珑椰子、鱼尾椰子等，保持40%～70%的光照最佳，并严禁植株种植或摆放过密，且要及时修除枯叶、病叶及下垂叶等，以增加透光性及减少病虫源。

## 第四节 水生植物与地被植物的养护

### 一、水生植物的养护

1. 除草

由于水生花卉在幼苗期生长较慢，所以不论是露地、缸盆栽种都要进行除草。从栽植到植株生长过程中，必须及时除草。

2. 追肥管理

一般在植物的生长发育中后期需追肥，可用浸泡腐熟后的人粪、鸡粪、饼类肥，一般需要2～3次。露地栽培可直接施入缸、盆中，这样吸收快。在施追肥时，应用可分解的纸做袋装肥施入泥中。

3. 水位调节

水生花卉在不同的生长时期所需的水量也有所不同，调节水位应遵循由浅入深、再由深到浅的原则。分栽时，保持5～10cm的水位，随着立叶或浮叶的生长，水位可根据植物的需要量，将水位提高（一般在30～80cm）。如荷花到结藕时，又要将水位放到浅5cm左右，提高泥温和昼夜温差，提高种苗的繁殖数量。

4. 防风防冻

水生植物的木质化程度差，纤维素含量少，抗风能力差，栽植时，应在东南方向选择有防护林等的地方为宜。水生植物在北方种植，冬天要进入室内或灌深水（100cm）防冻。在长江流域一带，正常年份可以在露地越冬。为了确保安全，可将缸、盆埋于土里或在缸、盆的周围壅土、包草、覆盖草防冻。

5. 遮光

水生花卉中有不少属阴生性，不适应强阳光的照射，栽培时需搭设荫棚。根据各种植物的需求，遮光率一般控制在50%～60%，遮光多采用黑色或绿色的遮阳网进行。有不同遮光率的产品，具有明显的遮光、降温效果，使用方便。

6. 消毒

为了减少水生花卉在栽培中的病虫害，各种土壤需进行消毒处理。消毒用的杀虫剂有 0.1% 乐果、敌百虫、甲氰菊酯（灭扫利）等。杀菌剂有多菌灵、甲基硫菌灵（1000～1500 倍）等。

**二、地被植物的养护**

1. 水生植物修剪

生长期阶段应清除水面以上的枯黄部分，应控制水生植物的景观范围，清理超出范围的植株及叶片。同一水池中混合栽植的，应保持主栽种优势，控制繁殖过快的种类。

2. 水分管理

水生植物应根据植物种类及时灌水、排水，保持正常水位。

浮叶类水生植物应控制水生植物面积与水体面积比例，其覆盖水体的面积不得超过水体总面积的 1/3。

3. 施肥管理

基肥应以有机肥为主，点状埋施于根系周围淤泥中。追肥应以复合肥为主。叶面施肥可使用化学肥料。盆栽水生植物可在冬季拿出水面并应进行防寒保护，开春前可补施一次基肥，应在新叶长出后移入水中。观花水生植物，每年至少应追肥 1 次，点状埋施于根系周围淤泥中。

4. 有害生物防治

选用对水生生物和水质影响小的药剂，水源保护区内不得使用农药。易被水中生物破坏的水生植物，宜在栽植区设置围网。

有害生物防治的原则、方法应符合下列规定：

（1）应按照“预防为主，科学防控，依法治理，促进健康”的原则，做到安全、经济、及时、有效。

（2）宜采用生物防治手段，保护和利用天敌，推广生物农药。

（3）应及时有效地采取物理防治手段，并及时剪除病虫枝。

（4）采用化学防治时，应选择符合环保要求及对有益生物影响小的农药，宜不同药剂交替使用。

（5）应及时对因干旱、水涝、冷冻、高温、飓风、缺肥等所致生理性病害进行防治。

（6）应按照农药操作规程进行作业，喷洒药剂时应避开人流活动高峰期或在傍晚无风的天气进行。

（7）采用化学农药喷施，应设置安全警示标志，果蔬类喷施农药后应挂警示牌。

（8）不得使用国家明令禁止的农药进行有害生物防治。

（9）应严格管控国家颁布的林木病虫害检疫对象。

# 第九章　园林植物病虫害防治

## 第一节　园林植物病虫害基础知识

### 一、园林植物病害的含义

园林植物在生长发育和贮运过程中，由于受到环境中物理化学因素的非正常影响，或受其他生物的侵染，导致生理、组织结构、形态上产生局部或整体的不正常变化，使植物的生长发育不良，品质变劣，甚至引起死亡，造成经济损失和降低绿化效果及观赏价值，这种现象称为园林植物病害。

### 二、园林植物病害的侵染循环

侵染循环是指病害从前一生长季节开始发病，到下一生长季节再度延续发病的过程，它包括三个环节：病害的初侵染和再侵染；病原物的越冬；病原物的传播。

1. 病害的初侵染和再侵染

由越冬的病原物在植物生长期引起的初次侵染称初侵染。

在初侵染的病部产生的病原体通过传播引起的侵染称为再侵染。在同一生长季节，再侵染可能发生许多次，病害的侵染循环，可按再侵染的有无分为：

(1) 多病程病害。一个生长季节中除初侵染过程外还有再侵染过程，如梨黑星病，各种白粉病和炭疽病等属于这类病害。

(2) 单病程病害。一个生长季节只有一次侵染过程，如松落叶病，槭黑痣病属于这类病害。

对于单病程病害每年的发病程度取决于初侵染多少，只要集中消灭初侵染来源或防止初侵染，这类病害就能得到防治。对于多病程病害，情况就比较复杂，除防治初侵染外，还要解决再侵染问题，防治效率的差异也较大。

2. 病原物越冬

许多植物到冬季大都进入落叶休眠或停止生长状态。寄生在植物上的病原物如何渡过这段时间，并引起下一生长季节的侵染，这就是所谓的越冬问题。越冬是侵染循环中的一个薄弱环节，掌握这个环节常常是某些病害防治上的关键问题，病原物越冬的场所有以下几个：

(1) 感病寄主。感病寄主是园林病害最重要的越冬场所，树木不但枝干是多年生的，常绿针阔叶树的叶也是多年生的，寄主体内的病原物因有寄主组织的保护，不会受到外界环境的影响而安全越冬，成为次年初侵染来源。

(2) 病株残体。绝大部分非专性寄生的真菌、细菌都能在因病而枯死的立木、倒木、枝条和落叶等病残体内存活或以腐生的方式存活一段时间。因此彻底清除病株残体等措施有利于消灭和减少初侵染来源。

(3) 种子苗木和其他繁殖材料。种子及果实表面和内部都可能有病原物存活。春天播种时成为幼苗病害侵染的来源。种子带菌对园林树木病害并不重要。苗木、接穗、插条和种根等上的病原物作为侵染来源与有病植株情况是一样的。

（4）土壤、肥料。土壤、肥料也是多种病原物越冬的主要场所，侵染植物根部的病原物尤其如此。病原物厚垣孢子、菌核等在土壤中休眠越冬，有的可存活数年之久。病原物除休眠外，还以腐生方式在土壤中存活。根据病原物在土壤中存活能力的强弱，可以分为土壤寄居菌和土壤习居菌。土壤寄居菌必须在病株残体上营腐生生活，一旦寄主残体分解，便很快在其他微生物的竞争下丧失生活能力。土壤习居菌有很强的腐生能力，当寄主残体分解后能直接在土壤中营腐生生活。

3. 病原物的传播

在植物体外越冬的病原物，必须传播到植物体上才能发生初侵染，在植株之间传播则能引起再侵染。有许多病原物如带鞭毛的细菌，游动孢子等都有主动传播的能力。但是，这种主动传播的距离极为有限，病原物的传播主要依赖外界因素被动传播，其主要传播方式如下：

（1）风力传播（气流传播）。真菌的孢子很多是借风力传播的，真菌的孢子数量多、体积小、易于随风飞散，气流传播的距离较远，范围也较大，但可以传播的距离并不就是有效距离，因为部分孢子在传播的途径中死去，而且活的孢子还必须遇到感病的寄主和适当的环境条件才能引起侵染，传播的有效距离受气流活动情况，孢子的数量和寿命以及环境条件的影响。

借风力传播的病害，防治方法比较复杂，除去注意消灭当地的病原物以外，还要防止外地病原物的传入。确定病原物的传播距离，在防病上很重要，转主寄主的砍除和无病苗圃的隔离距离都是由病害传播距离决定的。

（2）雨水传播。植物病原细菌和真菌中的黑盘孢目，球壳孢目的分生孢子多半是由雨水传播的，低等的鞭毛菌的游动孢子只能在水滴中产生和保持它们的活动性，雨水传播的距离一般都比较近，这样的病害蔓延不是很快。对于生存在土壤中的一些病原物，还可以随灌溉和排水的水流而传播。

（3）昆虫和其他动物传播。有许多昆虫在植物上取食活动，成为传播病原物的介体，除传播病毒外还能传播病原细菌和真菌，同时在取食和产卵时，给植物造成伤口，为病原物的侵染造成有利条件。此外，线虫、鸟类等动物也可传带病菌。

（4）人为传播。人们在育苗、栽培管理及运输等各种活动中，常常无意识传播病原物。种子、苗木、农林产品以及货物包装用的植物材料，都可能携带病原物。人为传播往往是远距离的，而且不受外界条件的限制，这是实行植物检疫的原因。

**三、植物病害的症状**

感病植物在外部形态上表现的不正常状态称为植物病害的症状，由病状和病症组成。

植物病害症状的主要类型有变色（如黄化病）、坏死（如叶枯病）、腐烂（如软腐病）、萎蔫（如青枯病）、畸形（如丛枝病）、霉状物（如霜霉病）、粉状物（如白粉病）、粒状物（如炭疽病）、脓状物（如溃疡病）等。

**四、植物病虫害的防治原理**

植物病虫害的防治总的指导思想是“预防为主，综合防治”。该理论的基本点是以生态学原理和经济学原则为依据，充分发挥自然控制因素，因地制宜地采用最优化的技术组配方案，将有害生物的种群数量较长期地控制在经济损失允许水平之下，以获得最佳的经济效益和社会效益，其中强调如下几个观点。

(1) 生态观点：全面考虑生态平衡，允许有害生物的长期存在，不强调彻底消灭，让大部分生物处于和谐共存的境界。

(2) 经济观点：讲究实际收入，使病虫害控制在经济损失允许水平之下。

(3) 协调观点：讲究各种防治措施间协调，各部门之间的协调，采用最优化的技术组配方案。

(4) 安全观点：讲究长远的生态和社会效益，运用防治措施确保对人、畜、作物和天敌的安全，符合环境保护的原则。

**五、植物病虫害的防治技术**

植物病虫害的防治技术有5种，具体内容如下。

1. 植物检疫

植物检疫，又称法规防治，是根据国家的法律或法令设立专门的机构，对国外输入或国内输出及国内地区间调动的种子、苗木及农林产品进行检查，禁止或限制危险性病、虫、杂草等人为地传入或输出，或对已传入或发生的危险性病、虫、杂草等采取有效措施消灭或控制蔓延。

植物检疫分对外检疫和对内检疫。对外检疫主要负责国际间的植物检疫事宜，对内检疫主要负责国内植物检疫事宜。

植物检疫对象的确定原则：国内尚未发生或虽有发生但分布不广的病、虫、杂草等有害生物；危险性大的病、虫、杂草等有害生物，一旦传入则难于根除的；通过人为传播的病、虫、杂草等有害生物；根据交往国家或地区提供的名单。

2. 农业防治法

农业防治法，又称园林技术措施，是根据病虫的生物学特性和主要生态因素，通过栽培管理有目的地创造不利于病虫生存的环境条件，达到减少病虫危害的一种防治方法。具体措施包括：选用抗（耐）病（虫）品种、选择适宜圃地、建立无病虫种苗基地、合理轮作、合理配置植物种类、科学肥水管理和合理修剪等。

3. 生物防治法

生物防治法是利用各种有益生物或生物代谢物来防治病虫害的方法。常用的措施包括以虫治虫、以菌治虫、以病毒治虫、以激素治虫、其他有益生物治虫、以菌治病等。

4. 物理机械防治法

物理机械防治法是利用各种物理因素和机械设备防治病虫害的方法。具体措施有捕杀、诱杀、阻杀、汰选、高温处理等。

5. 化学防治法

化学防治法是利用化学药剂防治病虫害的方法。该法防效好、收效快、使用方法简单、受季节性限制小、适宜大面积使用等。但能引起人畜中毒、污染环境、造成药害、病虫能产生抗（耐）药性、杀伤天敌破坏生态等。

## 第二节　常见的病害及防治

根据病原的性质和种类，将植物病害分为真菌性病害、细菌性病害、病毒性病害、线虫病害及生理性病害等。

## 一、真菌性病害

此类病害的病原是真菌，在植物病害中发生较为普遍。常见的种类有 7 种，各种类型病害的症状、发病规律和具体防治措施如下。

1. 炭疽病类

(1) 症状。主要危害寄主的叶片和新梢，也可以在花、果、茎、叶柄上发生，分急性型和慢性型。急性型的典型症状是初期呈暗绿色，似开水烫伤状，后期呈褐色至黑褪色，然后病部腐烂。慢性型的典型症状是病斑呈灰白色，其上生有呈轮纹状排列的黑色小颗粒。

(2) 发病规律。病原在寄主病部、病残体或土壤中越冬。通过风雨和昆虫传播。在高温多雨期节发病重。通风透光性差、植株长势弱、排水不良、偏施氮肥等条件有利其发生。不同的品种，其抗（耐）病性有差异。

(3) 防治措施。选用抗病的优良品种。加强栽培管理，培育健壮的植株，提高抗病能力，不偏施氮肥，注意搞好排灌系统。结合修剪，及时剪除病叶和病枝，保持良好的通风透光性。

发病初期施药防治，常用药剂有：50％炭疽福美可湿性粉剂 500 倍液、25％炭特灵可湿性粉剂 600 倍液、60％灰疽灵可湿性粉剂 600 倍液，70％甲基托布津可湿性粉剂 1000 倍液、50％多菌灵可湿性粉剂 600～800 倍液等。

2. 叶斑病类

(1) 症状。植物的叶片上产生大小不等、形状多样、颜色多样的斑点或斑块。有一些病斑上还会出现黑色小点。

(2) 发病规律。病原在病残体或土中越冬，随风雨传播。多数在高温条件下发病重，雨水多、雾多、露水重、连作、过度密植、通风透光不良、植株长势弱均有利于发病。

(3) 防治措施。及时清除病叶、病残体，集中烧毁，减少病原。加强栽培管理、增强植株长势，提高抗病力，进行轮作（温室内可换土），改进浇水方法，有条件者可采用滴灌，尽量避免对植株直接喷浇。保持通风透光。

在发病初期及时用药，药剂可选用：50％多菌灵可湿性粉剂 600～800 倍液、65％代森锌可湿性粉剂 600～800 倍液，70％代森锰锌可湿性粉剂 600 倍液、50％克菌丹可湿性粉剂 500～600 倍液，70％甲基托布津可湿性粉剂 1000 倍液等。隔 10～15d 喷 1 次，连续 3～5 次，注意药剂要交替使用。

3. 锈病类

(1) 症状。主要危害叶子，病部变褐并出现黄色至红褐色锈粉状物质（为夏孢子堆）或灰黑色粉状物（为冬孢子堆）。

(2) 发病规律。引起锈病的病原均称为锈菌，病原在病部越冬。通过风雨传播，每年夏季发病较重。温暖、多雨、多雾的气候条件有利于发病，偏施氮肥则加深发病程度。

(3) 防治措施。及时清除病枝叶及病残体，减少病原。合理施肥，控施氮肥，增施磷、钾肥。合理修剪，保持通风透光，降低湿度。

药剂防治：在休眠期喷 2～3°Be 石硫合剂；在发病初期可选用 25％粉锈宁 1500～2000 倍液、75％氧化萎锈灵 3000 倍液、97％敌锈钠 250～300 倍液、70％代森锰锌可湿性粉剂 600 倍液等。

4. 白粉病类

（1）症状。一般多发生于寄主生长中、后期，寄主的叶、花、枝条、嫩梢、果实均可受害。初期出现白色粉状物，后期呈灰色粉状物。受害部位往往退绿，发育畸形，严重时枯死，甚至整株死亡。

（2）发病规律。病原在病部或病残体上越冬。通过风、雨传播。多数在 4～6 月和 9～10 月发病较重。温暖潮湿季节发病迅速，过度密植、通风透光性不良有利于发病。

（3）防治措施。结合修剪，做好清园工作。加强栽培管理、增施磷、钾肥，控氮，保持通风透光。药剂防治参考锈病类用药。

5. 叶枯病

（1）症状。多从叶尖、叶缘开始发病，病斑呈红褐色至灰褐色，多个病斑连成片，可占叶面积的 1/3 左右，病健交界处有一个比病斑色深的纹带，后期病部干枯，散生黑色小颗粒。

（2）发病规律。病原在病组织上越冬。通过风雨传播。夏、秋季发病较重。高温高湿、通风透光性差、树势弱有利于发病。

（3）防治措施。彻底清园，将病残体清理干净，以减少病原。加强栽培管理，合理施肥，注意增施磷、钾肥。搞好排灌系统，降低湿度。浇水尽量避免喷浇。结合修剪，保持田间的通风透光。

药剂防治发病初期开始用药，药剂可选用：70％甲基托布津可湿性粉剂 1000 倍液、50％多菌灵可湿性粉剂 600～800 倍液、65％代森锌可湿性粉剂 500 倍液、1％等量式波尔多液等。

6. 煤烟病

（1）症状。又称煤污病、烟煤病，在花木上发生普遍，常在叶面、枝梢上先形成黑色小霉斑，然后连成片，使整个叶面、枝梢上布满黑色霉层。影响植物的外观和光合作用。

（2）发病规律。病原在病部或病残体上越冬。通过风雨和昆虫传播。高温多湿、透光性差的条件易发生。蚜虫、介壳虫、蝉、白蛾蜡蝉等能分泌蜜露的害虫发生数量多时，能加重此病的发生程度。

（3）防治措施。植株密度要合理，不能过密，合理修剪，保持良好的通风透光性。及时防治能分泌蜜露的害虫，参照蚜虫、介壳虫的防治。

发病期在结合防治害虫同时可选用药剂：10％百菌清乳油 200～250 倍液、50％多菌灵可湿性粉剂 600～800 倍液、65％代森铵可湿性粉剂 600～800 倍液、50％克菌丹可湿性粉剂 500～600 倍液等。

7. 霜霉病类

（1）症状。主要危害叶片，病叶正面出现不规则淡黄至淡褐斑，叶背呈白色、灰色或紫色霜霉层，如菊花霜霉病等。

（2）发病规律。病原在病残体上越冬。春、秋季发病较重，一般在凉爽、多雨、多雾、多露的条件下易发病。

（3）防治措施。及时清除病残体。注意通风透光和搞好排水。发病初期可选用：25％甲霜灵 500 倍液、64％杀毒矾可湿性粉剂 500 倍液等。

## 二、细菌性病害

这类病害的病原为细菌，常见的有细菌性软腐病和青枯病。

1. 细菌性软腐病

(1) 症状。多发生在茎、叶柄，病部初期产生水渍状斑，并很快组织软腐，植株萎蔫，后期病部发黑、黏滑，并有恶臭味，植株很快死亡。如仙客来细菌性软腐病。

(2) 发病规律。病原在病残体或土中越冬，主要靠流水、昆虫或接触传播，在高温高湿、伤口多的情况下易发病。

(3) 防治措施。选用无病土或土壤进行消毒。选用无病苗，移栽时尽量减少伤口。加强肥水管理，增施磷、钾肥，控施氮肥，保持通风透光，浇水以滴灌为主，尽量减少淋浇。

发病初期喷施 30μL/L 农用链霉素液或土霉素液、77%可杀得可温性粉剂 600～800 倍液。

2. 青枯病

(1) 症状。由于受到细菌侵染根、茎引起维管束的损伤，植株感病后，地上部分表现出叶片突然失水下垂，但在早晚露水重或雾重时植株呈正常状态。根部变褐腐烂，并有臭味。最后整株枯死，但植株颜色仍保持绿色，如大丽花青枯病、菊花青枯病等。

(2) 发病规律。病原在病残体或土中越冬，由雨水、水滴传播。高温高湿环境易发病，故在夏季较常见此病。

(3) 防治措施。选用、培育无病苗。进行轮作，换土或土壤消毒。加强栽培管理，增施磷、钾肥，尽量避免伤口，注意保持通风，控制湿度。药剂防治发病初期可选用 25%青枯灵 400～600 倍液、土霉素或链霉素 300μL/L 液。拔除病株，并用青枯灵、硫磺粉或硝醇粉进行土壤消毒。

**三、病毒性病害**

这类病害的病原为植物性病毒。为整株性病害，常引起寄主花叶、矮化和畸形。较常见的是花叶病。

花叶病的症状主要表现于叶片上，发病部位出现褪绿，逐渐呈黄、绿相间的斑驳，严重时叶片畸形（扭曲、线叶），植株长势变弱，如菊花花叶病。该病由病毒汁液或蚜虫等昆虫传毒，在干燥的天气条件有利病害发生。

防治措施：加强检疫，建立无病毒育苗基地，采用无病繁殖材料或无病苗；及时防治传毒昆虫，防治措施可参考蚜虫的防治；及时清除病株。

**四、线虫病**

这类病由线虫的寄生引起。线虫为微小的蠕虫，可寄生在植物的多种器官上。引起的危害症状极像病害的症状，故将其称病害。如根结线虫病、松材线虫病、穿孔线虫病等。

发生根结线虫病的植株其根上会形成大小不等，表面粗糙的瘤状物，线虫则置于瘤内。植株受害后枯死。由于雌虫产卵于根瘤内或土中，幼虫主要在浅土中活动，进入根部后，其分泌物能刺激根部产生瘤状物。主要通过种苗、肥料、流水和农具等传播。其防治措施是：加强检疫；轮作、选用无病土栽种；土壤消毒可选用 10%益舒宝颗粒剂、10%克线磷颗粒剂或 3%呋喃丹颗粒剂等，施用量为 3～5kg/亩。

## 第三节 常见的虫害及防治

**一、地下害虫**

地下害虫主要是指危害植物的地下部分或近地表部分的害虫。地下害虫的类型及防治措施如下。

1. 金龟子类

(1) 铜绿丽金龟。

1) 分布区域。东北、华北、华中、华东、西北等地均有发生。寄主有苹果、山楂、海棠、梨、杏、桃、李、梅、柿、核桃、酯粟、草莓等。以苹果属果树受害最重。成虫取食叶片，常造成大片幼龄果树叶片残缺不全，甚至全树叶片被吃光。

2) 形态特征。

①成虫：体背铜绿色有金属光泽。复眼黑色；唇基褐绿色且前缘上卷；前胸背板及鞘翅侧缘黄褐色或褐色；触角 9 节；有膜状缘的前胸背板，前缘弧状内弯，侧、后缘弧形外弯，前角锐后角钝，密布刻点。鞘翅黄铜绿色且纵隆脊略见，合缝隆明显。雄虫腹面棕黄色，密生细毛，雌虫腹面乳白色且末节横带棕黄色；臀板黑斑近三角形；足黄褐色，胫、跗节深褐色，前足胫节外侧 2 齿、内侧 1 棘刺。初羽化成虫前翅淡白色，后逐渐变化。

②卵：白色，初产时长椭圆形，后逐渐膨大近球形，卵壳光滑。

③幼虫：3 龄幼虫暗黄色。头部近圆形，头部前顶毛排各 8 根，后顶毛 10～14 根，额中侧毛列各 2～4 根。腹部末端两节自背面观为泥褐色且带有微蓝色。臀腹面具刺毛列多由 13～14 根长锥刺组成，肛门孔横裂状。

④蛹：长约 18mm，略呈扁椭圆形，黄色。腹部背面有 6 对发音器。雌蛹末节腹面平坦有 1 皱纹。羽化前，前胸背板、翅芽、足变绿。

3) 发生规律。该虫年发生 1 代，以 3 龄或 2 龄幼虫在土中越冬。翌年 4 月越冬幼虫开始活动为害，5 月下旬至 6 月上旬化蛹，6～7 月为成虫活动期，直到 9 月上旬停止。成虫趋光性及假死性，昼伏夜出，白天隐伏于地被物或表土，出土后在寄主上交尾、产卵。寿命约 30d。在气温 25℃以上、相对湿度为 70%～80%时为活动适宜温度，为害较严重。将卵散产于根系附近 5～6cm 深的土壤中，卵期 10d。7～8 月份为幼虫活动高峰期，10～11 月进入越冬期。雨量充沛的条件下成虫羽化出土较早，盛发期提前，一般南方的发生期约比北方早月余。

4) 防治措施。药剂防治在成虫发生期树冠喷布 50%杀螟硫磷（杀螟松）乳油 1500 倍液，或 50%对硫磷乳油 1500 倍液。喷布石灰过量式波尔多液，对成虫有一定的驱避作用。也可表土层施药。在树盘内或园边杂草内施 75%辛硫磷乳剂 1000 倍液，施后浅锄入土，可毒杀大量潜伏在土中的成虫。

人工防治利用成虫的假死习性，早晚振落捕杀成虫。

诱杀成虫利用成虫的趋光性，当成虫大量发生时，于黄昏后在果园边缘点火诱杀。有条件的果园可利用黑光灯大量诱杀成虫。

(2) 暗黑鳃金龟。

1) 分布及危害。分布在我国 20 余个省（自治区、直辖市）。成、幼虫食性很杂。成虫可取食榆、加杨、白杨、柳、槐、桑、柞、苹果、梨等的树叶，最喜食榆叶，次为加杨。成虫有暴食特点，在其最喜食的榆树上，一棵树上可落虫数千头，取食时发出“沙沙”声，很快将树叶吃光。

2) 形态特征。成虫：黑色或黑褐色，无光泽。暗黑鳃金龟与大黑鳃金龟形态近似，在田间识别须注意下列几点：暗黑鳃金龟体无光泽，幼虫前顶刚毛每侧 1 根；大黑鳃金龟则体有光泽，幼虫前顶刚毛每侧3根。

3）发生规律。每年1代，绝大部分以幼虫越冬，但也有以成虫越冬的，其比例各地不同。在6月上中旬初见，第一高峰在6月下旬至7月上旬，第二高峰在8月中旬、第一高峰持续时间长，虫量大，是形成田间幼虫的主要来源，第二高峰的虫量较小。成虫出土的基本规律是一天多一天少。选择无风、温暖的傍晚出土，天明前入土。成虫有假死习性。

幼虫活动主要受土壤温湿度制约，在卵和幼虫的低龄阶段，若土壤中水分含量较大则会淹死卵和幼虫。幼虫活动也受温度制约，幼虫常以上下移动寻求适合地温。另外幼虫下移越冬时间还受营养状况影响，在大豆田及部分花生田，幼虫发育快，到9月份多数幼虫下移越冬；而粮田中的幼虫发育慢，9月份还能继续危害小麦。

4）防治措施。

①以农业防治为基础。结合农田基本建设，深翻改土，改变土壤的酸碱度，铲平沟坎荒坡，消灭地边、荒坡、田埂等处的蛴螬，杜绝地下害虫的孳生。

改革种植制度，实行轮作倒茬和间作套种，有条件的可实行水旱轮作，以减轻地下害虫的危害。

通过翻耕整地压低越冬虫量。在我国的东北、华北、西北等地可实行春、秋翻耕整地，能明显减轻第二年春、夏季的危害。且深耕耙压还可使蛴螬受到机械杀伤，被翻到地面后还会受到日晒、霜冻、天敌啄食等，消灭部分蛴螬等地下害虫。

猪粪厩肥等农家有机肥料，必须经过充分腐熟后方可施用。

控制浇水，减轻蛴螬危害。农田浇水改变了土壤水分环境，不利于蛴螬生存。如在小麦抽穗后，当受害田出现白穗时浇水，可迫使蛴螬下迁减轻小麦受害；在春季玉米蛴螬危害高峰期浇水，不仅可减轻玉米受害，还对作物生长有利。秋末进行冬灌，水量越大蛴螬死亡率越高，可使第二年春季蛴螬危害减轻。

②化学防治。

a. 播种期防治。

种子处理：可选用辛硫磷。用药量为种子量的0.1%～0.2%。处理方法：将药剂先用种子重量10%的水稀释后，均匀喷拌于种子上，然后堆闷12～24h，使药液充分渗吸到种子内即可播种。也可采用包衣种子。

土壤处理：在蛴螬危害严重，拌种无法控制其危害的情况下，应采用土壤处理（即撒施毒土）。可用辛硫磷，结合灌水施入土中或加细土25～30kg拌成毒土，顺垄条施，施药后随即浅锄或浅耕。

b. 生长期防治。可选用灌施毒水、沟施毒土等措施。根据不同的作物选用辛硫磷、二嗪磷、毒死蜱、毒·辛等颗粒剂。

③物理防治。物理防治主要是针对蛴螬的成虫金龟子，对于趋光极强的铜绿丽金龟、暗黑鳃金龟、阔胸犀金龟、云斑鳃金龟、大黑鳃金龟、黄褐丽金龟等有明显作用，利用黑光灯诱杀，效果显著。用黑绿单管双光灯（一半绿光，一半黑光），对金龟子的诱杀量比黑光灯提高10%左右。

④生物防治。可利用乳状菌防治。筛选出乳状菌及其变种，用于蛴螬防治。在美国已有乳状菌商品出售，防治用量是每$23m^2$用0.05kg乳状菌粉，这种菌粉每克含有$1\times10^9$活孢子，防治效果一般为60%～80%。

2. 蝼蛄

(1) 形态特征。俗称“土狗”，属直翅目、蝼蛄科。食性杂，以成虫、若虫为害根部或近地面幼茎。喜欢在表土层钻筑坑道，可造成幼苗干枯死亡。常见有非洲蝼蛄、华北蝼蛄。体黄褐色至黑褐色，触角丝状，前胸近圆筒形，前足为开掘足，前翅短，后翅长，褶叠时呈尾须状，腹末具1对尾须。

(2) 发生特点。发生世代数因种类和地区的不同而不同，多为1～3年完成1个世代。以成虫、若虫在土中越冬。每年春、夏季为害严重。成虫昼伏夜出，具趋光性，对粪臭味和香甜味有趋性。成虫喜欢在腐殖质丰富或未腐熟的厩肥下的土中筑土室产卵。

(3) 防治措施。

1) 灯光诱杀。根据成虫趋光性，可利用灯光诱杀。

2) 挖穴灭卵。根据不同蝼蛄的产卵特点，铲去表土，发现洞口，顺口下挖，消灭卵和成虫。

毒饵、毒谷诱杀。可用50%辛硫磷乳油100mL或90%晶体敌百虫50g，加炒香的饼糁2.5～3kg，加水1～1.5kg拌匀，做成毒饵，于傍晚每亩撒毒饵2～3kg。也可每亩用0.5～1kg谷子，煮半熟，捞出晾半干，加90%晶体敌百虫50g拌匀，再晾至大半干，制成毒谷，播种时将毒谷撒于种子沟内。

防治蛴螬的药剂对蝼蛄也有兼治作用。由于蝼蛄活动量较大，药剂防治时尽量选用乳油制剂，如国光土杀（40%毒死蜱、辛硫磷）1000倍液浇灌或国光地杀（5%丁硫克百威颗粒剂）3～5kg/亩撒施后浇水防治地下害虫，关键是药物要与虫体充分接触才有效。

3. 蟋蟀

(1) 形态特征。属直翅目、蟋蟀科，分布广，全国大部分地区均有分布。食性杂，成、若虫均能为害多种花木的幼苗和根。常见的有大蟋蟀、油葫芦等。形态体粗壮，黄褐色至黑褐色，触角丝状，长于体长，后足为跳跃足，具尾须1对，雌虫产卵管剑状。

(2) 发生特点。1年发生1代，以若虫在土中越冬。5～9月是主要为害期。成虫具趋光性，昼伏夜出，雨天一般不外出活动，雨后初晴或闷热的夜晚外出活动更甚。地势低洼阴湿，杂草丛生的苗圃、花圃及果园虫口密度大。

(3) 防治措施。

1) 清除杂草：破坏其栖息场所。

2) 诱杀：利用其趋光性进行灯光诱杀。用炒香的米糠、豆粕等或用切碎的菜叶、甘薯叶、嫩草等按大约300：1的比例拌入90%敌百虫晶体制成毒饵，用2kg/亩左右于黄昏后撒在蟋蟀出没之处或洞口旁。

3) 洞口施药：找到蟋蟀栖息的洞，先挖开洞口的松土，再往洞内施入80%敌敌畏乳油、40%氧乐果乳油等杀虫剂100～200倍液，或用洗衣粉100～200倍液再加入少许煤油或柴油，灌入洞口，灌完后压实洞口。

4. 地老虎类

(1) 小地老虎。

1) 分布及危害。别名黑地蚕、切根虫、土蚕。在我国各地都有分布，是牡丹生长中一种重要的地下害虫，食性杂。许多花木、幼苗均受其害，除为害牡丹外，还为害香石竹等花卉。该虫是以幼虫咬食地面处根茎为害，导致缺株，严重影响植株的生长发育。

2）形态特征。

成虫：全体灰褐色。前翅有两对横纹，翅基部淡黄色，外部黑色，中部灰黄色，并有1圆环，肾纹黑色；后翅灰白色，半透明，翅周围浅褐色。雌虫触角丝状。雄虫触角栉齿状。

卵：馒头形，表面有纵横隆起纹，初产时乳白色。

幼虫：老熟时体长37～47mm，圆筒形，全体黄褐色，表皮粗糙，背面有明显的淡色纵纹，满布黑色小颗粒。

蛹：长18～24mm，赤褐色，有光泽。

3）发生规律。在我国长江流域，1年发生4代。以蛹及幼虫在土内越冬。次年3月下旬至4月上旬大量羽化。第一代幼虫发生最多，为害最重。1～2龄幼虫群集幼苗顶心嫩叶，昼夜取食，3龄后开始分散为害，共6龄。白天潜伏根际表土附近，夜出咬食幼苗，并能把咬断的幼苗拖入土穴内。其他各代发生虫数少。成虫夜间活动，有趋光性，喜吃糖、醋、酒味的发酵物。卵散产于杂草、幼苗、落叶上，而以肥沃湿润的地里卵较多。

4）防治措施。加强栽培管理，合理施肥灌水，增强植株抵抗力。合理密植，雨期注意排水措施，保持适当的温湿度，及时清园，适时中耕除草，秋末冬初进行深翻土壤，减少虫源。

人工捕杀，清晨在缺苗、缺株的根际附近挖土捕杀幼虫。

保护和利用天敌。

利用成虫的趋光性，可用黑光灯诱杀。

化学防治：防治蛴螬、地老虎等地下害虫，如国光土杀（40%毒死蜱．辛硫磷）1000倍液浇灌或国光地杀（5%丁硫克百威颗粒剂）3～5kg/亩撒施后浇水防治。防治的关键是让药物要与虫体充分接触，所以再用药的时候也可结合疏草、打孔、提前浇水等方式，将虫诱到地表，以增加防效。

（2）大地老虎。

1）分布及危害。别名黑虫、地蚕、土蚕、切根虫、截虫。主要危害：蔬菜、玉米、烟草、棉花、果树幼苗。

2）形态特征。成虫的头部、胸部为褐色，下唇须第2节外侧具黑斑，颈板中部具黑横线1条。腹部、前翅灰褐色，外横线以内前缘区、中室暗褐色，基线双线褐色达亚中褶处，内横线波浪形，双线黑色，剑纹黑边窄小，环纹具黑边圆形褐色，肾纹大具黑边，褐色，外侧具1黑斑近达外横线，中横线褐色，外横线锯齿状双线褐色，亚缘线锯齿形浅褐色，缘线呈一列黑色点，后翅浅黄褐色。卵半球形，卵长1.8mm，高1.5mm，初淡黄后渐变黄褐色，孵化前灰褐色。老熟幼虫体长41～61mm，黄褐色，体表皱纹多，颗粒不明显。头部褐色，中央具黑褐色纵纹1对，额（唇基）三角形，底边大于斜边，各腹节2毛片与1毛片大小相似。

气门长卵形黑色，臀板除末端2根刚毛附近为黄褐色外，几乎全为深褐色，且全布满龟裂状皱纹。蛹长23～29mm，初浅黄色，后变黄褐色。

3）发生规律。幼虫将蔬菜幼苗近地面的茎部咬断，使整株死亡，造成缺苗断垄，严重的甚至毁种。年生1代，以幼虫在田埂杂草丛及绿肥田中表土层越冬，长江流域3月初破出土壤为害，5月上旬进入为害盛期，气温高于20℃则滞育越夏，9月中旬开始化蛹，10月上中旬羽化为成虫。每雌可产卵1000粒，卵期11～24d，幼虫期300多天。

4）防治措施。

①预测预报。对成虫的测报可采用黑光灯或蜜糖液诱蛾器，在华北地区春季自4月15日至5月20日设置，如平均每天每台诱蛾5～10头以上，表示进入发蛾盛期，蛾量最多的1天即为高峰期，过后20～25d即为2～3龄幼虫盛期，为防治适期；诱蛾器如连续两天在30头以上，预兆将有大发生的可能。对幼虫的测报采用田间调查的方法，如定苗前幼虫有0.5～1头/$m^2$，或定苗后幼虫有0.1～0.3头/$m^2$（或百株蔬菜幼苗上有虫1～2头），即应防治。

②农业防治。早春清除菜田及周围杂草，防止地老虎成虫产卵是关键一环；如已被产卵，并发现1～2龄幼虫，则应先喷药后除草，以免个别幼虫入土隐蔽。清除的杂草，要远离菜田，沤粪处理。

③诱杀防治。一是黑光灯诱杀成虫。二是糖醋液诱杀成虫：糖6份、醋3份、白酒1份、水10份、90%敌百虫1份调匀，或用孢菜水加适量农药，在成虫发生期设置，均有诱杀效果。某些发酵变酸的食物，如甘薯、胡萝卜、烂水果等加入适量药剂，也可诱杀成虫。三是毒饵诱杀幼虫。四是堆草诱杀幼虫：在菜苗定植前，地老虎仅以田中杂草为食，因此可选择地老虎喜食的灰菜、刺儿菜、苦卖菜、小旋花、苜蓿、艾篙、青篙、白茅、鹅儿草等杂草堆放诱集地老虎幼虫，或人工捕捉，或拌入药剂毒杀。

④化学防治。在根部喷浇国光土杀（40%毒死蜱．辛硫磷）1000倍液或撒施国光地杀颗粒剂（5%丁硫克百威）4～6kg/亩进行防治。

（3）一串红小地老虎。

1）分布及危害。分布广泛，在我国各地都有分布。食性杂。许多花木、幼苗均受其害，是一种重要的地下害虫。该虫是以幼虫咬食地面处根茎为害，导致缺株，严重影响植株的生长发育。

2）形态特征。

成虫：全体灰褐色。前翅有两对横纹，翅基部淡黄色，外部黑色，中部灰黄色，并有1圆环，肾纹黑色；后翅灰白色，半透明，翅周围浅褐色。雌虫触角丝状。雄虫触角栉齿状。

卵：馒头形，表面有纵横隆起纹，初产时乳白色。

幼虫：老熟时圆筒形，全体黄褐色，表皮粗糙，背面有明显的淡色纵纹，满布黑色小颗粒。

蛹：赤褐色，有光泽。

3）发生规律。在我国长江流域，1年发生4代。以蛹及幼虫在土内越冬。次年3月下旬至4月上旬大量羽化。第一代幼虫发生最多，为害最重。1～2龄幼虫群集幼苗顶心嫩叶，昼夜取食，3龄后开始分散为害，共6龄。白天潜伏根际表土附近，夜出咬食幼苗，并能把咬断的幼苗拖入土穴内。其他各代发生虫数少。成虫夜间活动，有趋光性，喜吃糖、醋、酒味的发酵物。卵散产于杂草、幼苗、落叶上，而以肥沃湿润的地里较多。

4）防治措施。加强栽培管理，合理施肥灌水，增强植株抵抗力。合理密植，雨期注意排水措施，保持适当的温湿度，及时清园，适时中耕除草，秋末冬初进行深翻土壤，减少虫源。

人工捕杀，清晨在缺苗、缺株的根际附近挖土捕杀幼虫。

保护和利用天敌。

利用成虫的趋光性，可用黑光灯诱杀。

化学防治：防治蛴螬、地老虎等地下害虫，如国光土杀（40%毒死蜱．辛硫磷）1000倍液浇灌或国光地杀（5%丁硫克百威颗粒剂）3～5kg/亩撒施后浇水防治。防治的关键是让药物要与虫体充分接触，所以再用药的时候也可结合疏草、打孔、提前浇水等方式，将虫诱到地表，以增加防效。

(4) 香石竹小地老虎。

1) 分布及危害。分布广泛，在我国各地都有分布。食性杂。许多花木、幼苗均受其害，是一种重要的地下害虫。该虫是以幼虫咬食地面处根茎为害，导致缺株，严重影响植株的生长发育。

2) 形态特征。

成虫：全体灰褐色。前翅有两对横纹，翅基部淡黄色，外部黑色，中部灰黄色，并有1圆环，肾纹黑色；后翅灰白色，半透明，翅周围浅褐色。雌虫触角丝状。雄虫触角栉齿状。

卵：馒头形，表面有纵横隆起纹，初产时乳白色。

幼虫：老熟时为圆筒形，全体黄褐色，表皮粗糙，背面有明显的淡色纵纹，满布黑色小颗粒。

蛹：赤褐色，有光泽。

3) 发生规律。在我国长江流域，1年发生4代。以蛹及幼虫在土内越冬。次年3月下旬至4月上旬大量羽化。第一代幼虫发生最多，为害最重。1～2龄幼虫群集幼苗顶心嫩叶，昼夜取食，3龄后开始分散为害，共6龄。白天潜伏根际表土附近，夜出咬食幼苗，并能把咬断的幼苗拖入土穴内。其他各代发生虫数少。成虫夜间活动，有趋光性，喜吃糖、醋、酒味的发酵物。卵散产于杂草、幼苗、落叶上，而以肥沃湿润的地里卵较多。

4) 防治措施。加强栽培管理，合理施肥灌水，增强植株抵抗力。合理密植，雨期注意排水措施，保持适当的温湿度，及时清园，适时中耕除草，秋末冬初进行深翻土壤，减少虫源。

人工捕杀，清晨在缺苗、缺株的根际附近挖土捕杀幼虫。

保护和利用天敌。

利用成虫的趋光性，可用黑光灯诱杀。

化学防治，防治蛴螬、地老虎等地下害虫，如国光土杀（40%毒死蜱．辛硫磷）1000倍液浇灌或国光地杀（5%丁硫克百威颗粒剂）3～5kg/亩撒施后浇水防治。防治的关键是让药物要与虫体充分接触，所以再用药的时候也可结合疏草、打孔、提前浇水等方式，将虫诱到地表，以增加防效。

5. 白蚁

(1) 形态特征。主要分布于南方，主要为害植物的茎干皮层和根系，造成植物长势衰弱，严重时枯死。为害植物的白蚁主要有家白蚁和黑翅土白蚁。形态体柔软，乳白色至黑褐色，触角串珠状，具有翅型和无翅型。

(2) 发生特点。白蚁是社会性昆虫，等级明显，分工严格，具有王族和补充王族、兵蚁、工蚁。喜阴暗潮湿环境，多在树干内和地下筑巢。每年的春、夏季为繁殖蚁（长翅型）婚飞季节，尤其是大雨前后闷热的傍晚，成虫成群飞翔，若找到适合的环境，成对的雌雄虫将筑新巢，成为新的群体。有翅型成虫具强烈的趋光性。

(3) 防治措施。

1）利用天敌：如蝙蝠、青蛙、蟾蜍、螨类、微生物等。

2）诱杀：在常受害的地方挖坑，投放白蚁喜欢的诱料，如松枝（叶）、木薯茎、蔗渣等，用洗米水淋湿后盖土。当诱到大量白蚁时，用开水或药剂将其杀死。

3）药剂防治：用白蚁药或灭蚁灵等，当发现有白蚁为害时，将“蚁路”（即泥被）挑开一个小口，有白蚁出来时，将药粉喷洒在白蚁虫体上，使之中毒。因白蚁有个体之间用触角互相接触和吃食同伴死尸的习惯，很快蚁群被歼灭。

在种植苗木前，在苗木地（或树穴）撒施石灰、草木灰或火烧土，有利于预防白蚁侵害苗木。

## 二、叶部害虫

此类害虫主要以植物的叶片为食，有如下类型。

### 1. 叶甲类

（1）形态。叶甲又名金花虫，属鞘翅目、叶甲科。小至中型，体卵圆至长形，体色因种类而异，触角丝状，复眼圆形，体表常具金属光泽，幼虫为寡足型。

（2）发生特点。以成虫、幼虫咬食叶片为害，造成叶片穿孔或残缺，严重时叶片被吃光。多以成虫越冬，越冬场所因种而异。成虫具有假死性，有些种类具趋光性。常见种类有恶性叶甲、龟叶甲、榆绿叶甲、榆黄叶甲、黄守瓜、黑守瓜等。

（3）防治措施。

1）人工捕杀：在成虫、幼虫数量较少时将其捕杀。

2）利用天敌：如瓢虫、螳螂、鸟类等。

3）诱杀：利用其趋光性，用灯光诱杀。

4）药剂防治：在发生盛期可选用 90％敌百虫晶体 800 倍液、40％氧化乐果乳油 1000 倍液、80％敌敌畏乳油 1000 倍液等。

### 2. 袋蛾类

（1）形态。又称蓑蛾，属鳞翅目、蓑蛾科。体中型，成虫雌雄异型，雄虫有翅，触角羽毛状，雌虫无翅无足，栖于袋囊内。幼虫肥胖，胸足发达，常负囊活动。

（2）发生特点。以雌成虫和幼虫食叶为害，致使叶片仅剩表皮或穿孔。袋蛾类为害对象多，可达几百种，如茶、山茶、柑橘类、榆、梅、桂花、樱花等，一年中以夏、秋季为害严重。雄成虫具有趋光性。常见种类有大袋蛾、小袋蛾、白囊袋蛾、茶袋蛾等。

（3）防治措施。

1）人工捕杀：摘除虫囊。

2）灯光诱杀：夜间用灯光诱杀雄成虫。

3）药剂防治：可选用 Bt 菌剂或青虫菌制剂（100 亿/g）1000 倍液、50％敌敌畏乳油 1000 倍液、50％杀螟松乳油 1000 倍液等。

### 3. 刺蛾类

（1）形态。属鳞翅目、刺蛾科。幼虫俗称刺毛虫、痒辣子。成虫体粗壮，体被鳞毛，翅色一般为黄褐色或鲜绿色，翅面有红色或暗色线纹。幼虫短肥，颜色鲜艳，头小，可缩入体内，体表有瘤，上生枝刺和毒毛。常见的有褐刺蛾、绿刺蛾、黄刺蛾和扁刺蛾等。

（2）发生特点。刺蛾类分布广，食性杂，为害对象多，可为害桃、李、梅、桑、茶等多种林木。以幼虫咬食叶片为害，一般 1 年发生 2 代，以老熟幼虫结茧越冬，4～10 月均有为害。初孵幼虫有群集性，成虫有趋光性。化蛹于坚实的茧内。

(3) 防治措施。

1) 人工除茧：结合冬季修剪，清除树枝上的越冬茧，或结合树盘浅翻，清除树盘内土中的茧。

2) 灯光诱杀：利用成虫的趋光性，用灯光诱杀成虫。

3) 药剂防治：可选用青虫菌制剂 1000 倍液、50%杀螟松乳油 1000 倍液、90%敌百虫晶体 800 倍波、20%速灭杀丁乳油 3000 倍液等。

4. 尺蛾类

(1) 形态。属鳞翅目、尺蛾科，为小至大型蛾类，幼虫称为“尺蠖”。成虫体细长，翅大而薄，鳞片稀少，前后翅有波浪状花纹相连。幼虫虫体细长，仅第 6 腹节和第 10 腹节各具 1 对腹足。常见种类有油桐尺蠖、柑橘尺蠖、青尺蠖、绿尺蠖、绿额翠尺蠖、大叶黄杨尺蠖等。

(2) 发生特点。1 年发生多代，多以蛹在土中越冬。以幼虫咬食叶片为害。成虫静止时，翅平展。幼虫静止时，常将虫体伸直似枯枝状，或在枝条叉口处搭成桥状。幼虫老熟后在疏松的土中化蛹，入土深度一般为 1～3cm。成虫具趋光性。

(3) 防治措施。

1) 人工捕杀：捕捉幼虫或挖掘蛹将其杀死。刮除卵块。

2) 灯光诱杀：利用成虫的趋光性用灯光诱杀成虫。

3) 药剂防治：低龄幼虫可用 90%敌百虫晶体 800 倍液、25%杀虫双水剂 500～800 倍液、25%敌杀死乳油 2000～3000 倍液、10%兴棉宝乳油 2000～4000 倍液等。对于老熟幼虫，因其抗药性很强，不易杀死，可在老熟幼虫入土化蛹时，在树冠周围表土撒施 3%甲基异硫磷颗粒剂或 5%辛硫磷颗粒剂，每亩用量 4～5kg，以杀死刚出土羽化的成虫。

5. 天蛾类

(1) 形态。属鳞翅目、天蛾科，为大型蛾类。体粗壮，触角丝状，末端呈钩状，口器发达，翅狭长，前翅后缘常呈弧状凹陷。幼虫粗大，体表粗糙，体表则常具有往后向方的斜纹，第 8 腹节背面具 1 根尾角。常见种类有蓝目天蛾、豆天蛾、甘薯天蛾、芝麻天蛾、芋双线天蛾等。

(2) 发生特点。以幼虫咬食寄主叶片为害，造成叶片残缺不全。每年可发生多代。以蛹的形态在土中越冬。成虫飞行迅速，具强烈的趋光性。

参考尺蛾类的防治措施。

6. 毒蛾类

(1) 形态。属鳞翅目、毒蛾科，为中型蛾类。成虫体粗壮，体被厚密鳞毛，色暗。幼虫具毛瘤，毛瘤上长有毛簇，毛簇分布不均匀，长短不一致，毛有毒。常见种类有双线盗毒蛾、舞毒蛾、乌桕毒蛾、柳毒蛾等。

(2) 发生特点。以幼虫咬食幼嫩叶片，为害对象多。1 年发生多代，以幼虫或蛹越冬。成虫昼伏夜出，具趋光性。低龄幼虫具群集性。

参考尺蛾类的防治措施。

7. 灯蛾类

(1) 形态。属鳞翅目、灯蛾科。为中型蛾类。虫体粗壮，体色鲜艳、腹部多为红色或黄色，其上生一些黑点、翅多为灰、黄、白色，翅上常具斑点。幼虫体表具毛瘤，毛瘤上具浓密的长毛，毛分布较均匀，长短较一致。

（2）发生特点。以幼虫咬食叶片为害。每年发生多代。以蛹越冬。成虫具趋光性，幼虫具假死性。

参考尺蛾类的防治措施。

8. 凤蝶类

（1）形态。属鳞翅目、凤蝶科，为大型蝶类。体色鲜艳，翅面花纹美丽，后翅外缘呈波浪状，有些种类的后翅还具有尾突。幼虫前胸前缘背面具翻缩腺，亦称“臭丫腺”，受到惊动时伸出，并散发香味或臭味。常见种类有柑橘凤蝶、玉带凤蝶、茴香凤蝶、樟凤蝶、黄花凤蝶等。

（2）发生特点。每年可发生多代。越冬形式因种而异。主要以幼虫咬食芸香科、樟科及伞形花科等植物的嫩叶、嫩梢。一般于夏、秋季为发生盛期。成虫常产卵于幼嫩叶片的叶背、叶尖上或嫩梢上。幼虫一般在早晨、傍晚和阴天取食。

（3）防治措施。

1）人工捕杀：结合修剪、清园搜杀蛹；在各次新梢抽发期捕杀卵及幼虫；虫盛发期可用捕虫网捕杀成虫。

2）药剂防治：在新梢期，幼虫处于低龄期用药剂：90%敌百虫晶体800～1000倍液、80%敌敌畏乳油1000倍液，2.5%溴氰菊酯乳油2000～3000倍液，青虫菌（100亿/g）1000倍液等。

可在田间收集发黑、变软的死虫，捣烂后加水拌匀（加水量约虫量的50倍）后用纱布过滤，取过滤液喷雾。

9. 粉蝶类

（1）形态。属鳞翅目、粉蝶科，为中型蝶类。体色多为黑色，翅常为白色、黄色或橙色，翅面杂有黑色斑点。后翅为卵圆形，幼虫体表粗糙，具小突起和刚毛，黄绿色至深绿色，常见的有东方粉蝶。

（2）发生特点。每年发生多代。以蛹越冬、南方部分地区不越冬。以幼虫咬食寄主叶片为害，主要为害十字花科植物。成虫对芥子油苷有强烈的趋性。

参考凤蝶类的防治措施。

10. 弄蝶类

（1）形态。属鳞翅目、弄蝶科，小至大型蝶类。成虫体粗壮，头大，体色多暗色，体被厚密的鳞毛，触角末端呈钩状，前翅翅面常具黄白色斑。幼虫的头黑褐色，胸腹部乳白色，第1、2胸节缢缩呈颈状，体表具稀疏的毛。常见种类有香蕉弄蝶、稻弄蝶等。

（2）发生特点。每年发生多代。以幼虫卷叶咬食为害，常从叶缘开始，将叶片卷成虫苞，并边卷叶边取食。幼虫老熟后在虫苞中化蛹。成虫多在早晨、傍晚及阴天活动，飞行迅速。

（3）防治措施。

1）摘虫苞：将虫苞摘除，杀死其中的幼虫及蛹。

2）药剂防治：参考凤蝶类的防治措施。

## 三、枝干害虫

枝干害虫主要包括天牛类、小囊类等。

1. 天牛类

（1）形态。属鞘翅目、天牛科，中至大型。成虫长形，颜色多样；触角鞭状，常超过体长；复眼肾形，围绕触角基部。幼虫呈筒状，属无足型，背、腹面具革质凸起，用于行动。常见有星天牛、桑天牛、桃红颈天牛等。

（2）发生特点。种类多、分布广、为害对象多。以幼虫钻蛀植物的茎干、枝条，成虫啃食树皮，为害叶片。幼虫常在韧皮部和木质部取食并形成蛀道。每1～3年发生1代。多以幼虫在蛀道内越冬。幼虫老熟后在蛀道内化蛹。

（3）防治措施。人工捕食成虫，刮除虫卵。

钩杀幼虫：发现有新鲜虫粪和木屑的蛀洞后，用钢丝伸入蛀道将幼虫钩杀。

毒杀：用棉花球或烂布条沾80%敌敌畏乳油或40%乐颗乳油5～10倍液，塞进蛀洞，或用注射器将药液注入蛀洞，然后用泥封住洞口，可毒杀幼虫、蛹和未出洞的成虫。

加强栽培管理，保持树势旺盛，树干光滑，以减少成虫的产卵机会。冬季及时清园，树干涂白，密封蛀洞。

2. 小蠹类

（1）形态。属鞘翅目、小蠹科，小型昆虫。体椭圆形，体长约3mm，色暗，头小，前胸背板发达，触角锤状。常见的有柏肤小蠹，纵坑切梢小蠹等。

（2）发生特点。发生世代因种而异。似成虫蛀食形成层和木质部，形成细长弯曲的坑道。雌虫在坑道内交尾并产卵其中。一年中以夏季为害严重。

（3）防治措施。结合修剪，间伐，及时清理虫害枝干，减少虫源。

加强栽培，增强树势。

树干刮掉部分树皮，用浸药棉布绑在树干上（药液可用40%乐果乳油）。

**四、吸汁害虫**

1. 蚜虫类

（1）形态。属同翅目、蚜科，为小型昆虫。体长约2mm，体色多样，触角丝状。具有翅型和无翅型，第6腹节两侧背具1对腹管，腹末具尾片。常见种类有桃蚜、棉蚜、橘蚜、菜蚜、菊姬长管蚜、蕉蚜、夹竹桃蚜等。

（2）发生特点。以成、若虫刺吸寄主的叶、芽、梢、花为害，造成被害部位卷曲、皱缩、畸形，还能诱发煤烟病和传播病毒病。1年可发生多代。可行孤雌生殖和胎生。干旱气候、枝叶过于茂密、通风透光性差有利其发生。成虫对黄颜色有趋性。

（3）防治措施。虫口密度小时可用清水或洗衣粉水冲洗。

利用天敌，如草蛉，食蚜蝇，瓢虫等。

用黄色板诱杀在黄色板上面涂上一层黏胶，或在黏胶上加一些杀虫剂，利用其对黄颜色的趋性诱杀。

大量发生时用药剂防治，常用50%辟蚜雾可湿性粉5000倍液、40氧化乐果乳油1000倍液、80%敌敌畏乳油1000倍液、2.5%溴氰菊酯乳油2000～3000倍液等防治。

2. 叶蝉类

（1）形态。属同翅目、叶蝉科，为小型昆虫。体长多在3～12mm，体色因种而异，头宽，触角刚毛状，体表披一层蜡质层，后足胫节有一排刺。常见的有大青叶蝉、小青叶蝉、桃一点斑叶蝉、黑尾叶蝉等。

（2）发生特点。以成、若虫刺吸寄主枝、叶的汁液为害。1 年可发生多代。以成虫越冬。在夏、秋季发生较为严重。成虫具强烈的趋光性，能横行。

参考蚜虫类的防治措施。

3. 蚧类

（1）形态。又称介壳虫，属同翅目、蚧总科。为小型昆虫，虫体表面常覆盖介壳、各种粉绵状等蜡质分泌物。蚧类种类繁多，外部形态差异大。常见种类有吹绵蚧、矢尖蚧、红蜡蚧、褐圆蚧、草履蚧、褐软蚧等。

（2）发生特点。蚧类多以雌虫和若虫固定不动刺吸植物的叶、枝条、果实等的汁液为害。为害对象多，还能诱发煤烟病，造成植物的外观和生长受到严重的影响，降低了产量和观赏价值。

（3）防治措施。加强检疫。剪除虫害枝，集中烧毁。

药剂防治：在蚧类大量发生时，可选用 40%氧化乐果乳油 1000 倍液、40%速朴杀乳油 800～1000 倍液、48%乐斯本乳油 1000 倍液等；冬季清园时可用 3～5°Be 的石硫合剂或机油乳剂 30～80 倍液。

温棚可用 80%敌敌畏乳油进行熏蒸。家庭养花可用塑料袋罩住，用棉球蘸几滴敌敌畏乳油放入罩内熏蒸。

4. 木虱类

（1）形态。属同翅目、木虱科，为小型昆虫。能飞善跳，但飞翔距离有限，成虫、若虫常分泌蜡质盖于身体上，木虱类多为害木本植物。常见的有柑橘木虱，梧桐木虱、梨木虱和榕卵痣木虱。榕卵痣木虱形态成虫体粗壮，体长约 3mm，体淡绿色至褐色，上有白色纹，雌成虫较雄虫略大，产卵管发达；若虫淡黄色至淡绿色，体扁，近圆形。

（2）发生特点。发生特点 1 年约 1～2 代。以若虫或卵在叶芽中越冬，南方有些地区越冬现象不明显。主要为害细叶榕，若虫在嫩芽上为害，产生大量絮状蜡质，致使嫩芽干枯、死亡。成虫在嫩叶、嫩梢上为害。

（3）防治措施。

1）结合修剪：将虫害枝梢剪除，减少虫源。

2）药剂防治：参考蚧类和粉虱类用药。

5. 螨类

（1）形态。螨类不是昆虫，在分类上属蛛形纲、蜱螨目，最常见的是柑橘红蜘蛛和柑橘锈蜘蛛。柑橘红蜘蛛成螨雌螨体椭圆形，雄螨楔形，雌螨暗红色，雄螨鲜红色，足 4 对，卵扁球形，红色，上有 1 垂直卵柄，顶端有放射性的丝，固定于叶面。幼螨浅红色，足 3 对。若螨似成螨，略小。

（2）发生特点。螨类的为害特点与刺吸性害虫有相似之处，以成螨、幼螨和若螨刺吸寄主的叶片、嫩梢和果实为害。造成受害处呈现小白点，失绿，无光泽，严重时整叶灰白。每年发生 10 多代，春、秋两季为发生高峰期。

（3）防治措施。发生较轻时，可用清水或洗衣粉水冲洗。利用瓢虫等天敌。

药剂防治：可选用如下药剂：40%氧化乐果乳油 1000～1500 倍液、40%三氯杀螨醇 1000～1500 倍液、20%速螨酮可湿性粉剂 3000 倍液、5%尼索朗乳油 1500～2000 倍液、50%溴螨酯乳油 1500～2000 倍液等。

## 第四节 常见的草害及防治

### 一、常见杂草种类构成

园林植物园圃、草坪内的杂草有三个类型：一年生、两年生和多年生杂草。不同地区的杂草种类不同，不同生态小环境的杂草种类不同，不同季节杂草的主要种类也不同。

(1) 不同地区杂草的主要种类不同。我国幅员辽阔，南北地区气候差别较大，杂草的主要种类不同。北方地区杂草的主要种类：一年生早熟禾、马唐、稗草、金色狗尾草、异型莎草、藜、反枝苋、马齿苋、蒲公英、苦卖菜、车前、刺儿菜、委陵菜、堇菜、野菊花、荠菜等。南方地区杂草的主要种类：升马唐、稗、皱叶狗尾草、香附子、土荆芥、刺苋、马齿苋、蒲公英、多头苦菜、阔叶车前、繁缕、阔叶锦葵、苍耳、酢浆草、野牛蓬草等。

(2) 不同的生态小环境杂草种类不同。如在草坪中，新建植草坪与已成坪草坪由于生态环境、管理方式等方面的差异，主要杂草的种类也不同。如北方地区新建植草坪杂草的优势种群为马唐、稗草、藜、苋菜、沙草和马齿苋等；已成坪老草坪的主要杂草种类是马唐、狗尾草、蒲公英、苦卖菜、苑菜、车前、委陵菜及荠菜等。

地势低洼、容易积水的园圃以香附子、异型莎草、空心莲子草、野菊花等居多；地势高燥的园圃则以马唐、狗尾草、蒲公英、堇菜、苦菜、马齿苋等居多。

(3) 不同季节杂草优势种群不同。不同的杂草由于其生物特性不同，其种子萌发、根茎生长的最适温度不同，因而形成了不同季节杂草种群的差异。一般春季杂草主要有蒲公英、野菊花、荠菜、附地菜及田旋花等；夏季杂草主要有稗草、牛筋草、马唐、莎草、藜、苋、马齿苋、苦卖菜等；秋季杂草主要有马唐、狗尾草、蒲公英、堇菜、委陵菜、车前草等。

### 二、杂草的综合防除

1. 人工拔除

人工拔除杂草目前在我国的草坪建植与养护管理中仍普遍采用，其最大缺点是费工费时，还会损伤新建植的幼小的草坪植物。

2. 生物拮抗抑制杂草

生物拮抗抑制杂草是新建植草坪防治杂草的一种有效途径，主要通过加大草坪播种量，或播种时混入先锋草种，或通过对目标草坪的强化施肥（生长促进剂）来实现。

(1) 加大播种量，促进草坪植物形成优势种群。在新建植草坪时加大播种量，造成草坪植物的种群优势，达到与杂草竞争光、水、气、肥的目的。通过与其他杂草防除方法如人工拔除及化学除草相结合，使草坪迅速郁闭成坪。由于杂草种子在土壤中的分布存在一定的位差，可以使那些处于土壤稍深层的杂草种子因缺乏光照而不能萌发。

(2) 混配先锋草种，抑制杂草生长。先锋草种如多年生黑麦草及高羊茅出苗快，一般6～7d就可以出苗，而且出苗后生长迅速，前期比一般杂草的出苗及生长均旺盛，因此，可以在建植草坪时与其他草坪品种进行混播。绝大部分杂草均为喜光植物，种子萌发需要充足的光照，而早熟禾等冷季型草坪植物均为耐荫植物，种子萌发对光的要求不严格。由于先锋草种的快速生长，照射到地表的太阳光减少，这样就抑制了杂草种子的荫发及生长。而冷季型早熟禾等草坪植物种子萌发和生长没有受到较大的影响，从而达到防治杂草的目的。但先锋草种的播种量最好不要超过10%～20%，否则也会抑制其他草坪植物的生长。

(3) 对目标草种强化施肥，促进草坪的郁闭。目标草坪植物如早熟禾等达到分蘖期以后，先采取人工拔除、化学除草等方法防除已出土的杂草，在新的杂草未长出之前，采取叶面施肥等方法，对草坪植物集中施肥，促进草坪地上部分的快速生长及郁闭成坪，以达到抑制杂草的目的。喷施的肥料以促进植株地上部分生长的氮肥为主，适当加入植物生长调节剂、氨基酸以及微量元素。

3. 合理修剪抑制杂草

合理修剪可以促进草坪植物的生长，调节草坪的绿期以及减轻病虫害的发生。同时，适当修剪还可以抑制杂草的生长。大多数植物的再生力很强，耐强修剪，而大多数的杂草，尤其是阔叶杂草，再生能力差，不耐修剪。

4. 化学防除

(1) 除草剂的应用。化学防治禾本科草坪中的阔叶杂草，目前生产上应用的主要有 2，4 - D、麦草畏、溴苯腈和使它隆等。

由于禾本科草坪植物与单子叶杂草的形态结构和生物学特性极其相似，采用化学除草剂防治杂草有一定的困难，需要将时差、位差选择性与除草剂除草机理相结合。目前主要以芽前除草剂为主，近几年又陆续开发了芽后除草剂，在草坪管理的应用中取得了较好的效果。

此外，氟草胺、灭草灵、恶草灵、施田补、西马津、大惠利、地乐胺等广谱性除草剂可以芽前防治单、双子叶杂草，但一般只能应用于生长多年的禾本科草坪，新建植的草坪上应慎重使用。

目前，在草坪杂草防治的实践中，经常采用复配制剂来防治草坪中的杂草，如 2,4 - D 与二甲四氯混合、2,4 - D 与麦草畏混用可以扩大防治双子叶杂草的杀草谱，溴苯腈与芽后除草剂的交替使用可以在一个生长季内科学地防除杂草，如果使用地乐胺或大惠利等进行土壤封闭，可以同时防治马唐、稗草、狗尾草、藜、苋、马齿苋等，每年的 6～9 月份采用 2，4 - D 及骠马（一种除草剂）等处理茎叶，可以防治芽后的单、双子叶杂草。

(2) 草坪杂草化学防除的发展趋势。在相当长的一段时间里，草坪杂草的防治主要是采取化学防治。在除草剂的使用上，有以下发展趋势。

1) 发展价格低廉的选择性除草剂。

2) 连续少量使用芽前除草剂，接着在合适时期施用萌后除草剂，如早春使用施田补除草剂，而马唐等单子叶杂草在 1～3 叶期时使用骠马除草剂。

3) 芽前及芽后对除草剂进行复配，如施田补与骠马混合，在马唐 1～3 叶期使用，既可以防治已出土的马唐，又可以抑制土壤内马唐种子的萌发。

**三、常见杂草**

近几年来，园林植物园圃、草坪化学除草技术发展很快，但由于杂草类型复杂，生物学特性差异较大，尤其是许多杂草与被保护对象之间在外部形态及内部生理上非常接近，因而化学除草技术比一般的用药技术要求严格。若用药不当，不仅达不到除草的目的，还有可能对园林植物产生药害。故介绍一些常见的杂草，以便于识别。

1. 苣荬菜

(1) 分布与危害。广布全国，为区域性恶性杂草，危害严重，亦是蚜虫的越冬寄主。

(2) 识别特征。菊科苦苣菜属多年生草本植物。全株有乳汁。茎直立，高 30～80cm。

叶互生，披针形或长圆状披针形。长8～20cm，宽2～5cm，先端钝，基部耳状抱茎，边缘有疏缺刻或浅裂，缺刻及裂片都具尖齿；基生叶具短柄，茎生叶无柄。头状花序顶生，单一或呈伞房状，直径2～4cm，总苞钟形；花全为舌状花，黄色；雄蕊5；雌蕊1，子房下位，花柱纤细，柱头2裂。瘦果长椭圆形，具纵肋，冠毛细软。花期7月份至翌年3月份。果期8月份至翌年4月份。

2. 刺儿菜

(1) 分布与危害。分布于全国各地，国外在朝鲜、日本也有分布。危害严重，亦是多种虫害的寄主。

(2) 识别特征。菊科蓟属多年生草本，高20～50cm。根状茎长，茎直立，有纵沟棱，无毛或被蛛丝状毛。叶椭圆或椭圆状披针形，长7～10cm，宽1.5～2.5cm，先端锐尖，基部楔形或圆形全缘或有齿裂，有刺，两面被蛛丝状毛。头状花序单生于茎顶，雌雄异株或同株，总苞片多层，顶端长尖，具刺；管状花，紫红色。瘦果椭圆或长卵形，冠毛羽状。花期6～8月份，果期8～9月份。

3. 荠菜

(1) 分布与危害。原产我国，南北方大部分地区均有分布，主要在新播种的草坪危害。

(2) 识别特征。十字花科荠菜属一年或二年生草本。高20～50cm，茎直立，有分枝，稍有分毛或单毛。基生叶丛生，呈莲座状，具长叶柄，达5～40mm；叶片大头羽状分裂，长可达12cm，宽可达2.5cm，顶生裂片较大，卵形至长卵形，长5～30mm，侧生者宽2～20mm，裂片3～8对，较小，狭长，开展，卵形，基部平截，具白色边缘。总状花序，十字花冠，花瓣倒卵形，呈圆形至卵形，先端渐尖，浅裂或具有不规则粗锯齿。短角果扁平。花、果期4～6月份。

4. 小飞蓬

(1) 分布与危害。我国大部分地区有分布，是田间以及草坪常见的杂草。

(2) 识别特征。菊科飞蓬属一、二年生草本。茎直立，株高50～100cm，具粗糙毛和细条纹。叶互生，叶柄短或不明显。叶片窄披针形，全缘或微锯齿，有长睫毛。头状花序有短梗，多形成圆锥状。总苞半球形，总苞片2～3层，披针形，边缘膜质，舌状花直立，白色至微带紫色，筒状花短于舌状花。瘦果扁长圆形，具毛，冠毛污白色。

5. 车前

(1) 分布与危害。为世界性杂草，我国各地均有分布。

(2) 识别特征。车前科车前属多年生草本，连花茎高达50cm，具须根。叶基生，具长柄，几乎与叶片等长或长于叶片，基部扩大；叶片卵形或椭圆形，长4～12cm，宽2～7cm，先端尖或钝，基部狭窄成长柄，全缘或呈不规则波状浅齿，通常有5～7条弧形脉。花茎数个，高12～50cm，具棱角，有疏毛；穗状花序为花茎的2/5～1/2；花淡绿色，每花有宿存苞片1枚，三角形；花萼4，基部稍合生，椭圆形或卵圆形，宿存；花冠管卵形，先端4裂，裂片三角形，向外反卷；雄蕊4，着生在花冠筒近基部处，与花冠裂片互生；花药长圆形，2室，先端有三角形突出物，花丝线形；雌蕊1，子房上位，卵圆形，2室（假4室）；花柱1，线形，有毛。蒴果卵状圆锥形，成熟后约在下方小周裂，下方2/5宿存。种子4～9枚，近椭圆形，黑褐色。花期6～9月份，果期7～10月份。

6. 香附子

(1) 分布与危害。分布于辽宁、河北、山东、山西、江苏、安徽、浙江、江西、福建、台湾、湖北、湖南、广东、广西、陕西、甘肃、四川、贵州、云南等地区。主要在灌溉良好的草坪上危害，为世界性毁灭性杂草。

(2) 识别特征。莎草科莎草属多年生草本。匍匐根状茎细长，部分肥厚成纺锤形。茎直立，三棱形。叶丛生于茎基部，叶鞘闭合包于上，叶片窄线形，长 20～60cm，宽 2～5mm，先端尖，全缘，具平行脉，主脉于背面隆起，质硬。花序复穗状，3～6 个在茎顶排成伞状，基部有叶片状的总苞 2～4 片，与花序几等长或长于花序；小穗宽线形，略扁平，长 1～3cm，宽约 1.5mm；颖 2 列，排列紧密，卵形至长圆卵形，长约 3mm，膜质。小坚果长圆倒卵形，三棱状。花期 6～8 月份，果期 7～11 月份。

7. 狗尾草

(1) 分布与危害。中国大部分地区均有分布。在管理粗放的草坪危害尤为严重。

(2) 识别特征。禾本科狗尾草属一年生草本。杆直立或基部膝曲，高 10～100cm，基部径达 3～7mm。叶鞘松弛，边缘具纤毛；叶舌极短，边缘有纤毛；叶片扁平，长三角状狭披针形或线状披针形，先端长渐尖，基部钝圆形，几成截状或渐窄，长 4～30cm，宽 2～18mm，通常无毛或疏具疣毛，边缘粗糙。圆锥花序紧密呈圆柱状或基部稍疏离，直立或稍弯垂，主轴被较长柔毛，长 2～15cm，宽 4～13mm，刚毛长 4～12mm，粗糙，直或稍扭曲，通常绿色或褐黄到紫红或紫色。小穗 2～5 个簇生于主轴上或更多的小穗着生在短小枝上，椭圆形，先端钝，长 2～2.5mm，浅绿色；第 1 颖卵形，长约为小穗的 1/3，具 3 脉，第 2 颖具 5 脉；第一外稃与小穗等长，椭圆形，具 5～7 脉；第 1 外秤与小穗等长，具 5～7 脉，先端钝，其内科短小狭窄，第 2 外秤椭圆形，具细点状皱纹，边缘卷，狭窄；颖果灰白色。花、果期 5～10 月份。

8. 田旋花

(1) 分布与危害。主要分布于东北、华北、西北及山东、江苏、河南、四川、西藏等地。因其根状茎分布深、生命力强，已成为难防除的杂草之一。

(2) 识别特征。旋花科旋花属多年生草本。根状茎横走。茎平卧或缠绕，有棱。叶柄长 1～2 叶片戟形或箭形，长 2.5～6cm，宽 1～3.5cm，全缘或 3 裂，先端近圆或微尖，有小突尖头。中裂片卵状椭圆形、狭三角形、披针状椭圆形或线性；侧裂片开展或呈耳形。花 1～3 朵腋生；花梗细弱；苞片线性，与尊远离；尊片倒卵状圆形，无毛或被疏毛；缘膜质；花冠漏斗形，粉红色、白色，长约 2cm，外面有柔毛，褶上无毛，有不明显的 5 浅裂；雄蕊的花丝基部肿大，有小鳞毛；子房 2 室，有毛，柱头 2，狭长。蒴果球形或圆锥状，无毛；种子椭圆形，无毛。花期 5～8 月份，果期 7～9 月份。

9. 空心莲子草

(1) 分布与危害。空心莲子草原产巴西，在我国主要分布在湖南、河南、北京、江西、浙江、四川、贵州、福建、江苏、安徽等地。是水田、旱田常见杂草。

(2) 识别特征。苋科莲子草属多年生草本。一般簇生或大面积形成垫状物漂于水面。节间长，须根发达。茎光滑中空，多分枝，匍匐蔓生，长 55～120cm，节腋处疏生细柔毛。叶对生，有短柄，叶片长椭圆形至倒卵状披针形，长 2.5～5cm，宽 0.7～2cm。

10. 铜锤草

(1) 分布与危害。分布中国各地，对新播种的草坪危害较大。

(2) 识别特征。酢浆草科酢浆草属多年生草本植物。高达35cm，无地上茎，地下有多数小鳞茎，外层鳞片膜质，褐色，被长缘毛，背面有3条纵脉；内层鳞片三角形，无毛。叶具3小叶，基主；叶柄长，被毛；小叶阔倒卵形，长1～4cm，顶端凹缺，两侧角钝圆形，基部宽楔形。二歧聚伞花序，有5～10朵花，花序梗基生，长10～40cm。花淡紫红色，花梗长5～25mm；萼片5，披针，长约4～7mm，先端有2枚暗红色长圆形腺体；花瓣5，倒心形，长为萼片的2～4倍，无毛；花柱5，被锈色柔毛。蒴果圆柱形，长1.7～2cm，被毛。

11. 水蜈蚣

(1) 分布与危害。分布范围广，主要分布于江苏、安徽、浙江、福建、江西、湖南、湖北、广西、广东、四川、云南、东北等地区。在水分条件好的草坪发生严重。

(2) 识别特征。莎草科水蜈蚣属多年生草本，丛生。根茎带紫色，生须根。茎三棱形，高10～50cm，瘦长，芳香。叶质软，狭线形，长3～10cm，宽1.5～3mm，末端渐尖，下部带紫色，鞘状。头状花序单生，卵形，长4～8mm；总苞3片，叶状，长2～16cm；小穗极多数，长椭圆形，长约3mm，成熟后全穗脱落；花颖4枚，呈舟状的卵形，脊无翼，具小刺。花无被，瘦果呈稍压扁的倒卵形，褐色。花期夏季，果期秋季。

12. 碎米莎草

(1) 分布与危害。中国大部分地区有分布。在水分条件好的草坪发生严重。

(2) 识别特征。莎草科莎草属一年生草本。杆丛生，高8～85cm，扁三棱形。叶片长线形，短于杆，宽3～5mm，叶鞘红棕色。叶状苞片3～5枚；长侧枝聚伞花序复出，辐射枝4～9枚，长达2cm，每辐射枝具5～10个穗状花序。穗状花序长1～4cm，具小穗5～22个；小穗排列疏松，长圆形至线状披针形，长4～10mm，具花6～22朵，鳞片排列疏松，膜质，宽倒卵形，先端微缺，具短尖，有脉3～6条；雄蕊3；花柱短，柱头3裂。小坚果倒卵形或椭圆形、三棱形，褐色。花果期6～10月份。

13. 阿拉伯婆婆纳

(1) 分布与危害。分布范围广，尤以华东、华中及贵州、云南、西藏东部及新疆等地分布为多。

(2) 识别特征。玄参科婆婆纳属一年至二年生草本植物。茎密生两列多细胞柔毛。叶2～4对，具短柄，卵形或圆形，长6～20mm，宽5～18mm，基部浅心形，平截或浑圆，边缘具钝齿，两面疏生柔毛。总状花序很长；苞片互生，与叶同形且几乎等大；花梗比苞片长，有的超过1倍；花萼花期长仅3～5mm，果期增大达8mm，裂片卵状披针形，有睫毛，三出脉；花冠蓝色、紫色或蓝紫色，长4～6mm，裂片卵形至圆形，喉部疏被毛；雄蕊短于花冠。萌果肾形，长约5mm，宽约7mm，被腺毛，成熟后几乎无毛。宿存的花柱长约2.5mm，超出凹口。种子背面具深的横纹，长约1.6mm。花期3～5月份。

14. 牛筋草

(1) 分布与危害。中国南北各省区，但以黄河流域和长江流域及其以南地区较为普遍。为裂性杂草。

(2) 识别特征。禾本科穇属一年生草本，高15～90cm。须根细而密。杆丛生，直立或基部膝曲。叶片扁平或卷折，长达15cm，宽3～5mm，无毛或表面具疣状柔毛；叶鞘压扁，具脊，无毛或疏生疣毛，口部有时具柔毛；叶舌长约1mm。穗状花序长3～10cm，宽3～5mm，常为数个呈指状排列于茎顶端；小穗有花3～6朵，长4～7mm，宽2～3mm；颖披针形，第1颖长1.5～2mm，第2颖长2～3mm；第1外稃长3～3.5mm，脊上具狭翼；种子矩圆形或近三角形，长约1.5mm，有明显的波状皱纹。靠种子繁殖。花果期6～10月份。

15. 马唐

(1) 分布与危害。原产欧洲，现分布几遍全国。在草坪上为竞争性极强的杂草，受害草坪恢复困难。

(2) 识别特征。禾本科马唐属一年生草本。杆基部常倾斜，着土后易生根，高40～100cm，径2～3mm。叶鞘常疏生有疣基的软毛，稀无毛，叶舌长1～3mm；叶片线状披针形，长8～17cm，宽5～15mm，两面疏被软毛或无毛，边缘变厚而粗糙。总状花序3～10枚，细弱，长5～15cm，通常成指状排列于杆顶。穗轴宽约1mm，中肋白色，约占宽度的1/3；小穗长3～3.5mm，披针形。第1颖钝三角形，长约0.2mm，无脉，第2颖长为小穗的1/2～3/4，狭窄，有很不明显的3脉，脉间及边缘大多具短纤毛；第1外稃与小穗等长，有5～7脉，中央3脉明显，脉间距离较宽而无毛；第2外稃近革质，灰绿色，等长于第1外稃。花、果期6～9月份。

## 第五节　农　药

### 一、农药的正确使用

1. 合理使用农药

使用农药时，只有对症用药、适时用药、适量用药、交叉用药、合理混合用药，才能提高药效、减少浪费、避免药害发生，达到经济、安全、有效防治的目的。

(1) 对症用药。每种药剂都有一定的防治范围和防治对象，在防治某种虫害或病害时，只有对症下药、适时使用才最有效，才能起到良好的防治效果。

1) 吡虫啉是一种高效内吸性广谱型杀虫剂，对防治刺吸式害虫、食叶害虫非常有效，但对防治红蜘蛛、线虫却无效；来福灵对螨类害虫也无防治效果。

2) 敌敌畏是防治蚜虫、蚧虫、钻蛀害虫、食叶害虫的有效药剂，但对螨虫喷施敌敌畏不仅无效，反而有刺激螨类增殖作用。

3) 瑞毒霉素对防治腐真菌、霜真菌、疫真菌引起的病害有效，对防治其他真菌和细菌性病害无效。

4) 杀菌剂中的铜制剂对霜霉病有效，对白粉病无效。杀菌剂中的硫制剂对白粉病有效，但对防治霜霉病效果不好。

(2) 适时用药。用药时期是病虫害防治的关键，因为有些病虫危害后有一定的潜伏期，当时并不表现出受害症状，但当表现症状时再打药就没有了防治效果。因此，只有根据病虫害发生的规律，抓住预防和防治的关键时期适时用药，才能收到良好的防治效果。

1) 桃树花芽露红或露白时，正值桃蚜越冬卵孵化为若虫，此时是全年预防蚜虫最有效的时期，一次用药（水量要大，淋洗式）往往可以控制全年危害。

2) 4月中、下旬是桃潜叶蛾第一代幼虫孵化期。桃、杏落花后开始喷药，每月1次，连续3～4次，可以杀死叶内幼虫，控制虫害。

3）疙瘩桃是瘿螨危害所致，等到5月上旬出现虫果后再喷药，则为时已晚。落花后是喷药预防的关键时期，7天后再喷一次可以控制虫害。

4）桃、杏树疮痂病又称黑星病，是因果实受病菌侵染后，需经60d左右才表现出症状，但等到发现病果后再喷药，已无防治效果。故必须在5～6月该病初侵染期喷药防治。

5）3月上旬越冬的球坚蚧若虫开始分散活动，此时是防治球坚蚧的最佳施药时期。

6）5月下旬为桑盾蚧卵孵化期，是喷药防治桑盾蚧的最佳时期。

（3）交叉用药。在防治某一种虫害或病害时，不应长时间使用同一种药剂，以免产生抗药性。为了防止害虫和病菌产生抗药性，在防治时可以交替使用不同类型的农药。

1）多菌灵、百菌清等杀菌剂，长期单一使用会使病菌产生抗药性，防治效果大大降低。但若将多菌灵和甲基托布津等杀菌剂交替使用，防治效果会更好。

2）防治草坪锈病、白粉病时，可以交替喷施粉锈宁。

（4）混合用药。将两种或两种以上药剂合理复配、混合使用，可以同时防治多种病、虫，扩大防治对象，提高药效，减少施药次数，降低防治成本。

1）多菌灵可与杀虫剂、杀螨剂现配混合使用。

2）粉锈宁可与多种杀虫剂、杀菌剂、除草剂混合使用。

3）仙生是用于防治白粉病、锈病、叶斑病、霜霉病等的药剂，可与杀虫剂、杀螨剂等非碱性农药混合使用。

4）农抗120水剂（抗真菌素120）可与其他杀菌剂、杀虫剂混合使用。

（5）综合用药。

1）高效吡虫啉、猛斗（啶虫脒），对防治蚜虫特别有效，也兼治食心虫、蚧壳虫、卷叶蛾。以上害虫同时发生时，喷施其中一种便可。

2）防治桃球坚蚧所使用的药剂，如对乐斯本乳油、锐煞，对蚜虫、食心虫、卷叶蛾有兼治的作用。

2. 不能混合使用的药剂

（1）速克灵不宜与有机磷药剂混合使用。

（2）石硫合剂不能与波尔多液混用。

（3）碱性药剂不能与酸性药剂混合使用。

（4）线虫必克不能与其他杀菌剂混用。

（5）多菌灵、炭疽福美、福美双、代森锰锌不能与铜制剂混用。

（6）菌毒清（灭菌灵、菌必清）不可与其他农药混用。

3. 正确的施药方法

（1）在叶背潜伏、危害的害虫，叶背应为施药重点部位。

（2）绿篱植物施药，因枝叶十分密集，喷药时不能仅在外围一喷而过，而应将喷嘴伸入到株丛内逐株喷施。

（3）虫孔插入毒签或注入药液防治，必须将蛀口木屑清理干净，从枝干最上部蛀孔注入，注药后用泥将蛀孔封堵，才能取得更好的防治效果。

（4）用于土壤埋施的农药铁灭克、呋喃丹颗粒剂等，是难以降解、缓释性药剂，使用时不得将其配制成药液直接灌根，必须埋入土壤中使用。农药须埋施在根系吸引范围之内，施药后要及时灌水，灌水深度至埋药部位能起到一定的防治效果。

（5）树干涂药熏蒸防治害虫时，涂药后必须用薄膜将涂药部位缠严，一周后撤掉薄膜。

4. 安全用药

由于施工人员对农药的性质和使用方法不够了解，因而在使用过程中往往会造成一定的伤害。为保证安全使用农药，应注意以下几点。

（1）在果树、中草药上不得使用和限制使用农药。防治病虫害时，果树类必须选用安全、低毒、无公害农药，以保证可食性食物的食用安全性。

1）不能使用和限制使用剧毒、高毒农药，如克百威、涕灭威等。

2）严禁在果园使用高毒农药如速捕杀、氰戊菊酯、三氯杀螨醇等。

（2）果实收获前的最晚施药时期。防治果树类病虫害，应当尽量提前在病菌初侵染期、害虫幼龄期或幼果期进行。在临近果实收获前宜停止用药，减少残留农药。

1）克螨特在可食性植物采摘前30d，必须停止使用。

2）果实收获前一周，应停止使用辛硫磷。

3）苹果树果实收获前45d应停止使用三氯杀螨醇乳油。采摘前30d应停止使用对硫磷乳油。

4）果实成熟前15d，不得使用代森锰锌。

（3）幼果期不宜使用的农药。苹果树落花后20d之内，喷施百可得会造成“锈果”。

（4）喷施有毒农药注意事项。

1）喷施对眼睛有刺激作用的农药时，应配戴眼镜，以防溅入眼内造成伤害。

2）喷施药剂时，操作人员须佩戴口罩、胶皮手套，穿胶鞋。

3）喷药过程中，操作人员不得吸烟、喝水、进食、喝酒等。

4）喷洒药剂时，需注意风向，工作人员应站在上风头。连续工作时间不得超过4～6小时。

5）喷药后，工作人员应立即脱去衣服、胶鞋，用肥皂将双手、面部和裸露皮肤洗净。衣服应在清水中冲洗干净，以保证操作人员的生命安全。若发生头痛、头昏、发烧、恶心、呕吐等症状，应及时通知他人，送医院治疗。

6）药瓶不得随手丢弃，药液不得随处乱倒，严禁将药液倒入树穴、草坪、水溪、湖泊中。剩余农药应交回库房，交由专人保管。使用后的空药瓶必须深埋。

7）打药工具应及时清洗，清洗液应倒入污水井内。

**二、产生药害的抢救措施**

农药使用不当、施药浓度过大或是使用对某些苗木较为敏感的农药时，会出现不同的药害现象。其表现分为急性药害和慢性药害，轻者造成叶片枯焦、早落；重者会导致植物死亡。

1. 产生药害的表现症状

（1）叶片边缘焦灼、卷曲，叶片出现叶斑、褪色、白化、畸形、枯萎、落叶等。

（2）花序、花蕾、花瓣发生枯焦、落花、落蕾等。

（3）枝干局部萎蔫、黑皮、坏死。药害严重时，可以导致整株枯死。

2. 减轻药害的急救措施

发现错施农药或初表现出药害症状时，应立即采取以下抢救措施。

（1）喷水冲洗。

1）对因喷洒内吸性农药造成药害的，应立即喷水，冲洗掉残留在受害植株叶片和枝条上的药液，降低植物表面和内部的药剂浓度，最大限度减少对植物的危害。

2）对防治钻蛀性害虫时，因使用浓度过高而产生药害，应立即用清水对注药孔进行反复清洗。

（2）灌水。因土壤施药而引起的药害（如呋喃丹颗粒剂、辛硫磷等药剂施用过量等），可以及时对土壤进行大水浸灌措施。大水浸灌后应及时排水，连续2～3次，可以洗去土壤中残留的农药。

（3）喷洒药液。

1）喷洒石硫合剂产生药害时，在喷水冲洗后，叶面可以喷洒400～500倍米醋液。

2）因药害造成叶片白化时，叶部喷洒50％腐殖酸钠3000倍液，用药后3～5d叶片能逐渐转绿。

3）因氧化乐果使用不当发生药害时，应在喷水冲洗叶片后，喷洒200倍硼砂液1～2次。

4）叶片喷洒波尔多液产生药害时，应立即喷洒0.5％～1％的石灰水。

采取以上措施，可以不同程度减轻农药对植物造成的伤害。

（4）叶面追肥。发生药害的植物长势衰弱，为使其尽快萌发新叶，恢复生长势，可以在叶面追施0.2％～0.3％的磷酸二氢钾溶液，每5～7天喷施1次，连续2～3次，其对降低药害造成的损失有显著的作用。

## 三、常用农药

### 1. 杀虫剂

（1）敌百虫。

1）常用剂型：90％原粉，80％可溶性粉剂，25％油剂，2.5％、5％粉剂，30％乳油。

2）毒性：低毒。

3）作用方式：胃毒，触杀。

4）防治对象：对多种鳞翅目幼虫有效，对蝇类特效。还可防治地下害虫。

5）使用方法：

①喷雾：90％原粉800～1000倍液；

②毒饵：原粉：水：饵料按1：10：100配制，防治地下害虫。

6）注意事项：不能与碱性农药混用，现配现用。

（2）敌敌畏。

1）常用剂型：50％乳油，80％乳油。

2）毒性：中毒。

3）作用方式：熏蒸，触杀，胃毒。残效期1～2d。

4）防治对象：防治鳞翅目害虫、落叶松球果花蝇成虫、叶蜂幼虫及蛀干害虫的幼虫。

5）使用方法：

①喷雾：80％乳油，1500倍液；

②灌注：5％敌敌畏乳油塞入虫孔用泥封口。

6）注意事项：对高粱、玉米易产生药害，不能与碱性农药混用。

（3）辛硫磷。

1）常用剂型：50%乳油，40%乳油，5%颗粒剂。

2）毒性：低毒。

3）作用方式：触杀，胃毒等。

4）防治对象：对蛴螬及鳞翅目幼虫有特效。适合防治地下害虫。

5）使用方法：

①喷雾：50%乳油，1000倍液；

②撒毒土：5%颗粒剂，30kg/hm²。

6）注意事项：见光易分解，对铁有腐蚀性，在林木幼苗上慎用。

（4）马拉硫磷。

1）常用剂型：45%乳油，25%油剂，70%优质乳油（防虫磷）。

2）毒性：低毒。

3）作用方式：触杀，熏蒸。

4）防治对象：蝗虫、松毛虫、毒蛾、粉蝶、卷蛾、叶蜂的幼虫、小型昆虫。

5）使用方法：

①喷雾：45%乳油，1000倍液；

②超低量喷雾：每公顷用25%油剂，2.25～3L。

6）注意事项：忌与酸碱性物质混用，注意防火。随配随用。对蜂、鱼、瓢虫高毒。

（5）乙酰甲胺磷。

1）常用剂型：30%乳油，40%乳油。

2）毒性：低毒。

3）作用方式：内吸，触杀，胃毒。

4）防治对象：蚜虫、螨类、蚧类及大袋蛾等多种咀嚼式和刺吸式害虫，还可杀卵。

5）使用方法：喷雾，用0.05%～0.1%的有效成分。

6）注意事项：不宜在桑、茶树上使用，不能与碱性农药混合，注意防火。

（6）氧化乐果。

1）常用剂型：40%乳油，18%高渗乳油。

2）毒性：高毒。

3）作用方式：内吸，触杀。

4）防治对象：蚜虫、螨类、蚧类等。

5）使用方法：

①喷雾：40%乳油，500～1500倍液；

②刮皮涂药：40%乳油3～5倍；

③打孔注药：40%乳油5～10倍。

6）注意事项：不耐贮存，不能库存过久。不能用于蔬菜，茶叶，果树和中药材等。

（7）呋喃丹（克百威、虫螨威、卡巴呋喃）。高毒农药，常用剂型为3%颗粒剂。具强内吸、触杀和胃毒作用，是一种广谱性内吸余虫剂、杀蠕剂和光线虫剂。一般使用量为15～30kg/hm²，用于土壤处理或根施。果树及食用植物禁用。严禁兑水喷雾使用。目前此药已广泛用于盆栽花卉及地栽林木的枝梢害虫。

（8）杀螟硫磷。

1）常用剂型：50%乳油，25%油剂。

2）毒性：中毒。

3）作用方式：触杀，胃毒，有渗透作用。

4）防治对象：咀嚼式口器害虫和刺吸式口器害虫。

5）使用方法：

①喷雾：50%乳油500～1000倍液；

②堵虫孔：50%乳油，柴油为1：20。

6）注意事项：对蜜蜂、家蚕高毒，不能与碱性农药混用，药效期短。

（9）溴氰菊酯。

1）常用剂型：2.5%乳油（敌杀死）。

2）毒性：中毒。

3）作用方式：触杀，胃毒，拒食。

4）防治对象：对鳞翅目幼虫（如松毛虫、杨毒蛾）及同翅目害虫特效。

5）使用方法：

喷雾：2.5%乳油4000～6000倍液，每公顷有效成分用量56～225g。制成毒绳，毒笔可防松毛虫幼虫。

6）注意事项：对蜜蜂、鱼类高毒，不能与碱性农药混用，对螨类无效。低温使用增效，高温减效。

（10）氰戊菊酯（速灭杀丁）。

1）常用剂型：20%乳油。

2）毒性：中毒。

3）作用方式：触杀，胃毒。

4）防治对象：鳞翅目、双翅目、半翅目幼虫。

5）使用方法：喷雾：20%乳油2000～4000倍液。

6）注意事项：对蜜蜂、鱼类高毒，不能与碱性农药混用。

（11）灭幼脲。

1）常用剂型：20%灭幼脲1号胶悬剂，25%悬浮剂。

2）毒性：低毒。

3）作用方式：胃毒，触杀。

4）防治对象：对松毛虫、舞毒蛾、美国白蛾等鳞翅目幼虫高效。

5）使用方法。喷雾：25%悬浮剂450～600g/hm$^2$；20%灭幼脲1号胶悬剂8000～1000倍。

6）注意事项：有沉淀现象，使用时摇匀后加水稀释。迟效型，3～4天见效。不能与碱性物质混用。

（12）抗蚜威。

1）常用剂型：50%可湿性粉剂。

2）毒性：中毒。

3）作用方式：触杀，熏蒸，内渗。

4）防治对象：对蚜虫有特效。

5）使用方法：喷雾：每公顷有效成分为75～180g。

6）注意事项：残效期短，不伤天敌。

（13）杀螟丹（巴丹）。

1）常用剂型：50％可溶性粉剂，2％粉剂。

2）毒性：中毒。

3）作用方式：触杀，胃毒，内吸，拒食。

4）防治对象：对鳞翅目幼虫及半翅目害虫特别有效，还有杀卵作用。

5）使用方法：

①喷雾：50％可溶性粉剂500～1000倍液；

②毒饵：2％粉剂加50份麦麸（防治蝼蛄）。

6）注意事项：对蚕毒性大，对鱼有毒性。

（14）吡虫啉。

1）常用剂型：10％可湿性粉剂，20％可溶性液剂，10％乳油。

2）毒性：低毒。

3）作用方式：内吸，胃毒，触杀。

4）防治对象：对蚜虫、叶蝉等刺吸式口器害虫有效，对鞘翅目、双翅目、鳞翅目害虫有效。

5）使用方法：

①喷雾：每公顷10％可湿性粉剂150g，或3000～5000倍液；

②种子处理：每千克种子用有效成分1g。

6）注意事项：叶面施用对蜜蜂、家蚕有毒，对鸟类较安全，种子处理对鸟有驱避作用，不可与强碱物质混用。

（15）苏云金杆菌。细菌性杀虫剂。常见剂型有可湿性粉剂（100亿活芽/g），Bt乳剂（100亿活孢子/ml），主要用于防治鳞翅目类的食叶害虫，如用100亿孢子/g的菌粉兑水稀释2000倍喷雾。30℃以上施药效果最好，苏云金杆菌可与敌百虫、菊酯类等农药混合使用，效果好，速度快，但不能与杀菌剂混用。

（16）阿维菌素。

1）常用剂型：1.8％乳油。

2）毒性：低毒。

3）作用方式：胃毒，触杀，内渗。

4）防治对象：松毛虫等叶面害虫、潜叶害虫、螨类。尤其对常见神经毒剂已有抗性的害虫，害螨防治效果更好。

5）使用方法：喷雾防治松毛虫幼虫可用8000～13000倍液。

6）注意事项：对蜜蜂、鸟类低毒，一般施药后2～4d虫螨死亡。持效期长，杀虫为10～15d，杀螨为30～45d。施药在日光照射下影响持效期。

（17）烟参碱。又称百虫杀，是一种植物性药剂。属于低毒、低残留、高效农药。具有触杀和胃毒作用。防治各种蚜虫、粉虱、叶蝉、尺蠖等害虫，使用1.2％烟参碱乳油1000倍液。

（18）速扑杀。又称杀扑磷、速蚧克。属高毒、广谱性有机磷杀虫剂。具有触杀、胃毒和渗透作用。可防治多种刺吸性和咀嚼式口器害虫，尤其对各种介壳虫有特效。使用40％

速扑杀乳油100～2000倍液可有效地防治槐坚蚧、石榴毡蚧、桑白蚧、日本龟蜡蚧、草履蚧等多种介壳虫。

2. 杀菌剂

(1) 波尔多液。

1) 常用剂型：1%等量式（硫酸铜：生石灰：水为1：1：100)。

2) 作用方式：保护。

3) 防治对象：多种植物病害，但对白粉病、锈病效果差。

4) 使用方法：喷雾：1%等量式，每隔15d喷1次，共1～3次。

5) 注意事项：现配现用，对金属有腐蚀。不宜在桃、李、梅、杏、梨、柿树上使用。

(2) 石硫合剂。

1) 常用剂型：29%水剂，30%固体剂，45%结晶。

2) 毒性：低毒。

3) 作用方式：杀菌，杀虫，杀螨。

4) 防治对象：防治多种病害，尤其对锈病、白粉病最有效，对蚧类、卵和一些害虫也有较好的防治效果，不能防治霜霉病。

5) 使用方法。喷雾：生长季节0.2～0.5°Be，植物休眠3～5°Be，南方可用0.8～1Be。

6) 注意事项：不宜与其他乳油剂混用，气温32℃以上不宜使用，不耐贮存。

(3) 代森铵。

1) 常用剂型：65%、80%可湿性粉剂。

2) 毒性：低毒。

3) 作用方式：保护。

4) 防治对象：防治多种植物病害。

5) 使用方法。喷雾：65%可湿性粉剂200～500倍液，15d喷1次，共2～3次。

6) 注意事项：不能与碱性农药与铜汞制剂混用。

(4) 敌磺钠（敌克松)。

1) 常用剂型：95%、75%可溶性粉剂，50%可湿性粉剂，2.5%粉剂。

2) 毒性：中毒。

3) 作用方式：保护兼治疗，有内吸作用。

4) 防治对象：防治多种病害，如松杉苗的猝倒病等。

5) 使用方法。

①药土：每公顷75%可溶性粉剂7.5kg，拌细土300kg；

②拌种：100kg种子用95%可溶性粉剂150～360g防猝倒病，溶解慢。

6) 注意事项：现配现用，避免光照。

(5) 五氯硝基苯。

1) 常用剂型：40%、70%粉剂。

2) 毒性：低毒。

3) 作用方式：保护。

4) 防治对象：丝核菌引起的立枯病，紫纹羽病，白纹羽病，白绢病。

5) 使用方法：

①拌种：用种子量的0.3%～0.5%；

②拌土：40%粉剂5～6g/m$^2$覆盖在种子上、下两面。

（6）多菌灵。

1）常用剂型：25%、40%、50%、80%可湿性粉剂，40%悬浮剂。

2）毒性：低毒。

3）作用方式：保护治疗。

4）防治对象：对一些子囊菌和大多数半知菌引起的病害有效。

5）使用方法：

①喷雾：1000～1500倍液。土壤消毒15kg/hm$^2$；

②涂刷树木伤口：25%可湿性粉剂100～500倍液。

6）注意事项：药粉不能与幼苗接触。

（7）甲基托布津。

1）常用剂型：50%、70%可湿性粉剂。

2）毒性：低毒。

3）作用方式：保护治疗。

4）防治对象：白粉病、黑斑病、灰霉病、立枯病等。

5）使用方法：喷雾：浓度500～1000倍；灌根：浓度800～100倍液。

6）注意事项：不能与碱性及铜制剂混用，不宜连续使用。

（8）三唑酮（粉锈宁）。

1）常用剂型：15%、20%乳油，25%可湿性粉剂，15%烟剂。

2）毒性：低毒。

3）作用方式：保护治疗。

4）防治对象：锈病，白粉病等。

5）使用方法：喷雾：25%可湿性粉剂1000～1500倍液。

6）注意事项：用于拌种时，应严格掌握用量，防止产生药害。

（9）百菌清。

1）常用剂型：75%可湿性粉剂，10%油剂，2.5%烟剂。

2）毒性：低毒。

3）作用方式：保护。

4）防治对象：防治落叶病，枯梢病等多种病害。

5）使用方法：

①喷雾：75%可湿性粉剂500～800倍液，10%油剂超低量喷雾，3～3.75L/hm$^2$；

②放烟：2.5%烟剂15kg/hm$^2$。

6）注意事项：对鱼类有毒，对果树敏感，对人的皮肤、眼睛有刺激作用。

（10）涂白剂。

1）常用剂型：生石灰5kg，石硫合剂0.5kg，兽油0.1kg，水20kg。

2）作用方式：保护。

3）防治对象：减轻冻害，日灼而发生的损伤，避免病菌侵入。

4）使用方法：一般在10月下旬或6月间涂刷树干，离地1～2m高。

5）注意事项：配制时生石灰要消化透。

（11）三福美（退菌特）。

1）常用剂型：50%可湿性粉剂。

2）毒性：中毒。

3）作用方式：保护。

4）防治对象：防治赤枯病、叶枯病、软腐病等多种病害，对炭疽病效果显著。

5）使用方法：喷雾：50%可湿性粉剂500～800倍液。

6）注意事项：禁止在茶叶、蔬菜上使用，不宜与含铜药剂混用。

（12）高锰酸钾。为紫红至紫黑色结晶，易溶于水，是强氧化剂。常用0.5%～1%的浓度作表面消毒用；用0.3%液浸苗；用0.5%水溶液喷苗防治立枯病，20min后喷清水洗净苗上药水；用0.5%液浸种可防种子霉烂。

（13）甲霜灵（瑞毒霉、灭霜灵）。具内吸和触杀作用，在植物体内能双向传导，耐雨水冲刷，残效为10～14天，是一种高效、安全、低毒的杀菌剂。对卵菌纲真菌引起的病害有特效，如各种霜霉病、疫霉病、腐霉病等，对其他真菌和细菌害无效。

常见剂型有：25%可湿性粉剂、40%乳剂、35%粉剂、5%颗粒剂。使用浓度为25%可湿性粉剂500～800倍液喷雾。用5%颗粒剂20～40kg/hm$^2$作土壤处理。可与代森锌混合使用，提高防效。

3. 杀螨剂

（1）73%克螨特乳油。能杀死成蜗、幼螨和卵。对益螨及其他天敌无害，一般使用1000～3000倍液，药效期14～35天。

（2）5%尼索朗乳油。属低毒杀螨剂，对天敌安全，对蜜蜂、鸟类毒性很低。对多种植物害螨具有强烈杀幼螨特性；对成螨、锈螨、瘦螨防效较差。叶螨使用1500～2000倍液。

（3）三氯杀螨醇。对叶螨、根螨都有效，如与三氯杀螨砜混用，对螨类有长期的控制效果。对根螨稀释1000～1500倍液，也有良效。

（4）哒嗪酮（15%乳油）。属高效低毒广谱杀螨、杀虫剂，对粉虱、叶蝉、蓟马、蚜虫等刺吸害虫有良好防治效果，对成螨、幼螨均有很高活性，使用倍数2000～3000倍。

（5）速效浏阳霉素。属抗生素类杀螨剂，以触杀作用为主，为低毒性药剂。使用本品1000～2000倍液防治各种害螨，对幼螨、若螨、成螨有明显效果，对螨卵作用较慢。要求在气温15℃以上使用，效果更为理想。

（6）对位二氯苯。将带有根螨的干球茎，放在不漏气的容器或塑料袋中，用4g/L剂量，熏蒸1～2天可杀死所有活体。

（7）7.5%农螨丹乳油。

农螨丹是尼索朗和灭扫利两种药剂混配而成的杀虫、杀螨剂。属于低毒、高效广谱性药剂。具有触杀、胃毒和忌避作用，无内吸杀螨性。残效期为1个多月。

使用本品1000～1500防治二斑叶螨、山楂叶螨、截形叶蛾、苹果全爪螨、朱砂叶螨等，对卵、若螨和成螨均有较好的防治效果。本品与碱性农药不能混用。避免连续使用，与其他杀螨剂交替使用。

4. 杀线虫剂

常用的杀线虫剂有熏杀剂和触杀剂两种类型。

熏杀剂：是在土壤中迅速产生有毒气体，杀灭效果最好。但对草坪草毒性较高。通常只在种植前使用，常用的有溴化钾、三氯硝基甲烷、威百亩和氰土利。

触杀剂：必须在浸透定植草坪草带，与线虫直接接触时才能有杀灭能力。常用的药剂有二嗪农、内吸磷、灭克磷、克线磷和丰索磷等。

（1）克线磷（又名力满库）。是一种有机磷杀线虫剂，为10%颗粒剂，是一种较理想的广谱性内吸杀线虫剂，并具有良好的触杀作用。

（2）益舒宝（又叫灭克磷）。是一种有机磷酸酯杀线虫和杀虫剂，为10%颗粒剂，是一种触杀剂。

（3）米乐尔。是一种高效、广谱兼有杀虫及杀线虫作用的有机磷剂，为3%颗粒剂，具有内吸和触杀、胃毒作用，可防治各种线虫病。

5. 防腐剂

（1）山梨酸（2,4—已二烯酸）。山梨酸为一种饱和脂肪酸，可以与微生物酸系统中的疏基结合，从而破坏许多重要酶系统的作用，达到抑制酵母、霉菌和好气性细菌生长的效果。它毒性低，只有苯甲酸钠的1/4，但其防腐效果却是苯甲酸钠的5～10倍。使用浓度为2%。

山梨酸的使用方法有：溶液浸洗、喷雾或涂抹。

（2）托布津、多菌灵、苯菌灵。这些药物均为苯并咪唑杀菌剂，对青霉、绿霉等真菌有良好的抑制效果，能透过植物表皮角质层杀灭侵染的病原物，是高效、低毒、广谱的内吸性防腐剂。

6. 植物生长调节剂

（1）生长素类。生长素类物质在园林树木栽植上的应用，主要为促进生根，改变枝条角度，促发短枝，抑制萌蘖枝的发生，防止落果等。生长素类物质的生理促进作用，主要是使植物细胞伸长而导致幼茎伸长，促进形成层活动、影响顶端优势，保持组织幼年性、防止衰老等，其作用机制是影响原生质膜的生理功能，影响DNA指令酶的合成，或影响核酸聚合酶的活性，因而促进RNA合成。

1）吲哚乙酸及其同系物。在植物体内天然存在的主要是吲哚乙酸（IAA），此外还有吲哚乙醛（IAAID）、吲哚乙腈（IAN）等。人工合成的有吲哚丙酸（IPA）、吲哚丁酸（IBA）、吲噪乙胺（IAD）。应用最多的是IBA，它活力强、较稳定、不易遭受破坏，价格亦较低廉，主要用于促进生根等方面。

2）萘乙酸及其同系物。萘乙酸（NAA）有α型与β型，α型活力较强，作用广。因其生产容易，价格低廉，为目前使用范围最广的生长素类物质。NAA不溶于水而溶于酒精等有机溶剂，其钾盐或钠盐（KNAA、NaNAA）及萘乙酰胺（NAD）溶于水，作用与萘乙酸相同，但使用浓度一般高于NAA。此外尚有萘丙酸（NPA）、萘丁酸（NBA）及苯氧乙酸（NOA）等，NOAβ型活力比α型高，与NAA相反。

3）苯酚化合物。主要有2,4-二氯苯氧乙酸（2,4-D）、2,4,5-三氯苯氧乙酸（2,4,5-T）等，且活力比（IAA）强100倍。

在这三种生长素类物质中，其活力和持久力的一般表现为：

吲哚乙酸＜萘乙酸＜苯酚化合物。

不同类型的生长素类物质对树体不同器官的具体活力，亦有一定的差别，如促进插条生根，2,4-D＞IBA，NAA＞NOA＞IAA。IBA的活力虽不如2,4-D，但其适用范围广，所以，商品制剂仍以IBA为主。

(2) 赤霉素类。1938年，日本第一次从水稻恶苗病菌中分离出赤霉素（GA）结晶，至1983年已发现有70种含有赤霉烷环的化合物，常见的有GA1、GA3、GA4、GA7、GA8等。在植物活体内，它们可以互相转变，其中GA8的葡萄糖甙可能是一种贮藏形态。

赤霉素只溶于醇类、丙酮等有机溶剂，难溶于水，不溶于苯、氯仿等。作为外源赤霉素，商品生产的主要是GA3（920）及GA4+7。不同的赤霉素所表现的活性不同，不同树种对赤霉素的反应也不尽相同，故有其特异性。赤霉素有如下效应。

①促进新梢生长，节间伸长。美国用GA来克服樱桃的一种病毒性矮化黄化病，处理后植株恢复正常生长。GA也可打破种子休眠，使未充分休眠而矮化的幼苗恢复正常生长。

②GA不像生长素类物质那样呈现极性运转，GA对树体生长发育的效应，有明显的局限性，即在树体内基本不移动。甚至在同一果实上，如只处理1/2，则只有被处理的1/2果实增大。GA作用的生理机制，其显著特点是促进α淀粉酶的合成，抑制吲哚乙酸氧化酶的产生，从而防止IAA分解。其近期的调节功能，可能是通过激活作用，如使已存在的酶活化、改变细胞膜的成分和某些构造；其较长期的调节作用，可能是促进RNA合成，从而影响蛋白质的合成。

(3) 细胞分裂素类。1956年发现的细胞激动素——6-糠基氨基嘌呤或N6-呋喃甲基腺嘌呤是DNA降解的产物。

1963年又发现第一种天然的细胞分裂素——玉米素（Zt）。现已知高等植物体内存在的天然细胞分裂素有13种，它们主要在根尖和种子中合成。人工合成的细胞分裂素有6种，常用的为BA（6-苄基腺嘌呤）。此外还有几十种具有细胞分裂素活性作用的化合物。细胞分裂素的溶解度低，在植物体内不易运转，故它的应用受到一定限制。

细胞分裂素类物质可促进侧芽萌发，增加分枝角度和新梢生长。细胞分裂素可防止树体衰老，较长时间地维持叶片绿色。细胞分裂素在有赤霉素存在时，有强烈的刺激生长作用，它可改变核酸、蛋白质的合成和降解。在评价细胞分裂素的功能时，应当考虑患到细胞分裂素还可导致生长素、赤霉素和乙烯含量的增加。

(4) ABT生根粉。ABT生根粉是一种广谱高效的植物生根促进剂。用ABT生根粉处理插穗，能补充插条生根所需的外源激素，使不定根原基的分生组织细胞分化成多个根尖，呈簇状爆发生根。新植树的根系用生根粉处理，可有效促进根系恢复、新生。用低浓度的ABT生根粉溶液浇灌成活树木的根部，能促进根系生长。

ABT生根粉忌接触一切金属。在配制药液、浸条、浸根、灌根和土壤浸施时，不能使用金属容器和器具，也不能与含金属元素的盐溶液混合。配好的药液遇强光易分解，浸条、浸根等工作要在室内或遮阴处进行。如在植物上喷洒，最好在下午4时后进行。

ABT生根粉，1～5号是醇溶性的，配制时先将1g生根粉溶在500g的95%工业酒精中，再加蒸馏水至100g，即配成浓度为1000mg/L的原液。6、7、8号生根粉能直接溶于水，原液配制时，先将1g生根粉用少量的水调至全部溶解，再加水至1000g，即配成1000mg/L的原液。

1～5号ABT生根粉在低温（5℃以下）避光条件下可保存半年至1年。6～10号生根粉在常温下避光保存可达1年以上。1～10号ABT生根粉，均可在冰箱中贮藏2～3年。

(5) 乙烯发生剂和乙烯发生抑制剂。至20世纪60年代，乙烯才被确认为是一种植物激素，但作为外用的生长调节剂，是一些能在代谢过程中释放出乙烯的化合物，主要为乙烯利(Ethrel)，即2－氯乙基膦酸，商品名又叫乙基膦（CEP、CEPA）。自1968年发现乙烯利能显著诱导菠萝开花以来，乙烯利的应用研究工作迅速发展。乙烯利主要有如下作用。

1）抑制新梢生长。当年春季施用CEPA，可抑制新梢长度仅为对照的1/4；头年秋天施用，也可使翌年春梢长度变短。CEPA还可使枝条顶芽脱落，枝条变粗，促进侧芽萌发，抑制萌蘖枝生长。

2）促进花芽形成。可促进多种花果木形成花芽。

3）延迟花期、提早休眠、提高抗寒性。可延迟多种蔷薇科树种的春季花期，并可使樱桃提早结束生长、提早落叶而减轻休眠芽的冻害，同样可增强某些李和桃品种的耐寒性。

乙烯利的作用受环境pH值的影响，pH＞4.1即行分解产生乙烯，其分解速度在一定范围内随pH值升高而加快。树种不同、树体发育状态不同、器官类别不同，其组织内部的pH值也不同，因而乙烯利分解、产生乙烯速度也各异。最适作用温度为20～30℃，低于此温度则须较长时间作用或提高浓度。乙烯利容易从叶片移向果实，在韧皮部移动多由顶部向基部进行，或因受生长中心的作用而由基部向顶部移动。乙烯利可由韧皮部向木质部扩散，但它不随蒸腾流上升。乙烯的作用机制还不十分清楚，它能引起RNA的合成，即能在蛋白质合成的转录阶段起调节作用，而导致特定蛋白质的形成。但这并不是说乙烯的所有作用，须完全通过调节核酸和蛋白质的合成，而后才能发挥。

（6）生长延缓剂和生长抑制剂。主要抑制新梢顶端分生组织的细胞分裂和伸长的，称为生长延缓剂；若完全抑制新梢顶端分生组织生长、高浓度时抑制新梢全部生长的，则称为生长抑制剂。应用类型如下。

1）比久（B-9）又叫B995、阿拉（Alar），其化学名为琥珀酸-2、2-二甲酰肼(SADH)，是一种生长延缓剂。自1962年被发现以来，迅速引起人们的重视。其作用主要是抑制枝条生长和促进花芽分化。

①抑制枝条生长。主要是抑制节间伸长，使茎的髓部、韧皮部和皮层加厚，导管减少，故茎的直径增粗。由于节间短，单位长度内叶数增多，叶片浓绿、质厚，干重增加，叶栅状组织延长、海绵组织排列疏松。虽然叶片变绿、变厚，但按单位叶绿素重量计算的光合作用却下降，同时光呼吸强度也下降。

B-9对茎伸长的抑制作用，与增加茎尖内ABA（脱落酸）水平和降低GA类物质含量有关，其抑制生长的效应，在喷后1～2周开始表现，并可持续相当时日，具体数据视当地气温、雨量、树势、营养条件、修剪轻重等条件而异。一般使用浓度为200～3000mg/L，可用于抑制幼苗徒长，培育健壮、抗逆性强的苗木，也可作为矮化密植时控制树体的一种手段。在抑制效应消失后，新梢仍可恢复正常生长。

②促进花芽分化。B-9可促进樱桃、李子和柑橘的花芽分化，于花芽分化临界期喷施1～3次，浓度同上。B-9促进花芽分化与延缓生长有关，但有时新梢生长未见减弱而花量增加，这似乎与B-9改变内源激素平衡有关。

B-9可通过叶、嫩茎、根进入树体。B-9的处理效应可影响下一年的新梢生长、花芽分化和座果等，这种特点与B-9在树体内的残存有关。在生长期，花芽内的B-9残留量高于果实和顶梢；在休眠期内累积量的顺序是：花芽＞叶芽＞花序基部＞一年生枝韧皮部和木质部。B-9在树体内的残留量，受气候条件的影响，在年积温高的地区残留量低，在年积温低的地区则残留量高，这也正是在低积温区其延期效应较强的原因。加用渗透剂，会增加树体内残留量。B-9在土中虽不易移动，但易被某些土壤微生物所分解，故不宜土施。纯B-9，在干燥条件下贮藏三年，成分不变；在水中的稳定性，为75d以上。

2）矮壮素（CCC），即2-氯乙基三甲铵氯化物，商品名为Cycocel，是一种生长延缓剂。

矮壮素有抑制新梢生长的效应，使用浓度高于B-9，为0.5%～1.0%，但过高的浓度会使叶片失绿。受矮壮素抑制的新梢，节间变短，叶片生长变慢、变小、变厚，可取代部分夏季修剪作业；因新梢节间短，有利于花芽分化，可增加第二年的开花量和大果率。新梢成熟早，新梢内束缚水含量增高，自由水含量下降，因而可提高幼树的越冬能力。矮壮素的作用机制，可阻遏内源赤霉素的合成，促进细胞激动素含量的增加，而细胞激动素的增多，对开花座果有利。

3）多效唑（PP333），可抑制新梢生长，而且效果持续多年；可使叶色浓绿，降低蒸腾作用，增强树体抗寒力。与树体的内源GA互相拮抗，可促使腋芽萌发形成短果枝，提高座果率。由于它持效性长，抑制枝梢伸长效果明显，且有提早开花、促进早果、矮化树冠等多种效应，应用推广极快。

多效唑能被根吸收，可土施，不易发生药害，使用浓度可高达800mg/L。但如果使用不当，也会给树体造成不良影响。使用对象必须是花芽数量少、结果量低的幼旺树及成龄壮树，中庸树、偏弱树不宜使用。药液应随用随配，以免失效，短时间存放要注意低温和避光。秋季和早春施药，以每平方米树冠投影面积施0.5～1g粉剂为宜。叶面喷施应在新梢旺盛生长前7～10d进行，使用500～1000mg/L的可湿性粉剂。喷药应选无风的阴天，晴天要在上午10点前或下午2点后进行，以叶片全湿、药滴不下落为宜。对于施用过量或措施的树体，可在萌芽后喷施25～50mg/L的赤霉素1～2次，同时施肥灌水，以恢复生长。树体年龄、树种不同。对多效唑的反应不同，桃、葡萄、山楂对其敏感，处理当年即可产生明显效果，苹果和梨要到第2年才能看出效果，一般幼树起效快，成龄树起效慢，黏土和有机质含量多的土壤对其有固定作用，效果较差。花果木使用多效唑后，树体花芽量增加，挂果量提高，树体对养分的需求也会增高，除秋施基肥、春夏追肥外，于开花期、坐果期、幼果膨大期和果实采收后都要向叶面喷施0.1%～0.3%的尿素或碳酸二氢钾溶液，并注意疏花疏果。

# 第十章　园林工程土壤改良

## 第一节　园林植物的土壤要求

### 一、土壤与土壤肥力

农业是人类生存的基础，而土壤是农业生产的基础，是生物因素与非生物因素进行物质转化与能量流动的重要介质和枢纽，是进行农林业生产的基本资料。同时，土壤又是地球环境的重要组成部分，其质量与水、大气、生物的质量以及人类的健康密切相关。土壤具有能抵抗外界温热状况、湿度、酸碱性、氧化还原性变化的缓冲能力，对进入土壤的污染物能通过土壤生物代谢、降解、转化、消除或降低毒性，起着"过滤器"和"净化器"作用。所谓土壤是指覆盖于地球表面，由矿物质、有机质、水分、空气和生物组成，具有肥力特征，能够生长绿色植物的疏松表层。自然界里的土壤不论农地、林地、草地还是荒地，其基本物质组成都是由固体、液体、气体三相五种物质组成的疏松多孔体。土壤的三相物质组成及其比例，直接影响土壤肥力，是土壤肥力的物质基础。矿物质是岩石风化而成的矿物质颗粒，分为原生矿物和次生矿物，是建造土体的骨架和基本材料，是土壤中矿物养分的主要来源，也是土壤养分的最初来源。土壤有机质来源于动植物残体、微生物体和施用的有机肥料，它们好似土壤的"肌肉"，是土壤生产力的基础，是维持植物生长和农业可持续发展的物质基础。土增的有机质含量通常作为土壤肥力水平高低的一个重要指标，它不仅是土壤各种养分，特别是氮、磷的重要来源，对土壤理化性质，如结构性、保肥性和缓冲性等有着积极的影响，并且有机质还在络合重金属离子，减轻重金属污染，对农药、除草剂等起到溶解、吸收、降解，减轻农药残毒及有毒有害物质的污染，净化土壤等生态环保方面发挥独特的作用。土壤水分和空气共同存在于土壤孔隙中，二者互为消长的关系，共同影响着土壤的热量状况，进而控制养分转化。

土壤常常存在妨碍植物生长的各种限制因素，如侵蚀、砂化、盐碱化、肥力退化及污染物等，这就是所说的土壤的五大公害，存在这些限制因素的土壤就是逆境土壤。人类生活在自然环境中，以土壤为基地不断栽培植物，应针对园林植物的生物学特性和对土壤条件的要求，通过各种农业措施、技术手段等农林生产活动，人为调节和改善土壤环境条件，最大限度地满足其生长发育的要求，以实现人类的栽培目标，维持农业的可持续发展。对于园林土壤有机质含量一般低于1%，且土壤的结构性差，应当引起足够的重视，可以通过泥炭土、腐叶土及经处理的生活垃圾等有机肥的施入、归还园林植物的凋落物以及在公园、街道、广场的乔灌木下种草坪或观赏价值较高的绿肥植物等途径加以改善。随着农业科技推广工作的逐步深入，农民越来越关心土壤肥力状况的问题。

土壤肥力是土壤区别于其他自然体的本质特征，是指土壤不断供给和协调植物生长发育所必需的水分、养分、空气、热量等生活因素的能力。土壤肥力是指在天地人物相互影响、相互制约的过程中，通过太阳辐射直接或间接作用于土壤胶体的情况下，土壤稳、匀、足、适地供应植物生长所需的水、肥、气、热的能力。土壤肥力是土壤的本质属性和基本特性，自然界任何土壤都具有肥力，土壤与肥力不可分。土壤通过水分、养分、空气、温度等影响植物的生长，其中水、肥、气、热称之为四大肥力要素。土壤肥力还具有生态相对性，它是构成肥力的基本内容，是建立在对土壤和土壤肥力认识的基础上产生的，是从植物生态特性所要求的土壤条件出发，来研究土壤肥力的基本原理。即是指不同生态条件下，植物所要求的土壤生态条件是不同的，通常说某种肥沃或不肥沃的土壤只是针对某种（或某些生态要求上相同）植物而言的，而不是针对任何植物的。依据土壤肥力的生态相对性，在农林业生产实践上，应当根据园林植物对土壤的生态要求，“因地制宜”“适地适树”，合理配置相适应的土壤，即把它们种植在适宜生存的土壤上，配合科学的农技管理，可以更好地发挥其生产潜力，也为科学种田打下坚实的基础。

**二、土壤质量与土壤生产力**

土壤是植物扎根立足之地，土壤肥力是土壤的本质特性、土壤质量的标志，植物生长得好坏，也就是植物产量的高低、品质的优劣状况，都与土壤因素有密切的关系。质量高而健康的土壤是产品安全生产的基础，也是构建无公害、绿色、有机生产技术体系、生产绿色环保产品的基本保障。所谓土壤质量是指土壤在生态系统界面内维持生产，保障环境质量，促进动物与人类健康行为的能力，就是指耕作土壤本身的优劣状况，这不仅包括土壤生产力、土壤环境，还包括食物安全及人类和动物健康，同时土壤质量在管理上要有降低污染物潜力的技术和方法。

土壤肥力对土壤丰产至关重要，丰产的土壤一定是肥沃的，但肥沃的土壤不一定是丰产土壤，这就需要弄清什么是土壤的生产力，即在一定的栽培管理制度下，土壤能生产某种产品的或某系列产品的能力，也就是土壤生产力，即土壤产出农产品的能力，它是由土壤肥力和发挥肥力的外界环境条件共同决定的，通常是由植物产量高低来衡量。土壤肥力是生产力的基础，而不是其全部，生产力高的土壤，土壤肥力一定是高的，而土壤肥力高的，土壤生产力不一定高，因此，要想提高土壤生产力，除了要从根本上提高土壤肥力基础外，还应加强环境条件的改善，改变影响农业生产的基本条件，控制和调节植物生长的养分、水分、空气、热量（温度）、光和机械支撑等生态因素，以满足植物高产、持续丰产和农业可持续发展的要求，为此必须正确利用土壤，认真保护土壤，努力改造以土壤为中心的农业生产条件，提高土壤肥力，增强土壤对各种自然灾害的抗逆能力，这是实现农业现代化的重要保证。

**三、我国耕地的肥力状况**

2015年国土资源公报数据显示，我国耕地总量大约为$1.35\times10^{8}hm^{2}$。中国耕地质量总体偏低，中等和低等地共占耕地总面积的2/3以上，有针对性地改良中低产土壤、建设高产稳产田，是十分艰巨的任务。近年来随着城市化、工业化的发展，城市和村镇周边排灌条件好，经过多年培育的优质耕地被大量占用，中低产田比例大幅度上升，耕地总体质量持续下降。

我国有大量的低产土壤，大部分是粗骨土、风沙土、盐碱土、石质土等。导致其低产的原因多是由于土壤的水肥气热状况不协调，是自然因素和人为因素综合作用的结果，具体表现为：一是不利的自然环境条件，包括坡地冲蚀、土层浅薄、有机质和矿质养分少、土壤质地过黏或过砂、不良土体构型、易涝怕旱、土壤盐化以及土壤过酸或过碱等；二是人类利用不合理，包括盲目开荒、滥砍滥伐、围湖造田、水利设施不完善、落后的灌溉方法及掠夺式的经营方式，导致土壤肥力不断下降。园林植物主要分布于中低产土壤，土壤肥力水平不高，培肥土壤是今后农林业生产的一项战略措施。这里以山东省园林植物，主要是城市绿地、园林树木分布区的土壤类型为例进行介绍。

## 第二节　土壤（地）资源状况与利用保护

### 一、我国土壤（地）资源利用状况

土壤资源是具有农、林、牧业生产力的各种土壤类型的总称，是人类生存最基本、最广泛、最重要、不可代替的自然资源。土地即地球陆地的表面部分，它是人类生活和生产的主要空间场所，是人类赖以生存的物质基础，是由气候、地貌、岩石、土壤、植被和水文等自然要素共同作用下形成的自然综合体及人类生产劳动的产物。土壤是相对不可再生的自然资源，也是不可代替的自然资源，是人类社会最基本的生产资料与劳动对象。中国用占世界不到7%的耕地，生产了占世界总产量17%的谷物，解决了占世界近23%人口的吃饭问题，基本满足了人类生活需要。我国土壤资源特点如下。

1. 人均土壤资源占有率低

我国幅员辽阔，国土面积有960万 $km^2$，土地资源总量丰富，但人均占有量不足。我国现有耕地大约1.35亿公顷，约占土地总面积的15.1%，人均耕地不足1.5亩，不到世界人均的1/3，居世界第113位。人均林地面积不足2亩，不到世界人均的1/5，位居世界第121位。人均草地面积不足5亩，只有世界人均的1/3。

2. 土壤资源区域性分布的差异明显

多分布于温带、暖温带和亚热带的湿润、半湿润地区的东部季风气候区，约占全国总土地面积的47.6%，却集中了90%的耕地、林地，居住着大约95%的农业人口，而内蒙古、新疆干旱地区占总土地面积的30%，耕地只占10%，农业人口占4.5%。由于地形、地貌等自然条件的差异性，使我国农业区域性、土地资源区域性分布的差异性明显，总的说来，我国人均耕地不仅少，而且分布也过于集中。

3. 生态脆弱区范围大

由于自然环境因素恶劣，致使产生包括坡地冲蚀、土层浅薄、有机质和矿质养分少、土壤质地过黏或过砂、土体构型不良、易涝怕旱、土壤盐化、过酸或过碱等一系列问题，加之人为因素包括盲目开荒、滥砍滥伐、水利设施不完善、落后的灌溉方法、施肥不合理、掠夺性经营等，正是上述因素的综合影响，导致土壤生态环境恶化，如板结、酸化、盐化及次生盐碱化、污染等，使土壤肥力日益下降、植物生产力降低，土壤质量显著退化。我国因生态环境恶劣或土墩肥力低下而难于农林牧利用的土壤约占总面积1/4，目前生态最脆弱的区域是西北地区，存在土地荒漠化、沙化、水土流失、森林覆盖率低等诸多较严重的问题。

4. 耕地土壤质量总体较差，自我维持能力弱

我国高、中、低产田各占1/3，已利用土壤的肥力水平普遍偏低，缺乏营养元素、土层瘠薄和具有障碍层次等理化性质不良的中低产土壤面积占2/3以上。耕地质量差加速了生态环境质量的恶化，使生产力低下，必然提高农产品的成本，降低产品的经济效益，比如土壤保肥性差则使养分容易流失，还引起水体和空气污染，土壤苔水性差则导致干旱威胁更加严重，对灌溉水要求更高，更容易造成水资源的短缺匮乏。正因如此，我国目前耕地质量差、退化严重的区域也就是我国生态环境恶化严重的区域。在集约化程度较高的地区，复种指数

和土地利用系数较高，土壤主要养分消耗大，尤其是土壤有机质不断降低，加之化肥施用虽较大，有机肥料、绿肥施用虽显著减少，使土壤养分不平衡，土壤理化及生物学性状恶化，肥力减退，生产力降低，因此，开发、改造中低产土壤，提高其单位面积产量对增加我国总产潜力极大，具有十分重要的战略意义。

**二、我国土壤资源利用存在的问题**

地力下降补偿不足、土壤污染日趋严重、农田生态环境恶化，致使耕地面积锐减和可耕地人为地不合理占用等一系列问题，如现代文明和城镇化水平的发展同样破坏了土地，工业交通和城市建设扩展占用了大量的耕地，如此等等使人地矛盾更加突出。当前，我国农业用地质量退化严重，加上长期耗竭性利用，使土壤地力、生产力下降，甚至有许多地方出现了盐渍化现象。总的看来，土壤（地）退化严重，自然灾害频发，耕地土壤肥力水平低下，大约 2/3 以上中低产土壤，多分布于山地丘陵，坡度大，土层薄，砾石含量高，无灌水条件或有盐碱、涝洼、污染等危害，因此，加强土壤修复治理，防止“三废”以及农药和化肥施用不当造成的土壤污染，防止因土壤状况恶化而影响整个环境和生态系统的协调，加强水土保持，培肥地力，不断增强农业增长的后劲，是今后一项战略措施，是农业科技工作者长期而艰巨的任务。

**三、我国土壤资源合理利用保护**

土壤作为人类生存的基本的自然资源，不同于其他资源，它在农业生产上发挥其资源作用是长期的，不受时间限制，保持“地力常新”非常重要。这里重点讨论低产土壤、山岭薄地土壤的利用保护、治理改造，通过工程措施配合各项农业技术措施，从根本上改变山丘地区土壤生产条件，增强生产潜力。

1. 修建小型水利工程

闸沟打坝，修水库，层层拦截水源，结合深翻平整土地，推进修建梯田、梯地，控制水土流失和沙漠漫延，形成土体深厚、构型优良的土体构型。水资源好的可兴修水利，引水上山，以加强土壤资源保护，防止土壤侵蚀。

2. 加强有机物质的投入，促进土壤熟化

低产土壤土层薄、有机质偏低，应结合深耕翻，加强有机肥料施用，如粪尿肥、圈肥、秸秆和青草田间覆盖、种植绿肥及商品有机肥等，使土肥相融，形成良好的结构体，熟化土壤，提高土壤有机质、土壤保肥性和供肥性，改善土壤肥力状况。

3. 轮作倒茬，养用结合

“换茬如上粪”，倒换茬口，可以避免植物对土壤养分的过度消耗，能够均衡营养，维持土壤养分平衡，同时立足实际和长远，种植养地植物要“见缝插针”，多利用荒山秃岭、沟渠坡地岸边、涝洼水塘等种养绿肥，以荒地、闲地养农田，拓宽了有机肥源，有效地提高土壤基础肥力，达到以养促用，养用结合。

4. 加强田间覆盖，保持水土

植树种草，绿化荒山秃岭，加强田间覆盖，加盖草苫子、草帘子、塑料薄膜等，较好地覆盖地面，调节温湿状况，改善土壤结构，减少土壤径流，有效保持水土。

## 第三节 土壤的类型

我国土壤类型众多，土壤资源丰实，为农林各业发展、经营提供了有利条件。园林绿地、经济林木种植区多分布于山丘地区的棕壤土类、褐土土类的粗骨土，河流沉积形成的风沙土以及城市绿地土壤等，下面就介绍几种常见的土壤。

## 一、黄壤

黄壤是中亚热带暖热阴湿常绿阔叶林和常绿落叶阔叶混交林下，氧化铁高度水化的土壤，黄化过程明显，富铝化过程较弱，具有枯落物层、暗色腐殖层和鲜黄色富铁铝淀积（B层）的湿暖铁铝土。

1. 成土条件

黄壤广泛分布于我国北纬30°附近的亚热带，热带山地、丘陵和高原也有分布，以贵州省最多，四川省次之，云南、湖南、西藏、湖北、江西、广东、海南、广西、福建、浙江、安徽等省、自治区也有分布。

黄壤的分布大体与红壤在同一纬度带，此区年平均气温为14～16℃，大于或等于10℃积温为4000～5000℃，年降水量为2000mm左右，年降水日数长达180～300d，日照少（每年仅1000～1400h），云雾大，相对湿度为70%～80%，属暖热阴湿季风气候，夏无酷暑，冬无严寒。成土母质为酸性结晶岩、砂岩等风化物及部分第四纪红色黏土。植被主要为亚热带湿润常绿阔叶林与湿润常绿落叶阔叶混交林。在环境湿润之处，林内苔藓类与水竹类生长繁茂。主要树种有小叶青冈、小叶拷等各种考类、樟科、茶科、冬青、山矾科和木兰科等构成，此外尚有竹类、藤本和蕨类植物。此区大面积均为次生植被，一般为马尾松、杉木、栓皮栎和麻栎等。

2. 土地利用

黄壤是我国南方的主要林木基地，也是西南旱粮、油菜和烤烟的生产基地。黄壤的开发利用应本着因地制宜、全面规划、综合利用的原则。对陡坡地（包括陡坡耕地），应以发展林业为主，保持水土，建立良好的生态系统，种植杉、松、栎、竹，建立林木基地。在地势高、湿度大、云雾多的地段可发展优质云雾茶，在山顶应以水土保持林涵养水源为主。山地中部缓坡开阔向阳地段，应农林牧相结合，发展油桐、油茶、漆树、山苍子、茶叶和杜仲、山楂、黄柏等，林下可发展天麻、五加、柴胡、白术、厚朴、田七和当归等，建立经济林和药材基地，也可林粮间作和种草养畜，发展畜牧业。山地下部和丘陵平缓地区，应以农业为主，加强农田基本建设，修筑梯田，发展绿肥，合理轮作和施肥，提高土壤肥力，建设旱粮、油菜和烤烟基地。在有水源的地方，大力发展水利灌溉，变旱地为水田，提高土壤的生产能力。

对于酸性强，矿质养分缺乏的黄壤，应通过施用石灰、增施有机肥或种植绿肥等措施改良。对土体薄的黄壤，应客土增厚土层。

## 二、黄棕壤

黄棕壤是北亚热带湿润气候、常绿阔叶与落叶阔叶林下的淋溶土壤，具有暗色但有机质含量不高的腐殖质表层和亮棕色黏化B层，通体无石灰反应，pH为微酸性。

1. 成土条件

黄棕壤主要分布于江苏和安徽的长江两侧以及浙江北部地区。气候条件属北亚热带湿润气候，年平均温度为15～16℃，年降水量为1000～1500mm。地貌类型主要是丘陵、阶地等排水条件较好的部位。母质为花岗岩、片麻岩和玄武岩等风化物的残积物和坡积物，以及第四纪晚更新世的下蜀黄土。自然植被为常绿阔叶或落叶阔叶林，主要成分有槭属、枫杨属及栎属等阔叶树种，也有南方树种的水青冈、女贞和石楠等。并广泛栽培有杉木、水杉、毛竹、油茶和油桐等人工林。农业利用以旱作与水稻为主，是中国重要的粮食、茶叶与蚕桑的生产基地。

2. 土地利用

黄棕壤地区的水热条件优越，自然肥力较高，很适宜于植物生长，是重要的农作区，盛产多种粮食和经济作物，也很适宜多种林木的生长。所以在黄棕壤地带，山地是林木的生产基地，适宜麻栎、小叶栎、白栎及湿地松、火炬松、短叶松等针阔叶林生长。在土地较厚地势较平缓的丘陵地区，可在注意保持水土的基础上，发展茶、果、竹和中药材。地势平缓地区，可作为农业生产基地，适宜水稻、小麦、棉花和油料作物的生长，一年两熟。

黄棕壤质地黏重，耕性和通透性差，以致在雨期山地容易发生水土流失，而平地又容易出现水分过多的现象。在干季土壤产生大的裂缝，对作物生长不利。因此，应多施有机肥料，以改善土壤的物理性质及增加土壤通气、透水性能。另外，注意水土保持，兴修水利，发展灌溉，改善农业生产条件。

**三、棕壤**

棕壤属于淋溶土纲、湿暖温淋溶土亚纲，是沙石山区最主要的土类，属于地带性土壤。棕壤集中分布在酸性岩为主要母岩的山地丘陵区，在酸性岩与钙质岩类、黄土交错存在的区域，棕壤与褐土呈镇嵌状复区分布，在垂直带上位于褐土之上。

1. 成土条件

气候处于暖温带、湿润半湿润季风大陆气候，降雨量为 700～900mm，多的可达 1000mm，夏季温热多雨，冬季干旱寒冷；母质主要为花岗岩、片麻岩等酸性岩的残积物、坡积物、洪积物及冲积物；自然植被原为夏绿落叶阔叶林、原生林、赤松、油松，但已多被垦殖，现在多为次生人工林，而山丘岭坡大面积分布的多为次生灌草丛构成的荒草坡，地形为山地丘陵高平地，地下水位低，排水良好。

2. 棕壤类型

该土类包括五个亚类：

(1) 普通棕壤是棕壤的代表性亚类，具有明显的红棕色黏粒淀积层，分布在缓坡丘陵中下部、山麓、地形平缓处。

(2) 潮棕壤（草甸棕壤）分布在山前平原，地形平坦，地下水位高 3～4m，附加成土过程为潮化过程；受潜水及耕作影响最深，有明显的氧化还原特征，是主要的农业土壤，土壤肥力水平较高。

(3) 白浆化棕壤分布在坡度较大的山坡地，剥蚀残丘，附加成土过程为白浆化过程，是低产土壤之一。典型的土壤具有耕作层、白浆层、铁盘层和淀积层的剖面，利用时要把障碍层铁盘清除。

(4) 酸性棕壤分布在森林覆盖度较大的酸性岩的山地的中上部，淋溶作用较强，酸度最高，生物积累十分明显，土壤 pH 值为 4.5～5.5，盐基饱和度较低，除表土外低于 50%，B 层不发育，是主要森林土壤之一。

(5) 粗骨棕壤是受土壤侵蚀最严重的一个亚类，分布在低山丘岭的中上部、山脊处，母质为残积坡积物，成土时间较短，坡度较大，砾石含量高，是低产土壤之一，仅适合林草生产。

3. 土地利用

棕壤是重要的旱作农业基地，山区多生长果木等经济林木。普通棕壤、潮棕壤的土层较厚，水分条件好，适宜农业生产，主要种植粮食、蔬菜，坡地棕壤种植林果；白浆化棕壤的土层较薄，适宜林业生产，生长黑松、麻栎、侧柏等；粗骨性棕壤坡度大，土层薄，砾石含量高，适宜于发展林草业。棕壤各亚类土壤，今后利用主要以加强水土保持、培肥地力为中心。我国北方的山地棕壤适合发展林业，现多为天然次生林和人工林，但有许多荒地未被充分利用，如绿化太行山作为三北防护林的一个重要部分，适宜树种有落叶松、云杉、椴树、栎类等。棕壤适合种植各种果树，如苹果、梨、桃、李等，也适合核桃、茶、甘薯、马铃薯、花生等。

## 四、褐土

褐色森林土，属于半淋溶土纲，半湿暖温半淋溶土亚纲，是山区主要的土类，属于地带性土壤之一。主要分布在沉积岩组成的山地丘陵、钙质堆积物组成的山前平原及河谷阶地以及黄土与红土的堆积地区、沉积岩与变质岩相间并存区，其褐土常与棕壤呈交错分布，褐土垂直分布于棕壤带之下。

### 1. 成土条件

气候处于暖温带半湿润的山丘地区，受季风影响，夏季高温多雨，风化及成土作用多发生在夏季，一般降雨量为500～700mm。土壤发育在碳酸盐类母质、黄土及黄土性沉积物上，地形为低山丘岭、山麓平原、河谷阶地，植被以夏绿阔叶林为主，伴生旱生森林及灌木，但现在多数已被垦殖为次生林，也有少量针阔混交林，侧柏石质山地少有植被。

### 2. 成土特点

具有钙化作用、黏化作用和棕化作用，主要诊断层次为红褐色的黏化层和钙积层。

### 3. 基本性状

褐土剖面整体呈中性至微碱性反应，pH值一般为7.5～8.5，剖面具有碳酸钙反应，一般碳酸钙含量底土高于表土，底土中有的形成钙积层，土壤有机质含量平均为1%以上，保肥力较强，土壤阳离子代换量（CEC）为20～40cmol/kg土，土壤速效氮磷钾均比棕壤高，但锌（Zn）、硼（B）缺乏。土壤黏土矿物主要是伊利石和蛭石，蒙脱石较少，土壤盐基饱和，黏粒在B层含量最高。形成土壤的质地较黏重，通体褐色，上轻下黏，剖面中部为红褐色的黏化层，以具有核状结构、有黏粒胶膜或碳酸钙淀基层作为诊断特征。

### 4. 褐土类型

该土类包括5个亚类：

（1）普通褐土。最具代表性，土壤黏化层与钙积层特征明显，分布在山地山前平原、山间盆地等。

（2）淋溶褐土。为淋溶作用较强的一个亚类，脱钙和黏化作用均明显，是褐土和棕壤之间的过渡类型，特别适宜黄烟种植，黄烟品质尚好。

（3）石灰性褐土。发育较弱，淋溶弱，黏化作用明显，钙化作用强，具有典型的钙积层、呈碱性反应等诊断特征，是土壤通体富含碳酸钙的一个亚类。

（4）潮褐土。受地下水影响且耕作熟化程度较高，是褐土中肥力较高的类型，适宜于进行农业生产。

（5）粗骨褐土。是坡度较大，土壤侵蚀最严重，在石灰岩、砂页岩坡积物上发育较弱的褐土亚类。

### 5. 土地利用

褐土中以淋溶褐土为主，潮褐土为农业利用土壤，褐土、石灰性褐土和淋溶褐土以农用为主，兼营林果生产，粗骨褐土是农林兼用土壤，注意加强土壤培肥和水土保持。褐土区天然植被是以辽东栎为代表的干旱明亮林以及以酸枣、荆条、营草为代表的灌木草原，人工林则以油松、洋槐为主。低山丘陵地区现多已开垦为农田，栽培果树，种植小麦、玉米、大豆、棉花等。褐土适宜种植棉花、高粱、水稻、苜蓿、葡萄、梨、柿子、无花果、大豆、黄烟等。

## 五、风沙土

风沙土主要分布于黄河决口沉积扇形地与古河道上、河流中下游两岸。

1. 成土条件

地貌多为砂质垄岗，地势相对较高，地下水埋深3～4m，自然植被多为沙生植被，风沙土的母质为河流沉积的松散的沙质堆积物。

2. 成土特点

成土过程较微弱，而且不稳定，经常受风蚀与沙压影响，通体为松沙或紧沙，土壤有机质含量较低，土壤剖面发育微弱或没有发育，剖面构型一般为A-C型。

3. 基本性状

风沙土质地轻，颗粒粗，易被风吹扬，容易漏水漏肥，所含养分少，土壤有机质低，昼夜温差大，易干旱，土壤肥力低，具有弱石灰反应，微碱性，土壤pH值为7.5～8.2，下部有锈纹、锈斑等诊断特征，农业再利用困难，目前多为林业利用，种植农作物产量较低。今后应种植耐沙、固沙的林木，并有计划地发展经济林木（以生产果品、食用油料饮料、调料、工业原料和药材等为主要目的的林木）。

## 六、盐碱土

盐碱土是在各种自然环境因素和人为活动因素综合作用下，盐类直接参与土壤形成过程，并以盐（碱）化过程为主导作用而形成的。盐碱土具有盐化层或碱化层，土壤中含有大量可溶盐类，从而抑制作物正常生长。盐碱土包括盐土和碱土两个亚类。

1. 盐土

（1）成土条件。中国盐土分布地域广泛，主要分布在北方干旱、半干旱地带和沿海地区。除滨海地带外，在干旱、半干旱、半湿润气候区，蒸发量和降水量的比值均大于1，土壤水盐运动以上升运动为主，土壤水的上升运动超过了重力水流的运动，在蒸降比高的情况下，土壤及地下水中的可溶性盐类随上升水流蒸发、浓缩、积累于地表。气候愈干旱，蒸发愈强烈，土壤积盐也愈多。西北干旱区及漠境地区蒸发量大于降雨量几倍至几十倍，土壤毛管上升水流占绝对优势，所以土壤积盐程度强，且盐土呈大面积分布。

（2）盐土分类。根据盐分组成、积盐方式的重大区域差异等，盐土可以分为草甸盐土、滨海盐土、酸性硫酸盐土、漠境盐土、寒原盐土等土类，其中经改良可种植棉花等作物的为草甸盐土、滨海盐土、漠境盐土3个土类中的部分亚类。

1）草甸盐土。草甸盐土分布广泛，南起长江口，最北到松辽平原，东与滨海盐土相连，往西直达新疆塔里木盆地，总面积1044.0万$hm^2$。在黄淮海平原，汾、渭河谷平原及甘肃、新疆内陆盆地分布较多。草甸盐土的形成主要是成土母质的可溶性盐类，由地下水或地表水的地表蒸发发生积盐过程，随着盐分不断向表土累积而形成盐土。

2）滨海盐土。滨海盐土母质为滨海沉积物，土壤剖面由积盐层、生草层、沉积层、潮化层和潜育层等明显特征层次组成。全土体和地下水的盐分组成与海水基本一致，氯盐占绝对优势，氯离子占阴离子的80%以上，次为硫酸盐和重碳酸盐；盐分中阳离子以钠、钾离子为主，钙、镁次之。积盐层含盐量一般 10g/kg 以上，有的高达 50g/kg 以上，土壤 pH7.5～8.5，非经改良不能利用。一般农田缺苗或盐斑大于 5 成以上，或大片撂荒；在非耕地上多成大片盐荒地，仅生长盐生植物。有机质含量一般在 10g/kg 左右，速效钾比较丰富，多数硼、锰相对丰富，锌、铁、铜比较贫多。

3）漠境盐土。漠境盐土通常在荒漠地区，土壤水分遭受强烈蒸发，盐分表聚，甚少淋洗，大量盐分累积，可形成盐壳与盐盘，含盐量通常在 100g/kg 以上，甚至达到 500g/kg 以上。也有山洪带来的盐分在谷口处大量累积，还有因古积盐土体的残存而形成盐土。

2. 碱土

是土体含较多的苏打（$Na_2CO_3$），使土壤呈强碱性，钠饱和度在 20%以上，而且具有被 Na+分散的胶体聚集的碱化淀积层的土壤。

（1）成土条件。碱土在中国的分布相当广泛，从最北的内蒙古呼伦贝尔高原栗钙土区一直到长江以北的黄淮海平原潮土区；从东北松嫩平原草甸土区经山西大同—阳高盆地、内蒙古河套平原到新疆的准噶尔盆地，均有局部分布，地跨几个自然生物气候带。中国碱土呈零星分布，常与盐渍土或其他土壤组成复区。

（2）碱土分类。

1）草甸碱土：多见于松辽平原和黄淮海平原，地下水较浅，土壤有轻微的季节性积盐。

2）草原碱土：主要在大兴安岭以西的高原草原地区，已脱离地下水影响，有明显的柱状、棱柱状碱化层。

3）龟裂碱土：不受地下水影响，地表因干旱呈龟裂状，几乎不能生长植物，主要在新疆、甘肃、宁夏等地的荒漠和半荒漠地带。碱土改良的中心任务是降低交换性钠的含量。施用石膏、磷石膏和氯化钙等物质，以其中的钙离子交换出碱土中的钠离子，使之随雨水和灌溉水排出土壤；施用硫磺、硫酸亚铁等酸性物质，中和土壤酸度，活化土壤中的钙，降低土壤中碳酸钠盐类浓度，提高某些矿质营养元素对植物的有效性。化学措施须与水利、农业措施相配合。

（3）土地利用。平整土地和围埝平地，蓄水淡盐，效果非常好；熟化土壤抑盐改土，主要是地面覆盖、熟化表层、使用有机肥，加强土层的有机质含量，改善土壤表层结构；适当的种植及合理耕作，种植耐盐作物（如耐盐作物：向日葵、碱谷、黍子、大麦、高粱、甜菜、棉花，绿肥与牧草：田菁、苦草、草木樨、紫花苜蓿，经济作物：大米草、咸水草、芦苇、罗布麻、沙棘）。

## 第四节　城市绿地土壤

园林绿地和农田、林地不同，其来源很复杂，有新开发的农用地，也有荒山秃岭，更有代表性的是人们居住集中的城市绿地。所谓城市绿地土壤是指城市或城郊区域的一种非农业土壤，通过混合、回填、压实等城市建设过程中的人为因素，形成表层厚度在 50cm 以上的土壤，如公园、苗圃、街道绿地、行道树及一些专业绿地（居民小区等）。因此，城市绿地土壤不同于自然土壤，是较大程度改变自然土壤层次结构而形成的一种特殊的土壤类型。

### 一、城市环境对其绿地土壤的影响

城市人口密集，人类活动对城市气候、土壤、水分、大气等生态环境产生较大的影响。

城市发展，导致“热岛、干岛、湿岛、雨岛”的四岛现象加剧，使平均气温升高，风速减小，相对湿度降低，云雾天气增多，雨量增加，太阳辐射降低，晴天减少。城市不同地点光照、条件差异很大，这与周围建筑物、大小走向、道路宽窄、空间大小密切相关，这些都对园林植物的生长发育产生较大的影响。

**二、城市绿地土壤的特点**

绿地土壤原自然层次紊乱，土壤层次变异性大，城区大量的建筑物和施工活动，使大部分城市土壤的原土层被强烈扰动，土层中常掺入在建筑房屋、道路时挖出的底层僵土或生土，打乱了原有土壤的自然层次，致使城市绿地多数土壤层次混合杂乱，土壤腐殖质层多被剥离或者被埋藏，其他土层则破碎，深浅变化很大，层次之间过渡明显，土壤剖面中常含有颜色和厚度各异的人造层次。外来土壤、底层僵土或生土是不适宜植物生长的。

1. 致使土壤贫瘠化

土壤中混入的建筑垃圾和生土、僵土，使土壤成分复杂，性状差，有机质和养分含量很低，加之城市植物的枯枝落叶往往当作垃圾运走，使得土壤养分不能循环利用，降低了养分含量，致使城市绿地土壤中的有机物质日益枯竭，土中的有机质含量通常在1%以下，不但土壤养分缺乏，也导致土壤物理性质恶劣、贫瘠化加重而限制园林植物的生长。

2. 城市土壤紧实度大

由于人类休闲娱乐活动等的影响，造成城市绿地土壤表层板结紧实、通气渗水能力差、含氧量低，土壤结构不好，物理性质差，不利于根系和土壤微生物的活动，导致园林植物生长不良，有时树木会发生烂根甚至死亡。

3. 土体中外来侵入体多

土壤多为外来土壤，土体中外来侵入体多而且分布深，常含有大量的砖瓦石块、煤渣、灰渣等渣砾。这些建筑垃圾、生活垃圾等对园林植物生长不利，影响了土壤的物理性状和根系的扩展。

4. 市政管道等设施多

地下电缆、水、燃气、排污等各类管道设施阻断了土壤毛管的整体联系，而且占据了园林植物尤其是树木根系的较大营养面积，影响园林植物水肥气热状况，对林木生长有较大妨碍作用。

5. 土壤 pH 值偏高

土壤中混有石灰渣，有的自然土壤为石灰性土壤，pH 为中性到微碱性。城市污水和积水，尤其下大雪后使用融雪剂造成土壤含盐量增加。

面对城市绿地土壤如此突出的特点，培养土壤的肥力是摆在园林工作者面前的首要。

6. 城市绿地土壤的改良措施

（1）对渣砾含量过多的绿地土壤进行换土。将好土、细土配合有机肥、化肥合理施用，以提高土壤肥力，改善其物理性状，为园林植物生长营造良好的土壤生态环境。

（2）可设置围栏、改善植物特别是行道树体周围的铺垫状况。促进通气透水，更好地接纳雨水和溉溉水的滋润，利于植物的健壮生长。

（3）植树时按规范化要求挖坑。定植坑过小，会限制根系的生长，一般 3m 以下的乔木要挖直径 60～80cm、深度 60～80cm 的树坑，以扩大其营养面积，根深才能叶茂。

（4）植物凋落物经处理归还土壤。

为防止园林植物病虫滋生蔓延，最好将枯枝落叶收集制作腐叶土，经无害化处理后施入土壤，既可扩大有机肥源，增加有机质含量，使土肥相融，改善土壤结构，又能变废为宝，促进有机废物的循环利用，同时加强配方施肥和缓控释肥料的推广应用，提高肥料利用率。

## 第五节　园林土壤的改良

### 一、土壤质地改良

土宜是指适宜作物种植的土壤条件，是土壤的适宜性性状。在生产实践中，土壤的理化性状都能达到最佳或适宜种植、栽植条件的很少，因此，一般利用之前都要针对土壤的不良性状和障碍因素，采取相应的物理或化学措施，进行土壤改良，以满足园林植物对土壤条件的要求。

改良土壤质地是农田基本建设的一项基本内容，而土壤质地是指土壤中各级土粒的配合状况，或大小土粒的比例组合，是土壤稳定的自然属性，它常是决定土壤的苔水性、保肥性、通气性、保温性和耕性等的重要因素，直接影响播种、耕作、施肥及灌水等，影响到土壤水、肥、气、热等各个肥力因素的协调。对于过沙过黏、性状不良土壤，可以通过改良，更好地发挥土壤生产潜力。

1. 增施有机肥料

增施有机肥料是改良土壤过沙和过黏最简便易行的有效方法。采用秸秆还田，翻压绿肥，施用各类农家肥及商品有机肥。由于有机肥中含有大量的腐殖质，可以促进土壤形成团粒结构，能降低黏土的黏性，增强沙土的团聚性，克服沙土过于松散和黏土过黏僵硬的缺点，以增加砂土的保水保肥性，改善土壤板结，使黏土发暄变软，从而提高土壤肥力。

2. 客土法

搬运别处的土壤（客土）掺在过沙或过黏的土壤中（本土），使之相互混合，以改良土壤质地的方法，称为客土法。掺砂掺黏、客土调剂，逐年改良达到沙黏比一般保持在 7∶3 或 6∶4 较适宜的范围内。对于栽种园林树木立地土层浅薄、土质不良的土壤，开挖树穴直径、深度至少要达 60cm，将别处好土、细土与等量有机肥料和化肥混匀，配制成肥土，定植时将全量的 1/3 撒入坑底，栽植时土壤埋到 1/3 处，再将剩余的肥土施入根的周围，上面再用客土填压，这样就为树木以后健壮的生长奠定了稳定的肥力基础。

3. 翻沙压淤和翻淤压沙

一般要就地取材，因地制宜，通过耕作使沙黏掺和，如有的耕层土壤质地过沙或过黏，但其底层有黏土层或沙土层，可以通过深翻，把下层的黏土或沙土翻上来，与表土掺混均匀，以达到改良偏沙过黏土质的目的。

4. 引洪放淤，引洪漫砂

在有条件的河流中下游两岸地区，可利用河流不同季节所携带泥沙的粗细不同，分别将河水引入过沙或过黏的土壤上，使之沉积下来，对本土进行改良的方法。

### 二、盐碱地土壤改良

1. 盐碱地改良施工方案

盐碱地改良施工方案的要求，见表 10-1。

表 10-1 盐碱地改良施工方案

| 影响因素 | 施工方案 |
|---|---|
| 地下水位高于地下水临界深度 | 应采取排水、抬高地形的方法降低地下水位 |
| 土壤容重大于 1.4g/cm³，总孔隙度小于 35% | 应采取物理改良和施用有机物的方法改良土壤结构 |
| 土壤含盐量大于 3g/kg | 应采用淋洗、降低地下水位和改良土壤的方法降低盐分含量 |
| pH 值大于 8.5 | 应采用化学改良剂或增施有机肥的方法降低 pH 值 |
| 蒸发量大于降水量 | 应采取降低地下水位或覆盖生物膜的方法减少蒸发 |

2. 土壤改良的措施

土壤改良的措施应包括水利改良、物理改良、化学改良和生物改良。

（1）水利改良措施。应包括暗管布置、排水沟和洗盐。根据地下水的埋深，暗管布置应与排水沟相结合应用。暗管工程的设计与施工应符合《暗管改良盐碱地技术规程 第 2 部分：规划设计与施工》（TD/T 1043.2—2013）的有关规定，排水沟宜结合园林水系和地形建造。洗盐用水宜利用雨水、中水、微咸水、淡水；脱盐层氯化物盐土的含盐量应小于 3g/kg。

（2）物理改良措施。应主要包括深耕晒垡、掺拌改土、客土抬高、大穴客土和地表覆盖。

常用物理改良措施和施工方法见表 10-2。

表 10-2 常用物理改良措施和施工方法

| 措施 | 适用范围 | 施工方法 |
|---|---|---|
| 深耕晒垡 | 所有盐碱土 | （1）宜利用干湿、冻融季节交替，应翻耕土壤、疏松表土，翻耕深度应为 30～70cm；<br>（2）春季应采取耙、耱、镇压措施；应在雨后中耕破除板结土壤；<br>（3）应清除直径大于 10cm 的土块 |
| 掺拌改土 | 黏土盐碱地 | （1）质地为黏土时，应掺拌粒径 5～10mm 砂子、矿渣等颗粒粗大的物质，黏土掺砂比例 15%～25%；<br>（2）土壤黏土层、砂土层相间时应翻砂压淤；<br>（3）树穴改土应采取掺拌膨化珍珠岩、膨胀岩石、岩棉、硅藻土、沸石等材料 |
| 客土抬高 | 地势低洼、高地下水位和排水不良的盐碱地 | 应采取抬高栽植的土层，并设置 15～20cm 隔离层 |
| 大穴客土 | 大苗栽植 | （1）开挖树穴、换填客土；穴径应为植物胸径的 8～10 倍，穴深应为植物胸径的 6～8 倍；<br>（2）穴底应设置隔离，上部做挡土堰口 |
| 地表覆盖 | 所有盐碱地 | （1）表层土壤应覆盖 2～3cm 厚的木屑、粉碎树皮、稻壳、蔗渣、砻糠灰及粗质泥炭等有机料；<br>（2）应采用地膜覆盖地表 |

（3）化学改良措施。应主要包括施加钙质改良剂、酸性改良剂和有机物。

常用化学改良措施和施工方法见表10-3。

**表10-3　常用化学改良措施和施工方法**

| 措施 | 适用范围 | 施工方法 |
|---|---|---|
| 施加钙质改良剂 | 碱化土壤pH值大于8.5 | （1）应采用脱硫石膏、石膏、石灰石、磷石膏，与种植土掺拌混匀；<br>（2）需用量应根据土壤碱化度、土壤容重、土壤碱化层深度的情况计算 |
| 施加酸性改良剂 | 碱性土壤pH值大于8.0 | （1）应采用硫黄粉、黑矾、煤矸石，与种植土掺拌混匀；<br>（2）需用量应根据使用说明书和盐碱程度调配 |
| 施加有机物 | 所有盐碱地 | （1）应采用腐熟秸秆、腐熟牛粪、鸡粪等有机物，与种植土掺拌混匀；<br>（2）施用量1.5～2.5kg/m²，与原土混合拌匀 |

（4）生物改良措施。应主要包括种植耐盐植物、种植牧草、施用绿肥、施加微生物菌剂。常用生物改良措施和施工方法见表10-4。

**表10-4　常用生物改良措施和施工方法**

| 措施 | 适用范围 | 施工方法 |
|---|---|---|
| 种植耐盐植物 | 所有盐碱地 | 应栽植耐盐碱能力强的植物 |
| 种植牧草、施用绿肥 | 低成本大面积绿化区域 | 牧草作物长成后，应将作物就地翻压或沤、堆制肥 |
| 施加微生物菌剂 | 所有盐碱地 | 应按微生物菌剂使用说明操作 |

3. 计算

（1）物理改良技术中客土抬高地面的高度，宜按下式计算：

$$X = L - H_1 + H_2$$

式中　$X$——客土抬高地面的高度（m）；

$L$——土壤地下水临界深度（m）；

$H_1$——年平均地下水埋藏深度（m）；

$H_2$——根系分布层厚度（m）。

（2）工程水利改良技术中洗盐的淋洗定额，可按下式计算：

$$M - 10000I\gamma_d(\theta_f - \theta_i) + 10000I\gamma_d(S_o - S_c)/K + E - P$$

式中　$M$——淋洗定额（$m^3/hm^2$）；

$I$——计划淋洗脱盐层厚度（m）；

$\gamma_d$——计划淋洗脱盐土层干容重（$kg/m^3$）；

$\theta_f$——计划淋洗脱盐土层田间最大持水量（%）；

$\theta_i$——计划淋洗脱盐土层自然含水量（%）；

$S_o$——计划淋洗脱盐土层冲淋洗前含盐量（g/kg）；

$S_c$——计划淋洗脱盐土层的脱盐标准（g/kg）；

$K$——达到脱盐标准的平均排盐系数（数值，大小与土壤质地和渗透性有关，滨海盐土脱盐效率为中等水平，系数为8～12kg/m²）；

$E$——淋洗期间累计蒸发量（$m^3/hm^2$）；

$P$——淋洗期间的降水量（$m^3/hm^2$）。

(3) 化学改良技术中施加钙质改良剂的脱硫石膏施用量，可按下式计算：

$$W=[86.07\times CEC(ESP-5\%)+86.04\times ZEP-28.22]H\times D/(R\cdot\eta)$$

式中 $W$——脱硫石膏施用量（$kg/hm^2$）；

$CEC$——阳离子交换量（cmol/kg）；

$ESP$——碱化度（%）；

$ZEP$——总碱度（cmol/kg）；

$H$——土壤碱化层深度（cm）；

$D$——土壤容重（$g/m^3$）；

$R$——石膏有效利用率（%），取为77.4%；

$\eta$——脱硫石膏中石膏含量（%），取为80%。

4. 盐碱地绿化植物选择

园林植物耐盐能力应划分为5个等级。耐盐能力等级1、2、3、4、5的土壤含盐量分别对应0.1～0.2%、0.2%～0.4%、0.4%～0.6%、0.6%～1.0%、10%以上。

盐碱地绿化植物选择应考虑施工区域、地理位置、气候带类型及植物耐盐能力，应选择耐盐碱能力强的适生植物。

(1) 滨海海侵盐渍区

各区域的盐碱地园林绿化植物按耐盐能力可按表10-5进行选择。

表10-5 滨海海侵盐渍区植物选择

| 地理位置 | 中文名 | 耐盐能力 | 植物类型 | 科属 | 生态学习性 |
|---|---|---|---|---|---|
| 辽宁南部、河北、天津、山东、江苏北部沿海区域 | 柽柳 | 5级 | 乔木 | 柽柳科柽柳属 | 耐严寒、喜光、抗性强、抗盐碱 |
| | 碱蓬 | 5级 | 草本 | 藜科碱蓬属 | 喜高温湿热、耐盐碱、耐贫瘠 |
| | 沙枣 | 4级 | 乔木 | 胡颓子科胡颓子属 | 抗旱，抗风沙、耐盐碱、耐贫瘠 |
| | 枸杞 | 4级 | 灌木 | 茄科枸杞属 | 耐寒、抗旱 |
| | 紫穗槐 | 4级 | 灌木 | 豆科紫穗槐属 | 耐干旱、耐水淹、耐寒、耐盐碱、耐贫瘠 |
| | 四翅滨藜 | 4级 | 灌木 | 藜科滨藜属 | 旱生植物，喜光、不耐湿，可在荒漠、高原、盐碱荒滩上生长 |
| | 沙棘 | 4级 | 灌木 | 胡颓子科沙棘属 | 喜光、耐寒、耐风沙、耐旱，对土壤适应性强 |
| | 矮蒲苇 | 4级 | 草本 | 禾本科蒲苇属 | 性强健、耐寒、喜温暖、阳光充足及湿润气候 |
| | 狗牙根 | 3级 | 草本 | 禾本科狗牙根属 | 喜光、耐半阴、耐践踏，对土壤适应性强 |
| | 结缕草 | 3级 | 草本 | 禾本科结缕草属 | 喜光、抗旱、抗盐碱、抗病虫害、耐瘠薄、耐践踏、耐水湿 |
| | 白蜡树 | 3级 | 乔木 | 木犀科梣属 | 喜光、喜水湿、耐干旱、耐瘠薄、耐轻度盐碱 |

续表

| 地理位置 | 中文名 | 耐盐能力 | 植物类型 | 科属 | 生态学习性 |
| --- | --- | --- | --- | --- | --- |
| 辽宁南部、河北、天津、山东、江苏北部沿海区域 | 白榆 | 3级 | 乔木 | 榆科榆属 | 喜光、耐寒、耐旱、耐盐碱、抗污染 |
| | 蜀葵 | 3级 | 草本 | 锦葵科蜀葵属 | 喜光、耐半阴、耐盐碱、耐寒 |
| | 丝兰 | 3级 | 灌木 | 百合科科丝兰属 | 对土壤适应性很强，极耐寒、抗性强 |
| | 凤尾兰 | 3级 | 灌木 | 百合科科丝兰属 | 喜光、耐瘠薄、耐寒、耐阴、耐旱、耐湿 |
| | 白刺 | 3级 | 灌木 | 蒺藜科白刺属 | 适应性极强，耐旱、喜盐碱、抗寒、抗风、耐高温、耐瘠薄 |
| | 补血草 | 3级 | 草本 | 白花丹科补血草属 | 适应性强，生在沿海潮湿盐土或砂土 |
| | 刺槐 | 3级 | 乔木 | 豆科刺槐属 | 适应性强，喜光、不耐涝 |
| | 侧柏 | 2级 | 乔木 | 柏科侧柏属 | 喜光、耐干旱、耐瘠薄、耐盐碱 |
| | 白皮松 | 2级 | 乔木 | 松科松属 | 喜光、耐旱、耐干燥瘠薄、抗寒 |
| | 龙柏 | 2级 | 乔木 | 柏科圆柏属 | 喜光、耐干旱瘠薄、耐盐碱 |
| | 石榴 | 2级 | 灌木 | 石榴科石榴属 | 喜光、喜温暖气候、较耐寒 |
| | 杜梨 | 2级 | 乔木 | 蔷薇科梨属 | 喜光、耐寒、耐旱、耐涝、耐瘠薄、耐盐碱 |
| | 桑树 | 2级 | 乔木 | 桑科桑属 | 喜光、耐寒、耐旱，不耐水湿、耐轻度盐碱 |
| | 臭椿 | 2级 | 乔木 | 苦木科臭椿属 | 喜光、耐寒、耐旱、不耐水湿 |
| | 苦楝 | 2级 | 乔木 | 楝科楝属 | 喜温、喜光、较耐寒、耐旱、耐瘠薄、抗污染 |
| | 柿树 | 2级 | 乔木 | 柿科柿属 | 耐寒、耐旱、忌积水、耐瘠薄、抗污染 |
| | 君迁子 | 2级 | 乔木 | 柿科柿属 | 喜光、适应性强、较耐寒 |
| | 栾树 | 2级 | 乔木 | 无患子科栾树属 | 喜光、耐寒、不耐水淹、耐旱、耐瘠薄、耐盐渍 |
| | 丁香 | 2级 | 灌木 | 木犀科丁香属 | 喜光、适应性较强、耐寒、耐旱、耐瘠薄、忌酸性土 |
| | 海棠 | 2级 | 灌木 | 蔷薇科苹果属 | 喜湿润、半阴、不耐高温 |
| | 西府海棠 | 2级 | 灌木 | 蔷薇科苹果属 | 耐寒、抗盐碱 |
| | 榆叶梅 | 2级 | 灌木 | 蔷薇科桃属 | 喜光、耐寒、耐旱 |
| | 金叶莸 | 2级 | 灌木 | 马鞭草科莸属 | 喜光、耐半阴、耐旱、耐热、耐寒、较耐瘠薄 |
| | 金银木 | 2级 | 灌木 | 忍冬科忍冬属 | 喜光、耐半阴、耐旱、耐寒 |
| | 盐肤木 | 2级 | 乔木 | 漆树科盐肤木属 | 喜光，适应性强 |
| | 高羊茅 | 2级 | 草木 | 禾本科羊茅属 | 喜寒、喜湿、耐盐碱 |
| | 五叶地锦 | 2级 | 藤本 | 葡萄科爬山虎属 | 喜光、较耐阴、耐寒，适应性强 |
| | 凌霄 | 2级 | 藤本 | 紫葳科凌霄属 | 喜阳、不耐寒、较耐水湿、耐干旱、较耐盐碱 |
| | 毛白杨 | 2级 | 乔木 | 杨柳科杨属 | 耐旱、抗污染 |

续表

| 地理位置 | 中文名 | 耐盐能力 | 植物类型 | 科属 | 生态学习性 |
| --- | --- | --- | --- | --- | --- |
| 江苏南部、浙江沿海区域 | 矮蒲苇 | 4级 | 草木 | 禾本科蒲苇属 | 耐寒，喜温暖、阳光充足及湿润气候 |
| | 沟叶结缕草 | 4级 | 草木 | 禾本科结缕草属 | 喜温暖湿润、耐寒、耐践踏 |
| | 狗牙根 | 3级 | 草木 | 禾本科狗牙根属 | 喜光、稍能耐半阴、耐践踏、对土壤适应性强 |
| | 结缕草 | 3级 | 草木 | 禾本科结缕草属 | 喜光、抗旱、抗盐碱、抗病虫害、耐瘠薄、耐践踏、耐水湿 |
| | 木麻黄 | 3级 | 乔木 | 木麻黄科木麻黄属 | 喜热、耐旱、耐贫瘠、抗盐渍、耐潮湿、不耐寒 |
| | 弗吉尼亚栎 | 3级 | 乔木 | 壳斗科栎属 | 耐盐碱、耐瘠薄、较耐水湿和抗风性能强 |
| | 银荆 | 3级 | 乔木 | 豆科金合欢属 | 喜光、喜温暖湿润、较耐寒 |
| | 红千层 | 3级 | 灌木 | 桃金娘科红千层属 | 阳性、喜温暖湿润、耐烈日 |
| | 旱柳 | 3级 | 乔木 | 杨柳科柳属 | 喜光、耐寒、抗风 |
| | 国槐 | 3级 | 乔木 | 豆科槐属 | 喜光、较耐阴、抗风、耐干旱、耐瘠薄、较抗污染 |
| | 皂荚 | 3级 | 乔木 | 豆科皂荚属 | 喜光、较耐阴、喜温暖湿润 |
| | 洋白蜡 | 3级 | 乔木 | 木犀科梣属 | 喜光、耐寒、耐水湿、耐干旱，适应性强 |
| | 香花槐 | 3级 | 乔木 | 豆科槐属 | 喜光、耐寒、耐干旱瘠薄、耐盐碱 |
| | 夹竹桃 | 3级 | 灌木 | 夹竹桃科夹竹桃属 | 喜光、喜温暖湿润、不耐寒 |
| | 海桐 | 3级 | 灌木 | 海桐科海桐花属 | 喜光、耐寒冷、耐暑热，适应性强、抗污染 |
| | 蜡杨梅 | 3级 | 灌木 | 杨梅科杨梅属 | 喜光、耐半阴、喜温暖湿润、较耐寒、耐盐碱、耐旱 |
| | 法国冬青 | 3级 | 灌木 | 忍冬科荚迷属 | 喜光、较耐阴、不耐寒 |
| | 海滨木槿 | 3级 | 灌木 | 锦葵科木槿属 | 喜光、抗风、耐水涝、较耐干旱 |
| | 红花柽柳 | 3级 | 灌木 | 柽柳科柽柳属 | 喜光、耐干旱、耐寒、耐盐碱 |
| | 日本女贞 | 3级 | 灌木 | 木犀科女贞属 | 喜光，稍耐阴 |
| | 白蜡树 | 3级 | 乔木 | 木犀科梣属 | 喜光、喜水湿、耐干旱瘠薄、耐轻度盐碱 |
| | 女贞 | 2级 | 乔木 | 木犀科女贞属 | 阳性、喜光、喜温暖，适应性强、抗风、忌积水 |
| | 湿地松 | 2级 | 乔木 | 松科松属 | 喜光、对气温适应性较强、较耐旱、抗风、极不耐阴 |
| | 龙柏 | 2级 | 乔木 | 柏科圆柏属 | 喜光、耐干旱瘠薄、耐盐碱 |
| | 樟叶槭 | 2级 | 乔木 | 槭树科槭属 | 喜光及温暖多湿环境 |

续表

| 地理位置 | 中文名 | 耐盐能力 | 植物类型 | 科属 | 生态学习性 |
| --- | --- | --- | --- | --- | --- |
| 江苏南部、浙江沿海区域 | 月桂 | 2级 | 灌木 | 樟科月桂属 | 喜光、稍耐阴、不耐盐碱、怕涝 |
| | 蜀桧 | 2级 | 乔木 | 柏科圆柏属 | 喜光、耐阴、耐寒、耐热 |
| | 棕榈 | 2级 | 乔木 | 棕榈科棕榈属 | 喜光、较耐阴、耐轻盐碱、较耐旱与水湿、抗污染 |
| | 香橼 | 2级 | 乔木 | 芸香科柑橘属 | 喜光、喜温暖 |
| | 枇杷 | 2级 | 乔木 | 蔷薇科枇杷属 | 喜光、稍耐阴、较耐寒 |
| | 黄樟 | 2级 | 乔木 | 樟科樟属 | 耐阴、喜湿润肥厚的酸性土 |
| | 墨西哥落羽杉 | 2级 | 乔木 | 杉科落羽杉属 | 喜光、喜温暖湿润、耐水湿、耐盐碱 |
| | 黄连木 | 2级 | 乔木 | 漆树科黄连木属 | 喜光、喜温暖、耐干旱、耐瘠薄、抗风 |
| | 中山杉 | 2级 | 乔木 | 杉科落羽杉属 | 耐盐碱、耐水湿、抗风、病虫害少、生长速度快 |
| | 东方杉 | 2级 | 乔木 | 杉科杉木属 | 耐盐碱、耐水湿、抗风，适合海滩涂地、盐碱地生长 |
| | 杨树 | 2级 | 乔木 | 杨柳科杨属 | 喜光、不耐阴、耐严寒、耐干旱、不耐湿热 |
| | 黄山栾树 | 2级 | 乔木 | 无患子科栾树属 | 喜光、耐盐渍性土、耐寒、耐旱、耐瘠薄 |
| | 乌桕 | 2级 | 乔木 | 大戟科乌桕属 | 喜光、不耐阴 |
| | 无患子 | 2级 | 乔木 | 无患子科无患子属 | 喜光、稍耐阴、耐寒、抗风、不耐水湿、耐旱 |
| | 栾树 | 2级 | 乔木 | 无患子科栾树属 | 喜光、耐寒、耐旱和瘠薄、适应性强、抗烟尘、抗污染 |
| | 臭椿 | 2级 | 乔木 | 苦木科臭椿属 | 耐旱、耐寒、抗风沙、耐盐碱 |
| | 绒毛白蜡 | 2级 | 乔木 | 木犀科梣属 | 喜光、耐寒、耐旱、耐水湿、耐盐碱、抗风、抗烟尘 |
| | 花石榴 | 2级 | 灌木 | 石榴科石榴属 | 喜温暖、耐旱、较耐寒、不耐水涝、不耐阴 |
| | 紫薇 | 2级 | 灌木 | 千屈菜科紫薇属 | 喜光、较耐阴、喜肥、耐旱、忌涝、抗寒、抗污染 |
| | 美人梅 | 2级 | 灌木 | 蔷薇科李属 | 抗寒性强、抗旱 |
| | 木槿 | 2级 | 灌木 | 锦葵科木槿属 | 喜光、适应性很强、较耐贫瘠、稍耐阴、耐修剪、耐热、耐寒 |
| | 紫叶矮樱 | 2级 | 灌木 | 蔷薇科李属 | 喜光、耐寒、忌涝 |
| | 紫穗槐 | 2级 | 灌木 | 豆科紫穗槐属 | 耐寒、耐旱、耐湿、耐盐碱、抗风沙、抗逆性极强 |

续表

| 地理位置 | 中文名 | 耐盐能力 | 植物类型 | 科属 | 生态学习性 |
|---|---|---|---|---|---|
| 江苏南部、浙江沿海区域 | 剑麻 | 2级 | 灌木 | 龙舌兰科龙舌兰属 | 喜高温多湿、适应性较强、耐贫瘠、耐旱、怕涝 |
| | 石楠 | 2级 | 灌木 | 蔷薇科石楠属 | 喜温暖湿润、抗寒力不强、喜光、耐阴、抗性较强 |
| | 水蜡 | 2级 | 灌木 | 木犀科女贞属 | 喜光、较耐阴、对土壤要求不严、耐修剪、抗污染 |
| | 醉鱼草 | 2级 | 灌木 | 马钱科醉鱼草属 | 适应性强，不耐水湿 |
| | 大叶醉鱼草 | 2级 | 灌木 | 马钱科醉鱼草属 | 喜阳、喜温暖气候、耐寒、耐旱、耐贫瘠 |
| 福建、广东、广西南部、海南北部沿海区域 | 沟叶结缕草 | 4级 | 草本 | 禾本科结缕草属 | 喜温暖湿润、耐寒、耐践踏 |
| | 矮蒲苇 | 4级 | 草本 | 禾本科蒲苇属 | 性强健、耐寒、喜温暖、阳光充足及湿润气候 |
| | 狗牙根 | 3级 | 草本 | 禾本科狗牙根属 | 喜光、稍能耐半阴、耐践踏、对土壤适应性强 |
| | 结缕草 | 3级 | 草本 | 禾本科结缕草属 | 喜光、抗旱、抗盐碱、抗病虫害、耐瘠薄、耐践踏、耐水湿 |
| | 夹竹桃 | 3级 | 灌木 | 夹竹桃科夹竹桃属 | 喜光、喜温暖湿润、不耐寒 |
| | 杨叶肖槿 | 3级 | 灌木 | 锦葵科肖槿属 | 喜暖热、喜光，适合滨海种植 |
| | 黄槿 | 3级 | 乔木 | 锦葵科木槿属 | 阳性、耐旱、耐贫瘠、抗风、耐盐碱 |
| | 海漆 | 3级 | 乔木 | 大戟科海漆属 | 生长于高潮线附近的泥滩上，喜湿 |
| | 红千层 | 3级 | 灌木 | 桃金娘科红千层属 | 阳性、较耐水湿 |
| | 台湾相思 | 3级 | 乔木 | 豆科金合欢属 | 喜暖热、喜光、耐旱、耐贫瘠、耐短期水淹，适应性强 |
| | 黄连木 | 3级 | 乔木 | 漆树科黄连木属 | 喜光、喜温暖、畏严寒、耐干旱、耐瘠薄、抗风、抗污染 |
| | 榕树 | 3级 | 乔木 | 桑科榕属 | 适应性强，较耐水湿、不耐寒 |
| | 刺葵 | 3级 | 乔木 | 棕榈科刺葵属 | 喜光、耐高温、耐水淹、耐旱、耐盐碱 |
| | 椰子 | 3级 | 乔木 | 棕榈科椰子属 | 喜光、抗风 |
| | 棍棒椰子 | 3级 | 灌木 | 棕榈科酒瓶椰属 | 喜光、耐热、耐旱、耐盐 |
| | 琼崖海棠 | 3级 | 乔木 | 藤黄科红厚壳属 | 喜光、喜高温、耐干热、不耐寒 |
| | 玉蕊 | 3级 | 乔木 | 山矾科山矾属 | 耐旱、耐涝、耐盐 |
| | 无瓣海桑 | 3级 | 乔木 | 海桑科海桑属 | 生长于海岸滩涂 |
| | 水椰 | 3级 | 灌木 | 棕榈科水椰属 | 喜光、防风、固堤、耐热 |
| | 苦槛蓝 | 3级 | 灌木 | 苦槛蓝科苦槛蓝属 | 生于海边潮界线 |
| | 露兜树 | 3级 | 灌木 | 露兜树科露兜树属 | 喜光、喜高温、喜湿，适生于海岸砂地 |
| | 木麻黄 | 3级 | 乔木 | 木麻黄科木麻黄属 | 耐旱、抗风沙、耐盐碱 |

续表

| 地理位置 | 中文名 | 耐盐能力 | 植物类型 | 科属 | 生态学习性 |
|---|---|---|---|---|---|
| 福建、广东、广西南部、海南北部沿海区域 | 海滨木槿 | 3级 | 灌木 | 锦葵科木槿属 | 喜光、抗风、耐短期水涝、较耐旱 |
| | 海巴戟 | 3级 | 灌木 | 茜草科巴戟天属 | 喜温暖湿润，生于海滨平地或疏林下 |
| | 水芫花 | 3级 | 灌木 | 千屈菜科水芫花属 | 喜光、喜温暖、喜水湿、较耐寒 |
| | 马甲子 | 3级 | 灌木 | 鼠李科马甲子属 | 防风、防旱、防寒，可作篱笆 |
| | 榄李 | 3级 | 灌木 | 使君子科榄李属 | 喜光、喜温、耐旱 |
| | 海榄雌 | 3级 | 灌木 | 马鞭草科海榄雌属 | 喜温暖湿润、耐盐碱水湿，生于海边或盐沼地带 |
| | 海莲 | 3级 | 灌木 | 红树科木榄属 | 生于滨海盐滩或潮水到达的沼泽地 |
| | 红海榄 | 3级 | 灌木 | 红树科红树属 | 生于热带海岸泥滩 |
| | 木榄 | 3级 | 灌木 | 红树科木榄属 | 生于浅海盐滩 |
| | 秋茄 | 3级 | 乔木 | 红树科秋茄树属 | 河流入海口海湾较平坦的泥滩 |
| | 桐花树 | 3级 | 灌木 | 紫金牛科桐花树属 | 耐湿、耐盐碱 |
| | 龙舌兰 | 3级 | 灌木 | 龙舌兰科龙舌兰属 | 喜光、较耐寒、不耐阴、耐旱 |
| | 芙蓉菊 | 3级 | 灌木 | 菊科芙蓉菊属 | 耐热、耐旱、耐风、耐碱、不耐水渍、不耐寒 |
| | 番杏 | 3级 | 草本 | 番杏科番杏属 | 喜温暖、耐炎热、抗旱、适应性强、耐低温 |
| | 厚藤 | 3级 | 草本 | 旋花科牵牛花属 | 耐贫瘠，作海滩固沙或覆盖植物 |
| | 鱼藤 | 3级 | 藤本 | 豆科苦楝藤属 | 多生于沿海河岸灌木丛、近海岸的红树林中 |
| | 海马齿 | 3级 | 草本 | 番杏科海马齿属 | 生于海岸沙滩，向阳干旱开阔地 |
| | 中华补血草 | 3级 | 草本 | 白花丹科补血草属 | 耐盐、耐贫瘠、耐旱、耐湿 |
| | 文殊兰 | 3级 | 草本 | 石蒜科文殊兰属 | 喜温暖、湿润、喜光、不耐寒、耐盐碱 |
| | 短叶茳芏 | 3级 | 草本 | 莎草科莎草属 | 喜温、好湿、耐碱 |
| | 芦苇 | 3级 | 草本 | 禾本科芦苇属 | 适应性广、抗逆性强、再生能力强、生于低湿地或浅水中 |
| | 南洋杉 | 2级 | 乔木 | 南洋杉科南洋杉属 | 喜光、不耐旱与寒冷、抗风 |
| | 银叶树 | 2级 | 乔木 | 梧桐科银叶树属 | 喜光、耐湿 |
| | 海檬果 | 2级 | 乔木 | 夹竹桃科海檬果属 | 偏阳性、喜温暖湿润气候 |
| | 水黄皮 | 2级 | 乔木 | 豆科水黄皮属 | 喜高温、耐盐、抗风、耐旱、耐寒、耐阴、抗空气污染 |
| | 绿玉树 | 2级 | 灌木 | 大戟科大戟属 | 喜光、喜温暖、耐旱、耐盐、抗风、耐贫瘠 |
| | 银合欢 | 2级 | 乔木 | 豆科银合欢属 | 生于低海拔的荒地或疏林中 |
| | 高山榕 | 2级 | 乔木 | 桑科榕属 | 阳性、喜高温多湿、耐旱、耐瘠薄、抗风、抗大气污染 |

续表

| 地理位置 | 中文名 | 耐盐能力 | 植物类型 | 科属 | 生态学习性 |
| --- | --- | --- | --- | --- | --- |
| 福建、广东、广西南部、海南北部沿海区域 | 苦楝 | 2级 | 乔木 | 楝科楝属 | 喜温、喜光、较耐寒、耐干旱、耐瘠薄、抗污染 |
| | 鱼尾葵 | 2级 | 乔木 | 棕榈科鱼尾葵属 | 喜温暖湿润、较耐寒、不耐旱、茎干忌暴晒 |
| | 蒲葵 | 2级 | 灌木 | 棕榈科蒲葵属 | 喜温暖、不耐旱、耐短期水涝 |
| | 加拿利海枣 | 2级 | 灌木 | 棕榈科刺葵属 | 喜光、阳生、耐半阴、喜高温多湿、耐酷热 |
| | 三角椰 | 2级 | 灌木 | 棕榈科获棕属 | 喜高温、喜光、耐旱、较耐阴 |
| | 海枣 | 2级 | 灌木 | 棕榈科刺葵属 | 喜光、耐高温、耐水淹、耐干旱、耐盐碱 |
| | 广东箣柊 | 2级 | 灌木 | 大风子科刺冬属 | 耐旱、喜光 |
| | 单叶蔓荆 | 2级 | 灌木 | 马鞭草科牡荆属 | 喜光、耐旱、耐瘠薄 |
| | 麻疯树 | 2级 | 灌木 | 大戟科麻风树属 | 喜光、耐旱、耐瘠薄、对土壤要求不严、抗病虫害 |
| | 刺果苏木 | 2级 | 藤本 | 豆科云实属 | 耐阴、耐贫瘠 |
| | 天门冬 | 2级 | 草木 | 百合科天门冬属 | 喜温暖、喜阴、怕强光 |
| | 海芋 | 2级 | 草木 | 天南星科海芋属 | 喜高温、耐阴 |
| | 海刀豆 | 2级 | 藤本 | 豆科刀豆属 | 耐旱、耐贫瘠 |
| | 白千层 | 2级 | 乔木 | 桃金娘科白千层属 | 喜光、喜温暖潮湿、适应性强、耐旱、耐贫瘠 |
| | 榄仁 | 2级 | 乔木 | 使君子科榄仁树属 | 喜光、耐水湿、耐贫瘠 |
| | 人心果 | 2级 | 乔木 | 山榄科铁线子属 | 耐旱、较耐贫瘠、耐盐碱，适应性较强 |
| | 华盛顿棕 | 2级 | 灌木 | 棕榈科丝葵属 | 耐寒、强阳性、抗风、较耐盐、忌积水 |
| | 海岸桐 | 2级 | 小乔木 | 茜草科海岸桐属 | 海岸砂地的灌丛边缘 |
| | 湿地松 | 2级 | 乔木 | 松科松属 | 喜光、较耐旱、抗风、极不耐阴、耐水湿 |
| | 莲叶桐 | 2级 | 乔木 | 莲叶桐科莲叶桐属 | 海岸林代表树种，抗风力强，喜阳光、耐盐碱土质 |
| | 福建胡颓子 | 2级 | 灌木 | 胡颓子科胡颓子属 | 喜高温、湿润气候，耐盐、耐旱，抗风强 |
| | 刺篱木 | 2级 | 灌木 | 大风子科刺篱木属 | 生于近海沙地灌丛中 |
| | 海葡萄 | 2级 | 草本 | 蕨藻科蕨藻属 | 耐盐，食用海藻，生于近海岸区域 |
| | 草海桐 | 2级 | 草本 | 草海桐科草海桐属 | 喜高温、潮湿，耐盐、抗强风、耐旱、耐寒、抗污染 |
| | 苦郎树 | 2级 | 灌木 | 马鞭草科大青属 | 攀援状，常生长于海岸沙滩和潮汐能至的地方 |

续表

| 地理位置 | 中文名 | 耐盐能力 | 植物类型 | 科属 | 生态学习性 |
| --- | --- | --- | --- | --- | --- |
| 福建、广东、广西南部、海南北部沿海区域 | 老鼠簕 | 2级 | 灌木 | 爵床科老鼠簕属 | 生于中国南部海岸及潮汐能至的滨海地带，为红树林重要组成之一 |
| | 马缨丹 | 2级 | 灌木 | 马鞭草科马缨丹属 | 喜光、适应性强、耐干旱瘠薄、耐旱、较耐阴 |
| | 南方碱蓬 | 2级 | 草本 | 藜科碱蓬属 | 喜高湿、耐盐碱、耐贫瘠 |
| | 海边月见草 | 2级 | 草本 | 柳叶菜科月见草属 | 在沿海海滨野化，耐旱、耐贫瘠 |

（2）东北苏打碱化盐渍区。本区域的盐碱地园林绿化植物按耐盐能力可按表10-6进行选择。

**表10-6　东北苏打碱化盐渍区植物选择**

| 地理位置 | 中文名 | 耐盐能力 | 植物类型 | 科属 | 生态学习性 |
| --- | --- | --- | --- | --- | --- |
| 黑龙江、吉林、内蒙古东北部地区 | 柽柳 | 5级 | 乔木 | 柽柳科柽柳属 | 耐寒、喜光、抗性强、抗盐碱 |
| | 胡枝子 | 4级 | 灌木 | 豆科胡枝子属 | 耐旱、耐瘠薄、耐盐碱 |
| | 锦鸡儿 | 4级 | 灌木 | 豆科锦鸡儿属 | 喜光、抗旱、耐贫瘠、忌湿涝 |
| | 枸杞 | 4级 | 灌木 | 茄科枸杞属 | 耐寒、耐旱 |
| | 刺槐 | 3级 | 乔木 | 豆科刺槐属 | 喜光、适应性很强，适应短期淹水 |
| | 白桦 | 3级 | 乔木 | 桦木科桦木属 | 耐寒、速生、抗病虫害、控制水土流失、防护覆盖 |
| | 白榆 | 3级 | 乔木 | 榆科榆属 | 喜光、耐寒、耐旱、耐盐碱、抗污染 |
| | 臭椿 | 2级 | 乔木 | 苦木科臭椿属 | 喜光、耐寒、耐旱、不耐水湿 |
| | 小叶杨 | 2级 | 乔木 | 杨柳科杨属 | 喜光、耐旱、抗寒、耐瘠薄、抗风，适应性强 |
| | 杜梨 | 2级 | 乔木 | 蔷薇科梨属 | 喜光、耐寒、耐旱、耐涝、耐瘠薄、耐盐碱 |
| | 梓树 | 2级 | 乔木 | 紫葳科梓属 | 喜光、较耐阴、耐寒、耐轻盐碱、抗污染性强 |
| | 爆竹柳 | 2级 | 乔木 | 杨柳科柳属 | 耐寒、耐湿 |
| | 樟子松 | 2级 | 乔木 | 松科松属 | 喜光、耐寒、耐旱、抗逆性强 |

（3）黄淮海斑状盐渍区。本区域的盐碱地园林绿化植物按耐盐能力可按表10-7进行选择。

表 10-7　**黄淮海斑状盐渍区植物选择**

| 地理位置 | 中文名 | 耐盐能力 | 植物类型 | 科属 | 生态学习性 |
|---|---|---|---|---|---|
| 北京、天津、河北、山东、河南、安徽北部、江苏北部地域 | 柽柳 | 5级 | 乔木 | 柽柳科柽柳属 | 耐寒、喜光、抗性强、抗盐碱 |
| | 蒙古鸭葱 | 5级 | 草本 | 菊科鸦葱属 | 耐盐、不耐碱、不耐水湿 |
| | 盐蒿 | 4级 | 草本 | 菊科蒿属 | 喜高湿、耐盐碱、耐贫瘠 |
| | 盐地碱蓬 | 4级 | 草本 | 藜科碱蓬属 | 耐盐碱、耐贫瘠 |
| | 枸杞 | 4级 | 灌木 | 茄科枸杞属 | 耐寒、抗旱 |
| | 沙枣 | 4级 | 乔木 | 胡颓子科胡颓子属 | 抗旱、抗风沙、耐盐碱、耐贫瘠 |
| | 沟叶结缕草 | 4级 | 草本 | 禾本科结缕草属 | 喜温暖湿润、耐寒、耐践踏 |
| | 矮蒲苇 | 4级 | 草本 | 禾本科蒲苇属 | 耐寒，喜温暖、阳光充足及湿润气候 |
| | 结缕草 | 3级 | 草本 | 禾本科结缕草属 | 喜光、耐阴、抗旱、抗盐碱、耐瘠薄、耐践踏、较耐水湿 |
| | 狗牙根 | 3级 | 草本 | 禾本科狗牙根属 | 喜光、耐半阴、耐践踏，对土壤适应性强 |
| | 枣树 | 3级 | 乔木 | 鼠李科枣属 | 喜光、耐旱、耐瘠薄、耐低湿，适应性强 |
| | 侧柏 | 3级 | 乔木 | 柏科侧柏属 | 喜光、耐干旱瘠薄、耐盐碱 |
| | 白皮松 | 3级 | 乔木 | 松科松属 | 喜光、耐旱、耐干燥瘠薄、抗寒 |
| | 白榆 | 3级 | 乔木 | 榆科榆属 | 喜光、耐寒、耐旱，耐盐碱、抗污染 |
| | 榔榆 | 3级 | 乔木 | 榆科榆属 | 喜光、耐旱，对有毒气体烟尘抗性较强 |
| | 白蜡 | 3级 | 乔木 | 木犀科梣属 | 喜光、喜水湿、耐干旱瘠薄、耐盐碱 |
| | 杜梨 | 3级 | 乔木 | 蔷薇科梨属 | 喜光、耐寒、耐旱、耐涝、耐瘠薄，耐盐碱 |
| | 国槐 | 3级 | 乔木 | 豆科槐属 | 喜光、较耐阴、抗风、耐干旱、耐瘠薄、较抗污染 |
| | 刺槐 | 3级 | 乔木 | 豆科刺槐属 | 喜光，适应性很强，适应短期淹水 |
| | 苦楝 | 3级 | 乔木 | 楝科楝属 | 喜温、喜光、较耐寒、耐干旱、耐瘠薄、抗污染 |
| | 皂角 | 3级 | 乔木 | 豆科皂荚属 | 喜光、耐寒、耐旱、较耐盐碱 |
| | 臭椿 | 3级 | 乔木 | 苦木科臭椿属 | 喜光、耐寒、耐旱、不耐水湿 |
| | 桑树 | 3级 | 乔木 | 桑科桑属 | 喜光、耐寒、耐旱，不耐水湿、耐轻度盐碱 |
| | 合欢 | 3级 | 乔木 | 豆科合欢属 | 喜光、喜温、耐寒、耐旱、耐瘠薄、耐盐碱、抗有害气体 |
| | 紫穗槐 | 3级 | 灌木 | 豆科紫穗槐属 | 耐干旱、耐水淹、耐寒、耐盐碱、耐贫瘠 |
| | 杞柳 | 3级 | 灌木 | 杨柳科柳属 | 喜光、喜肥水、抗雨涝 |
| | 毛白杨 | 2级 | 乔木 | 杨柳科杨属 | 强阳性、耐旱、抗污染 |

续表

| 地理位置 | 中文名 | 耐盐能力 | 植物类型 | 科属 | 生态学习性 |
|---|---|---|---|---|---|
| 北京、天津、河北、山东、河南、安徽北部、江苏北部地域 | 黄山栾 | 2级 | 乔木 | 无患子科栾树属 | 喜光、耐盐渍性土、耐寒、耐旱、耐瘠薄、耐短期水涝 |
| | 海棠花 | 2级 | 灌木 | 蔷薇科苹果属 | 耐半阴、不耐高温 |
| | 杏树 | 2级 | 乔木 | 蔷薇科杏属 | 喜光、阳性、耐旱、抗寒、抗风，适应性强 |
| | 金银木 | 2级 | 灌木 | 忍冬科忍冬属 | 喜光、耐半阴、耐旱、耐寒 |
| | 野蔷薇 | 2级 | 灌木 | 蔷薇科蔷薇属 | 喜光，少病虫害 |
| | 黄刺玫 | 2级 | 灌木 | 蔷薇科蔷薇属 | 喜光、耐寒、耐旱、耐瘠薄、不耐水涝 |
| | 法桐 | 2级 | 乔木 | 悬铃木科悬铃木属 | 喜光、喜湿润温暖、较耐寒、抗空气污染 |
| | 淡竹 | 2级 | 草本 | 禾本科刚竹属 | 耐寒、耐旱 |
| | 复叶槭 | 2级 | 乔木 | 槭树科槭属 | 喜光、耐寒、耐旱、耐干冷、耐轻度盐碱、耐烟尘 |
| | 丝棉木 | 2级 | 乔木 | 卫矛科卫矛属 | 喜光、耐寒、耐旱 |
| | 文冠果 | 2级 | 乔木 | 无患子科文冠果属 | 喜光、耐寒、抗旱 |
| | 珍珠梅 | 2级 | 灌木 | 蔷薇科珍珠梅属 | 耐寒、耐半阴、耐修剪 |
| | 美人梅 | 2级 | 灌木 | 蔷薇科李属 | 阳性、抗寒性强、抗旱、不耐水涝、不耐空气污染 |
| | 锦带花 | 2级 | 灌木 | 忍冬科锦带花属 | 喜光、耐阴、耐寒、耐瘠薄、不耐水涝 |
| | 紫叶李 | 2级 | 灌木 | 蔷薇科李属 | 喜光、较抗旱、较耐水湿、不耐碱 |

（4）宁蒙片状盐渍区。本区域的盐碱地园林绿化植物按耐盐能力可按表10-8进行选择。

**表10-8　宁蒙片状盐渍区植物选择**

| 地理位置 | 中文名 | 耐盐能力 | 植物类型 | 科属 | 生态学习性 |
|---|---|---|---|---|---|
| 宁夏、内蒙古地区 | 柽柳 | 5级 | 乔木 | 柽柳科柽柳属 | 耐高温和严寒、喜光、耐烈日暴晒、耐干、耐湿、抗风、耐盐碱、耐修剪 |
| | 沙枣 | 5级 | 灌木 | 胡颓子科胡颓子属 | 耐寒、抗旱、抗风沙、耐盐碱、耐贫瘠 |
| | 刺沙蓬 | 5级 | 灌木 | 藜科猪毛菜属 | 适应性强 |
| | 锦鸡儿 | 5级 | 灌木 | 豆科锦鸡儿属 | 喜光、抗旱、耐贫瘠、忌湿涝 |
| | 白茎盐生草 | 5级 | 草本 | 藜科盐生草属 | 耐盐碱、耐干旱、耐瘠薄，对环境的适应性极广 |
| | 灌木亚菊 | 5级 | 草本 | 菊科亚菊属 | 耐干旱、耐瘠薄 |
| | 二色补血草 | 5级 | 草本 | 白花丹科补血草属 | 耐旱、极耐盐碱、耐寒、耐贫瘠 |
| | 冷蒿 | 5级 | 草本 | 菊科蒿属 | 耐旱、耐寒 |

续表

| 地理位置 | 中文名 | 耐盐能力 | 植物类型 | 科属 | 生态学习性 |
|---|---|---|---|---|---|
| 宁夏、内蒙古地区 | 猪毛蒿 | 5级 | 草本 | 菊科蒿属 | 耐旱、耐瘠薄 |
| | 骆驼蓬 | 5级 | 草本 | 蒺藜科骆驼蓬属 | 耐盐碱、耐干旱、耐瘠薄 |
| | 盐爪爪 | 5级 | 草本 | 藜科盐爪爪属 | 极耐盐碱 |
| | 胡杨 | 4级 | 乔木 | 杨柳科柳属 | 抗盐碱、抗风沙、较耐寒 |
| | 碱茅 | 4级 | 草本 | 禾本科碱茅属 | 在中度至重度盐渍化土壤上能良好生长 |
| | 马莲 | 4级 | 草本 | 鸢尾科鸢尾属 | 抗旱、耐水涝、耐盐碱、耐践踏、耐高温、抗寒 |
| | 罗布麻 | 3级 | 灌木 | 夹竹桃科罗布麻属 | 耐旱、耐盐碱、耐严寒酷暑、抗风力强 |
| | 琵琶柴 | 3级 | 灌木 | 柽柳科琵琶柴属 | 耐旱、耐盐碱 |
| | 驼绒藜 | 3级 | 灌木 | 藜科驼绒藜属 | 抗旱、耐寒、耐瘠薄 |
| | 白刺 | 3级 | 灌木 | 蒺藜科白刺属 | 耐旱、耐贫瘠 |
| | 沙蒿 | 3级 | 灌木 | 菊科蒿属 | 极耐旱 |
| | 碱韭 | 3级 | 草本 | 百合科葱属 | 适应盐碱能力强、强旱生 |
| | 无芒隐子草 | 3级 | 草本 | 禾本科隐子草属 | 耐旱、耐盐碱 |
| | 短叶假木贼 | 3级 | 草本 | 藜科假木贼属 | 抗旱、抗寒 |
| | 珍珠猪毛菜 | 3级 | 草本 | 藜科猪毛菜属 | 耐干旱、耐盐碱 |
| | 大针茅 | 3级 | 草本 | 禾本科针茅属 | 适应性强 |
| | 克氏针茅 | 3级 | 草本 | 禾本科针茅属 | 喜暖、耐旱 |
| | 本氏针茅 | 3级 | 草本 | 禾本科针茅属 | 喜暖、耐旱 |
| | 短花针茅 | 3级 | 草本 | 禾本科针茅属 | 耐旱、耐贫瘠、适应性强 |
| | 糙隐子草 | 3级 | 草本 | 禾本科隐子草属 | 喜暖、耐旱 |
| | 多叶隐子草 | 3级 | 草本 | 禾本科隐子草属 | 喜暖、耐旱 |
| | 达乌里黄芪 | 3级 | 草本 | 蝶形花科黄芪属 | 耐寒、喜湿润 |
| | 羊茅 | 3级 | 草本 | 禾本科羊茅属 | 耐瘠薄、耐低温、抗霜害、喜湿润、稍耐干旱，适应范围较为广泛 |
| | 羊草 | 3级 | 草本 | 禾本科赖草属 | 抗寒、抗旱、耐盐碱、耐瘠薄、不耐水淹 |
| | 芨芨草 | 3级 | 草本 | 禾本科芨芨草属 | 适应性强、耐旱、耐寒、耐盐碱、对土壤要求不严 |
| | 星星草 | 3级 | 草本 | 禾本科碱茅属 | 耐寒、喜湿 |

（5）甘新青藏内流高寒盐渍区。本区域的盐碱地园林绿化植物按耐盐能力可按表 10 - 9 进行选择。

表 10-9 甘新青藏内流高寒盐渍区植物选择

| 地理位置 | 中文名 | 耐盐能力 | 植物类型 | 科属 | 生态学习性 |
| --- | --- | --- | --- | --- | --- |
| 甘肃中北部、新疆、青海北部、西藏地区 | 羽柱针茅 | 5级 | 草本 | 禾本科针茅属 | 耐寒、耐贫瘠、喜湿润 |
| | 里氏早熟禾 | 5级 | 草本 | 禾本科早熟禾属 | 耐旱、耐寒 |
| | 青藏苔草 | 4级 | 草本 | 莎草科苔草属 | 耐寒性强 |
| | 矮亚菊 | 4级 | 草本 | 菊科亚菊属 | 耐寒、耐贫瘠、喜湿润 |
| | 腺毛风毛菊 | 4级 | 草本 | 菊科风毛菊属 | 耐贫瘠、喜山坡草甸、山坡石缝 |
| | 雪地棘豆 | 3级 | 草本 | 豆科棘豆属 | 生于高山带石质山坡、耐寒、喜湿润 |
| | 垫状驼绒藜 | 3级 | 草本 | 藜科驼绒藜属 | 抗寒、耐旱 |
| | 西藏亚菊 | 3级 | 草本 | 菊科亚菊属 | 耐干旱、耐低温、耐强风 |
| | 单花芥 | 3级 | 草本 | 十字花科单花芥属 | 耐寒、喜水湿 |
| | 藏芥 | 3级 | 草本 | 十字花科藏芥属 | 耐寒、耐干旱、耐贫瘠 |

## 三、酸性土土壤改良

我国酸性土壤主要有红壤、黄壤、赤红壤、砖红壤及酸性硫酸盐等种类，分布在长江以南的广大热带、亚热带地区和云贵川等地。土壤的 pH 值普遍小于 5.5，其中有相当一部分小于 5.0，甚至是 4.5，而且面积还在扩大，土壤酸度还在升高。

1. 酸性土的特性

（1）土壤酸性强。土壤酸度是由交换性氢和交换性铝两部分引起的。我国南方强酸性土壤总酸度中，一般交换性氢只占 1%～3%，其余全为交换性铝，是决定土壤酸度的主要因素。由于 $Al^{3+}$ 的水解，从而产生 $H^{+}$，这是土壤出现强酸性的主要原因。另外，其水解产物 $Al(OH)^{2+}$、$Al(OH)^{+}$ 等对根系生长具有毒害作用，抑制植物对水分、矿物质元素如钙、镁的吸收。

（2）养分缺乏。由于高温多雨的成土条件，酸性土矿物质强烈分解和淋溶，使氮和矿物质如钾、钙、镁等大量损失，加剧了磷的固定，促进了铝、锰等元素的释放，因此土壤中矿物质养分及微量元素普遍缺乏，这些养分在园林绿化中需要通过施肥来补充。

（3）有机质缺乏。受高温高湿气候的影响，酸性土壤中有机质的分解速度较快，在旱地好气条件下有机质的分解速度更是惊人。而在园林绿化中偏重化肥等无机养分的施用，忽略了有机肥的投入，同时园林绿化过程产生的枯枝落叶又被作为垃圾清走，因此，土壤有机质普遍缺乏是一个显著特点。

2. 化学改良剂改良酸性土壤

传统的酸性土壤改良的方法是运用石灰（生石灰和熟石灰），可以中和土壤的活性酸和潜性酸，生成氢氧化物沉淀，消除铝毒。同时可通过加强微生物活动促进有机酸的分解，加强土壤有益微生物的活动，从而促进有机质的矿质化和生物固氮作用，增加有效养分给源，减弱固磷作用，促进无机磷的释放。酸性土施用石灰后，土壤胶体由氢胶体变为钙胶体，使土壤胶体凝聚，有利于水稳性团粒结构的形成，可改善土壤的物理性状。此外，施用石灰还能减少病虫害。见表 10-10。

表 10 - 10 **使某酸性土壤 PH 植向中性变化所需的碳酸钙用量** (kg/1000g)

| 土壤质地 | 腐殖质含量 | | | |
|---|---|---|---|---|
| | 缺乏（5%） | 丰富（5%～10%） | 很丰富（10%～20%） | 20%以上 |
| 沙土 | 0.56 | 1.13 | 1.5～2.25 | |
| 沙壤土 | 1.13 | 1.69 | 2.25～3.00 | |
| 壤土 | 1.69 | 2.05 | 3.00～3.75 | |
| 黏壤土 | 2.20 | 2.87 | 3.75～4.50 | |
| 黏土 | 2.81 | 3.38 | 4.50～5.25 | |
| 腐殖质土 | | | | 4.5～7.5 |

注：施用生石灰按上述数字的 60%计算；施用消石灰按上述数字的 80%计算。

除了应用石灰外，一些矿物和工业副产物也能起到改良酸性土壤的效果，如白云石、磷石膏、磷矿粉、粉煤灰、碳法滤泥、黄磷矿渣粉等。白云石是碳酸钙和碳酸镁以等分子比的结晶碳酸钙镁［$CaMg(CO_3)_2$］。磷石膏是磷复肥和磷化工行业的副产物，主要成分是硫酸钙，还有一定量的 $PO_4^{3-}$、$F^-$、$Fe3^{+}$、$AP^{3+}$、未分解的磷矿粉和酸不溶物等，不但可以用来改良盐碱地，还可以作为一种酸性土壤的心土改良剂。磷矿粉是另外一种磷化工行业的副产品，不仅能增加土壤有效磷含量，还能提高土壤 pH 值，增加土壤负电荷量，增加交换性钙含量和降低交换态铝含量。粉煤灰是火力发电厂的煤经过高温燃烧后的残留物，呈粒状结构，主要含有硅、铁、铝和微量元素。碳法滤泥是糖厂的废弃物，施用碳法滤泥可明显提高土壤的 pH 值和土壤速效磷的含量。

以上改良剂能对酸性土壤起到一定的改良效果，有的甚至能改良心土，而且大部分是一些工业副产品，比较廉价。但是这些改良剂中的大多数含有一定量的有毒金属元素。如磷石膏、磷矿粉中含有少量的铅（Pb）、镉（Cd）、汞（Hg）、砷（As）、铬（Cr）。粉煤灰中也含有少量的铅（Pb）、镉（Cd）、砷（As）、铬（Cr）。虽然含量较少，但是也存在着对环境的污染。目前我国进口部分磷矿，很多国家的磷矿中锅平均含量都高于我国，使用时应该注意镉的污染。

施用化学改良剂前，应先对土壤进行化学分析，根据土壤酸碱度、所用面积、土壤质地和种植苗木确定施用量。改良剂应在种植苗木之前，撒在表面，通过翻土混匀。以后每隔 1～2 年再进行分析、施用。

3. 生物措施改良酸性土壤

生物改良主要是利用生物有机肥、土壤改良剂及土壤中的一些动物来达到改良土壤的目的。某园林科学研究所将枯枝落叶堆肥研制的土壤改良剂，应用到园林绿化工程中，其可明显改良提高土壤的酸碱度，增加土壤有机质含量、养分含量及中微量元素含量，同时增加土壤中微生物数量，改善土壤的通气性、保水保肥性，提高植物成活率。生物改良不仅提高土壤的酸碱度，而且对提高土壤有机质含量、养分含量，尤其是微量元素含量，增加土壤中微生物数量具有明显作用。

4. 适当的水肥管理措施

合理选择氮肥品种，土壤的酸化程度取决于氮肥的种类和施入的深度。氮肥应选用尿素、碳铵等碱性肥料品种，尽量避免施用硫酸铵等酸性肥料品种。另外，不同配方的化肥对酸性土壤酸度的影响也不同。氮肥的带状施用造成的土壤酸化程度要比撒施的小。通过合理的淋水措施让施入的肥料尽可能减少其随水淋失，这样可以减少氮肥对土壤酸化的影响。

5. 增加土壤有机质含量

枯枝落叶直接还土是一项可行措施，园林植物生长从土壤中带走了碱性物质，枯枝落叶直接还土不但能改善土壤环境，而且还能减少碱性物质的流失，对减缓土壤酸化是有利的。

## 四、重盐碱、重黏土土壤改良

土壤全盐含量大于或等于0.5%的重盐碱地和土壤重黏地区的绿化栽植工程应实施土壤改良。重盐碱、重黏土地土壤改良的原理和工程措施基本相同，也可应用于设施面层绿化。土壤改良工程应该由相应资质的专业施工单位施工。

重盐碱、重黏土地的排盐（渗水）、隔淋（渗水）层工程的要求。

(1) 排盐（渗水）管沟、隔淋（渗水）层开槽。

1) 开槽范围、槽底高程应符合设计要求，槽底应高于地下水标高。

2) 槽底不得有淤泥、软土层。

3) 槽底应找平和适度压实，槽底标高和平整度允许偏差应符合表10-11的规定。

(2) 排盐管（渗水管）敷设。

1) 排盐管（渗水管）敷设走向、长度、间距及过路管的处理要符合设计要求。

2) 管材规格、性能符合设计和使用功能要求，并有出厂合格证。

3) 排盐（渗水）管应通顺有效，主排盐（渗水）管应与外界市政排水管网接通，终端管底标高应高于排水管管中15cm以上。

4) 排盐（渗水）沟断面和填埋材料应符合设计要求。

5) 排盐（渗水）管的连接与观察井的连接末端、排盐管的封堵应符合设计要求。

6) 排盐（渗水）管、观察井允许偏差应符合表10-10规定。

(3) 隔淋（渗水）层。

1) 隔淋（渗水）层的材料及铺设厚度应符合设计要求。

2) 铺设隔淋（渗水）层时，不得损坏排盐（渗水）管。

3) 石屑淋层材料中石粉和泥土含量不得超过10%，其他淋（渗水）层材料中也不得掺杂黏土、石灰等粘结物。

4) 排盐（渗水）隔淋（渗水）层铺设厚度允许偏差应符合表10-11的要求。

**表10-11　排盐（渗水）、隔淋（渗水）层铺设厚度允许偏差**

| 项次 | 项目 | | 尺寸要求/cm | 允许偏差/cm | 检查数量 | | 检验方法 |
|---|---|---|---|---|---|---|---|
| | | | | | 范围 | 点数 | |
| 1 | 槽底 | 槽底高程 | 设计要求 | ±2 | 1000m² | 5～10 | 测量 |
| | | 槽底平整度 | 设计要求 | +3 | | 5～10 | |
| 2 | 排盐管（渗水管） | 每100m坡度 | 设计要求 | ≤1 | 200m | 5 | 测量 |
| | | 水平移位 | 设计要求 | ±2 | 200m | 3 | 量测 |
| | | 排盐（渗水）管底至排盐（渗水）沟底距离 | 12m | ±2 | 200m | 3 | 量测 |

续表

<table>
<tr><th rowspan="2">项次</th><th colspan="2" rowspan="2">项目</th><th rowspan="2">尺寸要求<br>/cm</th><th rowspan="2">允许偏差<br>/cm</th><th colspan="2">检查数量</th><th rowspan="2">检验方法</th></tr>
<tr><th>范围</th><th>点数</th></tr>
<tr><td rowspan="3">3</td><td rowspan="3">隔淋<br>（渗水）层</td><td rowspan="3">厚度</td><td>16～20</td><td>±2</td><td rowspan="3">1000m²</td><td rowspan="3">5～10</td><td rowspan="3">量测</td></tr>
<tr><td>11～15</td><td>±1.5</td></tr>
<tr><td>≤10</td><td>±1</td></tr>
<tr><td rowspan="3">4</td><td rowspan="3">观察井</td><td>主排盐（渗水）管入井管底标高</td><td rowspan="3">设计要求</td><td>0<br>−5</td><td rowspan="3">每座</td><td rowspan="3">3</td><td rowspan="3">测量<br>量测</td></tr>
<tr><td>观察井至排盐（渗水）管底距离</td><td>±2</td></tr>
<tr><td>井盖标高</td><td>±2</td></tr>
</table>

排盐（渗水）管的观察井的管底标高、观察井至排盐（渗水）管底距离、井盖标高允许偏差应符合表10-11的规定。排盐隔淋（渗水）层完工后，应对观察井主排盐（渗水）管进行通水检查，主排盐（渗水）管应与市政排水管网接通。雨后检查积水情况。对雨后24h仍有积水地段应增设渗水井与隔淋层沟通。

# 参　考　文　献

[1] 中华人民共和国行业标准．CJJ 82—2012 园林绿化工程施工及验收规范［S］．北京：中国建筑工业出版社，2012.

[2] 中华人民共和国国家标准．GB/T 51168—2016 城市古树名木养护和复壮工程技术规范［S］．北京：中国建筑工业出版社，2016.

[3] 中华人民共和国国家标准．GB 50137—2011 城市用地分类与规划建设用地标准［S］．北京：中国建筑工业出版社，2011.

[4] 中华人民共和国住房和城乡建设部．CJ/T24—2018 园林绿化木本苗［S］，2018.

[5] 中华人民共和国住房和城乡建设部．CJ/T135—2018 园林绿化用球根花卉　种球［S］，2018.

[6] 中华人民共和国行业标准．CJJ/T 283—2018 园林绿化工程盐碱地改良技术标准［S］．北京：中国建筑工业出版社，2018.

[7] 张凤荣．土壤地理学［M］.2 版．北京：中国农业出版社，2016.

[8] 郭爱云．园林工程施工技术［M］．武汉：华中科技大学出版社，2012.

[9] 佘远国．园林植物栽培与养护管理［M］.2 版．北京：机械工业出版社，2019.